COMBAT-READY KITCHEN HOW THE U.S. MILITARY SHAPES THE WAY YOU EAT

戦争がつくった現代の食卓

軍と加工食品の知られざる関係

著● アナスタシア・マークス・デ・サルセド／訳● 田沢恭子

白揚社

娘たちへ

歩むことで道はできる
――アントニオ・マチャード

戦争がつくった現代の食卓　目次

戦争がつくった現代の食卓

二〇〇三年にアメリカ軍がイラクに進攻していたとき、わが隊はクウェートに配備されていた。およそ三日間、警報が鳴るとわれわれはガスマスクとMOPP*防護服を装着し、掩蔽壕《えんぺいごう》に退避させられた。サダムが撃ち込んできたのは化学兵器を弾頭に搭載したスカッドミサイルかと思っていたが、じつはもっと小型のミサイルだった。警報が解除されるまで、かなり時間のかかることもあった。

本当は掩蔽壕内でものを食べてはいけないのだが、どうしても空腹に襲われることがある。そんなときにはMRE†を食べた。通常、携行しているのは一人だけで、それも一食だけなので、全員で分け合った。壕内には兵士が一〇人ほどいた。コンクリート製の壕の中では立つことができず、まともに座ることもできず、土嚢に腰かけて、天井に頭をぶつけないように前かがみの姿勢をとる。全員が防弾チョッキ、防護服、ガスマスク、ヘルメットを着けている。MREが回ってくると、一〇秒ほどガスマスクを外してソールズベリーステーキなどを急いで口に入れる。それからガスマスクを戻し、隣の兵士にMREを回す。
ある兵士がMREを取り出したときのことは忘れられない。壕内にいる者はみな何時間も食べ物を口にしておらず、ひどく空腹だったので、MREを分け合おうと言われて歓喜した。絆が生まれた瞬間と言っていい。これからしようとしていることに抗えないのはわかりきっていた。ここでガスマスクを外してものを食べるのは規則違反だ。それでも一人残らず規則を破り、おかげで一つになれた。われわれは身動きがとれなかった。二等兵だろうが曹長だろうが関係なく、掩蔽壕に閉じ込められていたのだ。

——アメリカ海兵隊伍長　DJ
二〇〇三〜〇六年、アル・ジャバール（クウェート）およびアル・アサド（イラク）にて勤務

* Mission Oriented Protective Posture（化学兵器に対する任務志向防護態勢）。
† Meal, Ready-to-Eat（1食分ずつ包装された個人用戦闘糧食）。

第1章　子どもの弁当の正体

汚れにまみれ、空腹を抱え、快適さには程遠く、恐怖におびえる。ＤＪ伍長の分隊の置かれたような状況でものを食べるのはどんな気分か、たいていの人には想像もつかない。二〇世紀と二一世紀のアメリカでは戦争が常態であるにしても、平均的なアメリカ人にとって戦争の経験は身近に感じられるものではない。兵士たちが分け合った食料――数年前につくられたビーフパティとブラウンソースがレトルトパウチに入ったもの――は、自宅の冷蔵庫や食品棚に入っている食べ物とはまるで無縁のように思われる。ところがじつは、決して無縁でないのだ。

★★★

私は昔から、料理をするのが大好きだった。ベッドで小説を読むようにレシピ本を読み、靴を買いに行くよりもエスニック食材店やファーマーズマーケットを見て回るほうが楽しかった。夕食会を開けば魔法のように場が盛り上がり、客は夜更けまでおしゃべりに興じ、料理と飲み物を堪能し、最後にはテーブルがすっかり空っぽになった。母は料理に無関心だったが、私は子どものころに自分の知るなかで最も料理の上手な三人――ニューイングランド出身の祖母、スペイン系ユダヤ人でニューヨーカーの祖父、メキシコ系の友人の母親――を勝手に自分の先生にして、それぞれのキッチンにもぐり込んでは料理の仕方を少しずつ覚えていった。七歳のとき、初めて自分で考えた料理を意気揚々と両親に食べさせた。ラックにあった調味料をすべて使った「スパイス・スクランブル・エッグ」だ。数々の名著を残した料理書作家、M・F・K・フィッシャーの作品を二〇代半ばまでにすべて読破し、大学時代には頭の中に集めた数千のレシピからヒントを得て――ただしレシピどおりではなく――恋人のためだけに、ささやかながらおいしい夕食を毎晩つくって喜ばせた。

新世紀が近づいたころ、キューバ出身の夫とエクアドルで結婚して母親となった。おかげでパンケーキやホイップクリームからマカロニチーズに至るまで、何でも完全に手づくりしたいという思いがいっそう強まった。食事の準備にとてつもない時間をかけるようになり、地域で運営している二つの農場へ毎週トラックで出向いた。一方で肉を買い、もう一方で野菜を買った。地元の生協で量り売りの食材を買い、薄っぺらなビニール袋に入れて持ち帰った。さらに、エキゾチックな青果やスパイス、加工肉、調味料を求めて、アジア系、ラテン系、中東系の食材店を探索した。車で出かけたとき、子どもたちにどれほどせがまれても、マクドナルドには絶対に寄らなかった。スローフード協会ボストン支部のリーダーにまでなり、時間を見つけてはブラジル文化をテーマとしたカクテルパーティーを開いたり、ボストンの子どもたちに野菜ブリトーのつくり方を教えたり、一〇〇人以上の客が参加する持ち寄りパーティーに著名な食物史家を招いて著作を朗読してもらい、つましい豆をたたえたりした。大変だが楽しかった。手抜きをしない自分が誇らしく、晴れやかな気分だった。多くの人と同じく、私も心から信じていた——料理をすることは大切で、大事な節目には料理で家族がまとまり、自分の手づくりする料理のほうが他人任せの料理より健康的で心を満たすものであり、料理というのは人類の遺産の一部であり、料理によって私たちは過去と現在の両方の世界とつながるのだと。

そんなわけで、娘たちが学校へ行くとなれば、ひとかたならぬ力を注いで栄養たっぷりの手づくりの弁当を持たせた。カフェテリアの給食に申し込むという選択肢もないわけではなかったが、気が進まなかった。カフェテリアでは青い帽子をかぶったスタッフが、不機嫌な顔でトレイに投げつけるようにしてメニューを並べる。ぐちゃぐちゃのスロッピージョー〔ミートソースをハンバーガーバンズにはさんだ料理〕や味気ないピザ、あるいはターキーのグレービー添えなどの温かい料理が一品、野菜料理（缶詰のエンドウマメかサヤインゲンかコーン）も一品、ちょっと変なにおいのする牛乳が一パック、そしてデザートはゼリーかフルーツカクテルかしなびたリンゴだ（近ごろではメニューもいくらか改善されていて、たとえば精白粉パンの代わりに全粒粉パンを使い、デザートは省略して、校庭で育てたひょろひょろのブロッコリが出てきたりする）。しかし心ある保護者なら、つまり子どもの食事に気を配る母親なら、子どもの昼食は家で用意する。私もそうするために、市販の加工食品に対する態度をやわらげることにした。正直に言うと、加工食品はずいぶん前にわが家へ入り込んでいた。最初は夫が持ち込み、私も執拗な説得に押し切られて受け入れるようになっていた。スーパーマーケットの陳列棚から子どもの喜びそうな品物を選りすぐって、私は任務に取りかかった。ジッパーやビニール製仕切りのついた断熱材入りのナイロン製ランチバッグやタッパーウェアの密封容器に、ヘルシーな〈ゴールドフィッシュ〉クラッカー、エナジーバー、パウチ（袋）入りジュース、サンドウィッチを詰めた。サンドウィッチは自分でつくった。柔らかい一二穀パンにターキーハムとアメリカンチーズをはさみ、〈サランラップ〉で包む。ベビーキャロットとブドウを添えればできあがり。二人分の弁当を冷蔵庫にしまったら、グラスにシラーズワインを注いでベッドに入る。最高の弁当をつくったと確信して。

そう、間違いなく最高だ。

子どもたちが大きくなると、私はフードライターとして第二のキャリアをスタートさせた。フィエスタ・デ・パスクア（復活祭）の料理、エクアドルのスープ、屋台料理など、ラテンアメリカ料理に関する記事をいくつか書いたあと、自分やほかの人の家庭料理ではなく、自宅の食品庫に不本意ながらいつも入れてある工場製の加工食品について書きたいという思いが強まった。そこで第一弾は、実際よりも体によいふりを装う巧妙なペテン師、アニーズ社のマカロニチーズにした。食品表示をよく読むと、派手なオレンジ色をしたクラフト社のマカロニチーズと成分はほぼ同じであることがわかった。子をもつ親たちは、似たり寄ったりの製品のなかで、大手メーカーの販売する栄養ゼロの製品を買うよりもいくらか健康的だと判断して、アニーズ社のマスコット〝バニー〟とその商品を信頼してきたから、もっぱらそうした親たちからの怒りに満ちた反応でネットは炎上した。

私はこの路線で行けると確信した。

次に朝食用シリアルについて書いたときには、食品加工という現実の世界へさらに深く踏み込むこととなった。炭水化物の歴史を古代までさかのぼり、現代のシリアル製造方法について資料を読みあさり、製造現場の主力装置の機能についても調べた。その装置は押出《おしだし》成形機と呼ばれるもので、スクリューかピストンで金属やプラスチックやセラミックや食材を長いシリンダーに押し込み、摩擦と圧力で加熱したうえで（電熱を使う場合もある）、金型から押し出す。押出成形機はシリアルだけでなく、パスタやペットフード、スナック菓子など、さまざまなデンプン質食品の製造に使用される。スナック菓子の場合、中を空洞にしておいてあとで中身を詰めたり、金型から押し出すときに一気に減圧して膨らませたりすることもできる（押出成形機でいち早く製造されたジャンクフードの〈チートス〉は、この方法でつくられる）。押出成形加工には水分がほとんどいらないので、この方法でつくる食品は乾燥していて、常温で長期保存ができる。食品加工のさまざまなアイデア、使用材料、技術についてさらに調べていくうちに、工業生産食品の製造方法を理解するには、物理学と化学と生物学の十分な知識が必要だと感じ始めた。自分がどこへ向かおうとしているのか、ほとんどわかっていなかった。

こうして私は新たに獲得した食品科学のリサーチ能力を駆使して、今度は子どもの弁当について調べてみた。すると、うれしくない驚きが待っていた。私が子どものためにせっせと〝用意〟していた弁当は、環境への負荷、栄養価、鮮度などのいずれの基準でも、さんざん悪者扱いされている学校給食に及ばなかった。〈ゴールドフィッシュ〉クラッカー、エナジーバー、サンドウィッチ、ニンジン、ブドウの入った弁当を、標準的な給食と比べてみた。給食のメニューは、ソースのかかったチキンテンダー、玄米、冷凍ニンジンをゆでたもの、缶詰の桃のシロップ漬け、牛乳。結果は給食の圧勝だった。給食で使われる食材の多くは大型の袋や缶で納入されるので、容器や包装のゴミが抑えられる。一度に調理する量が多いので、一食あたりの燃料消費量はゼロに近くなる。これと比べて、祖父母や曽祖父母の世代が今どきの手づくり弁当から出るゴミの量を見たら、びっくりして心臓が止まってしまうのではないだろうか。ジュースの入っていたラミネートパウチ、〈ゴールドフィッシュ〉クラッカーとエナジーバーの袋、サンドウィッチを包んでいたラップ、紙ナプキン、さらにはサンドウィッチの具が包まれていた包装材など、ゴミのオンパレードだ。学校給食は栄養面で決して優等生ではなく、熱量六〇〇キロカロリー、脂質一七・五グラム（このうち三・五グラムが飽和脂肪）、コレステロール五七ミリグラム、ナトリウム一一三一ミリグラムだが、私のつくる弁当よりはずっとましだった。弁当は、熱量六四三キロカロリー、脂質二〇・一グラム（飽和脂肪八・五グラム）、コレステロール五〇ミリグラム、ナトリウム九九四ミリグラム、糖質三八グラム（給食の糖質は報告されていなかった）だったのだ。さらに衝撃的だったのは、給食は主に生か半調理済みの食材を冷凍した材料でつくられているのに、弁当よりも自然な状態の食品にずっと近いということだ。確かに、パン粉をまぶしたチキンストリップはタイソン社の製品で、冷凍の輪切りニンジンはカリフォルニアのセントラルヴァレーから五〇〇〇キロの道のりをはるばる運ばれてきたものだし、米は業務用スチーマーで加熱処理したパーボイルドライスだ。しかし全体として、給食のほうが添加物の種類が少なく、動物性や植物性の食材は組織が見分けられる程度に残っていた。

それと比べて、キッチンにこもった私が最大限の思いを込めて準備した弁当はどうだろう。〈ゴールドフィッシュ〉クラッカー、エナジーバー、パウチ入りジュースの賞味期間が長いということは、以前から知っていた。親がこれらを買う理由の一つがまさにそれだ。この手のものは常温で長く保存でき、持ち運びしやすく、破損しにくく、一食分ずつ包装され、子どもたちが喜ぶ。だからこそ平日の昼食の常連なのだ。私はこうした見るからに過剰加工された品を使うことに後ろめたさを覚えながらも、それらは私が前の晩に冷蔵庫やパンケースから取り出した材料で手づくりした主役に対する背景のようなものにすぎないと考えて、罪悪感をやわらげていた。といっても、ターキーハムは品質保持期間が妙に長く、二週間もつことになっている。このハムは、七面鳥の骨から機械で引き剥がした肉に食塩や糖類や保存料や大量の水を混ぜ合わせて加熱したものだ。白やオレンジ色（派手な色はアナトー色素によるもの）のアメリカンチーズも同様で、こちらは一カ月ももつ。パンも本来なら毎日焼きたてを食べるのが大事なはずで、人類は睡眠時間を削って夜のうちにこねた生地を集落の共同窯に入れて、朝に焼きたてのパンを窯から出すという営みを何千年も続けてきたが、そんな苦労はもはや昔話となった。今のパンは異性化糖やデンプン分解酵素が添加されているおかげで、何週間も味が変わらないのだ。私の〝手づくり〟の弁当に入っている品々の寿命を合計したら、きっと子どもの年齢を超えていただろう。

二〇一一年の初めごろ、私は寄稿記者を務めるPBSネットワークのブログにこのテーマで記事を書いた。そこで訴えたのは、弁当の主役となる食品はとうてい新鮮で健康的とは言いがたく、製造日から時間が経っても新鮮に見える策が弄され、人工的で有害かもしれない添加物がたっぷり使われているということだ（ドナテラ・ヴェルサーチ〔美容整形手術マニアとして知られるファッションデザイナー〕を引き合いに出したのはまずかったかもしれないが）。しかし、リサーチを進めるなかで知ったことをすべて記事にしたわけではない。不明な点はあとで明らかにしようと、疑問をためていった。手づくりのサンドウィッチに使ったターキーハムや柔らかい「全粒粉パン」がなぜこれほど長もちするのかという謎を解明したくてそれらの起源を探った私は、ネイティック・ソルジャー・システム・センター（ネイティック研究所）というアメリカ陸軍のあまり知られていない施設で行なわれた研究が背後にあることを知った。それはどんな研究だったのか。アメリカ人が日々口にする加工食品とどう関係しているのだろうか。

これらの問いをもとにして、本の企画書を書いた。いくつかの出版社に送ったら、すぐにエージェントが電話をくれた。ペンギン・ランダムハウス傘下の出版社が契約してくれたという。そこの専門分野は何かと、すかさずグーグルで検索してみた。科学？　科学書の出版社が私の本を出したがっている？　だが、すぐに納得した。そう、もちろんそうだ。工業生産食品の基盤を軍がどうやって生み出すかというテーマは、まさに科学とテクノロジーそのものではないか。理科系の授業といえばコロンビア大学で地質学の講義を受けたのが最後だったが、私は果敢にも立ち上がり、足を踏み出した。それから二年半かけて、軍人や科学者や歴史家から話を聞いた。ネイティック研究所を訪ねて、装置がぎっしりと置かれた実験室を歩き回った。古い会議録や報告書をしらみつぶしに調査した。機密扱いを解除された国防総省の文書や特許商標局のデータベースを探索した。専門家でもないのに「穀物化学」「食品科学および食品安全の包括的レビュー」「酪農科学ジャーナル」「ネブラスカ州ブタレポート」「応用環境微生物学」「高分子科学ジャーナル」「毒性学」などの専門誌を定期購読したのは、あとにも先にも私だけだろう。ときには一九三〇年代初期のバックナンバーまで調べたりもした。

ネイティック研究所に関する疑問への答えは本書でお読みいただくが、私は自分の知った答えに驚愕した。さんざん加工されて密封された手軽な食品を私たちが子どもに持たせて学校へ送り出すのは、消費者のあわただしい生活に目をつけた大企業が、かわいいわが子に何か食べられるものを持たせれば安心できるという親心につけ込んだ商品をつくり出したから（というだけ）ではない。確かに、ほとんどの商品は最も安価なカロリー源で最大限の利益を得ることを狙って、子どもの健康や地球の環境など顧みずに製造されている。だが、問題はそれよりもはるかに根深い。子どもの弁当が健康的でなく、新鮮でもなく、環境にやさしくもないのは、それが本来は子ども向けではなく兵士用につくられたものだからである。それらの食品のほとんど、あるいはそれらの製造に用いられる主要な技術のほとんどは、アメリカ軍がコンバット・レーション（戦闘糧食）をつくり出すなかで生まれたのだ。陸軍はレーションの開発にあたって、私たちが子どもの弁当を用意するときとまったく同じ性質を追求した。持ち運びしやすく、すぐに食べられて、常温で長期保存でき、価格が手ごろで、どれほど冒険心のない人でも食べる気にさせるといった性質である。言い換えれば、私たちは自分の子どもに特殊部隊と同じような食事をさせているわけだ。

では、子どもの弁当を開いて、そこに入っているほとんどの食品に秘められた軍の歴史をひもといていこう。

　みっともないほどおんぼろのカムリに乗った私が、どうやってネイティック研究所の守衛詰所までたどり着いたのか。このトップシークレットを漏らすことは許されていないが、ここへ至るまでには制服を着たさまざまな立場の人と多数のコンクリート製の障壁が存在したと言えば十分だろう。詰所を通過すると、車に自作の爆破装置を積んでいないか検査され、それからデイヴィッド・アクセッタ中佐の出迎えを受ける。彼はきちんと折り目の入ったズボンを履いて相手の手を握りつぶしそうなほど力強く握手するタイプの男性で、メールの署名には「全力投球！　デイヴィッド」と書いてある。その彼が助手席のドアを開けて、車内に滑り込んでくる。

「シートベルトを着けて」と彼は言いながら体の向きを変える。顔に十字形の傷跡が見える。M1エイブラムズ戦車に轢かれでもしたかのようだ。「ここは連邦政府の施設だから、見逃すわけにいかなくてね」。時速八キロほどしか出していないうえに、私たちがいるのは駐車場なのだが、私は命令に従う。

アメリカ陸軍ネイティック研究所は、ボストン郊外の何の変哲もない場所にある。三〇万平方メートルの敷地に低層の建物がいくつか点在していて、冴えない工業団地を思わせる。ここには七つの研究機関が置かれていて、その一つである戦闘食糧配給局は奥のほうにある。濃淡の青緑色でストライプに塗られたH字形の建物のまわりには——近所の人をいらいらさせる路上駐車のように——軽くさびの浮いた車が何台か停まっている。ただしここにあるのは、ハンヴィー（高機動多用途装輪車両）、迷彩模様の防水シートのかかった野外炊事車、シャワー・洗濯ユニット、コンテナサイズのチャペルを収めた三×六メートルのスチールケースだ。

ハリウッドが映画の聖地であり、ナッシュヴィルがカントリーミュージックの聖地であり、ニューヨークが出版界の聖地であるように、ネイティック研究所はアメリカ人の食生活の基盤をなす加工食品の聖地である。エナジーバー、成型肉、古びないパン、インスタントコーヒーがここで発明された。今から八時間たっぷりと見学させてもらう私は、アメリカ陸軍がレーションをどのように設計するのか、この目で確かめることになる。それらの食品が配合やパッケージを変えて、家庭の食品棚や冷蔵庫にしまい込まれている。私が乗り込んだのは、工業生産食品の世界の中枢としてひそかに息づく場所なのだ。

兵士が戦地で食べるもの——レーション

海外に駐在するアメリカ軍の兵士がとる食事は、アメリカ人が家庭で食べるのと変わらないくらいバラエティーに富んでいる。国防総省は支出を惜しむことなく、数十億ドル規模のプライムベンダー契約を指定業者（軍のOBが少なくとも一部を所有し、本社を外国に置いている企業が多い）と結び[1]、その業者の独占供給によって新鮮な肉、乳製品、青果を近隣の同盟国から納入させる。これらの生鮮食品の価格はアメリカ国内と比べて二倍近くになるが、それは待ち伏せ攻撃されやすい道路を利用してインフラのほとんど整備されていない僻地に物資を輸送する際の困難が原因である。駐屯地の食堂では、こうして調達した新鮮な食料品を、コナグラ社やサラ・リー社、パーデュー社といったアメリカの大手食品企業から直接購入した備蓄用食品や保存用食品と組み合わせて料理する（「料理する」については、現代のアメリカ人がふだんやっているのと同じ程度には実行している。つまり、袋や箱や瓶や缶を開けて食事を用意するということだ）。海外の基地でピザハットのピザやバーガーキングのハンバーガー、ケンタッキーフライドチキンのチキンがどうしても食べたくなったら、今では基地にファストフードの売店が設置されているので、そこへ行けばよい。

だが、前線ではどうだろう。祖国から何千キロも離れた場所に派兵された真の目的である任務に従事し、テントで断続的に睡眠をとり、退屈と興奮と恐怖が交互に訪れる日々を過ごしている場合、食事はどうなるのか。M16自動小銃の機能点検をしているときや、検問所で民間人の車を検査しているとき、あるいはタコツボ（一人用の塹壕）を掘っているときや、急ごしらえの着陸場にヘリコプターを誘導しているときはどうか。兵士は何日も続けて戦線にいることがある。代謝が上がって二四時間の消費熱量が四二〇〇キロカロリーに達したとしても、殺《や》るか殺《や》られるかという過酷な任務の最中には落ち着いて食事をする暇などほとんどない。そこで、ネイティック研究所の出番だ。ネイティックは陸軍の戦場における食糧配給戦略に特化して貢献している。レーションのラインアップには、個人用戦闘糧食（MRE）、先制攻撃用糧食（ファーストストライク・レーション）、ユニット式集団用糧食（ＵＧＲ）、寒冷地用・長距離パトロール用糧食、作戦用糧食拡張モジュール（ＭＯＲＥ）などがある。これらは製造から数年経っても地球の裏側にいる兵士に適切な栄養補給ができるように、アメリカ国内で入念に設計と製造がなされている。

アクセッタ中佐に案内されて、戦闘食糧配給局の建物に入る。入ってすぐ左側に「ウォリアー・カフェ」という狭い会議室があり、レーションの歴史遺産がたくさん並んでいる。南北戦争時代のハードタック（堅パン）というのは、あごが砕けそうなほど硬い正方形のクラッカーのような食べ物で、むらなく焼けるように穴が一面に開いている。第二次世界大戦時代のＣレーションは金色の缶に入ったレーションで、開缶に必要なＰ－38と呼ばれる缶切りも一緒に展示されている。これと似た朝鮮戦争とベトナム戦争の時代の缶入り個人用戦闘糧食や、化学薬品のようなにおいのする小さなガラス瓶も陳列されている。壁際の展示ケースには、年代物のパン類がびっしりと飾られている。私たちを待っていたのは、戦闘食糧配給局でナンバーツーの地位にあるキャシー＝リン・エヴァンゲロス、食品科学者のローレン・オレクシク、そしてイラク戦争で従軍した二人の帰還兵、すなわち長身でひょろりとしたエヴァン・ビック伍長と背が低くてがっしりしたジェフ・シスト伍長だ。それぞれの紹介が済むと、全員の視線は最も地位の高いエヴァンゲロスに戻る。彼女は五分前まで別の場所で仕事をしていたらしいが、無理に笑顔をつくると、戦闘食糧配給プログラムの概要について、いかにも慣れた調子で説明を始める。

「賞味期間は摂氏二七度で三年としています。レーションは戦争の決め手となりますから、連邦議会によって保障されています。戦地では、食糧と弾薬は各自で携行しなくてはなりません。そのため、食糧には保存性と品質と携帯性が求められます。民間企業の食品技術者と話をすると、レーションの賞味期間はどのくらいかと訊かれますが、答えるとびっくりされますよ」とエヴァンゲロスは話しながら、民間企業で行なわれる典型的な研究活動を挙げていく。一つの製品ラインで使う無数のフレーバー。巨大なクッキーサンドの新製品。奇抜な形のクラッカー。しかし、三カ月や半年、あるいは九カ月経っても変質や風味劣化を起こさないようにするという大事な点については、短くこう言った。
「保存性は手ごわい問題です。でも、ネイティックにはその専門家がいますから」

エヴァンゲロスは先ほどから時計に目をやっている。予定されていた五分が終わった。だが、私には訊きたいことが一つある。先方には知る由もないが、それこそ私がここに来た真の目的なのだ。ネイティック研究所の発明は、民間でどのくらい採用されるのですか？「ここでは必ずしも軍でしか使わないものの開発を目指しているわけではないので、技術移転については大いに積極的です。新たに画期的な発明ができたら、ここで開発や使用をせずに手放します。このプログラムで新たに生まれたものはすべて、民間に採用してもらう必要があるのです」（のちに私は著名な食品科学者で「食品科学ジャーナル」の元編集長、ダリル・ランドにも同じ質問をした。彼の答えはもっと明快だった。「いざ緊急事態となったら、企業に『おたくの消費者向けの工場を使って、軍のために同じ種類の食品を製造してくれ』と言えるようにしておくんだな」）。話し終えたエヴァンゲロスは席を立ち、廊下を足早に歩いて、建物の別翼へ続くスイングドアの向こうに姿を消す。

すぐに二人の帰還兵、ビック伍長とシスト伍長がレーションの詰まった段ボール箱を机に載せる。
「食べてみますか？」

レーションを試食する

箱の中のレーションは、分厚い褐色の熱可塑性ポリオレフィンフィルムで包装されていて、さっとリュックサックに入れられる。重量は七四〇グラム、サイズはちょうどレンガ一個分くらいだ。シュリンク包装されたパッケージには、二〇個近いアイテムが入っている。透明ビニール袋二枚のうち一枚は飲料用で、もう一枚は火を使わずに食べ物を温めるために使う。アルミ箔、ポリエチレン、ナイロン、ポリエステルなどが三、四層に重なった多層構造フィルムでできたパウチがいくつかあり、主菜、焼き菓子、クラッカー、パン、シリアル、スプレッドが入っている。インスタントコーヒーと粉末ジュースの入ったビニール製の円筒形パックもある。食塩と砂糖の入った紙の小袋。プラスチックのスプーン。クリーミングパウダーが一パック。紙マッチが一つ。赤と白のセロファンで包まれた〈チクレット〉ガム二粒。そして、きっちりと四角くたたまれたトイレットペーパー（ゴミはすべて食後に燃やすか地中に埋める）。

二人はメニュー14の「ベジタリアンソーセージを添えたスパイシーペンネ」かメニュー23の「チキンバジルソースパスタ」なら私の気に入ると思ったらしく、勧めてくる。しかしMREの初心者としては、冒険的でないもののほうがいい。そこで、アメリカの古典的料理と言えそうなメニュー18、「ビーフパティ」を選ぶ。一二〇〇キロカロリーでブドウ糖をたっぷり含み、アイアンマン大会に出場するトライアスロン選手並みの代謝レベルに調整されている。しかも、すでに二年間も常温で保存された代物だ。私は覚悟を決めてパッケージを破り、最もおなじみの〈コンボス〉クラッカーから食べてみる。さくさくしたチューブ状のクラッカー生地の中に濃厚なプロセスチーズが詰まっている。とてもおいしくて、すべて平らげる。一方、全粒小麦のスナックブレッドは、先ほど見かけたハードタックからあまり進歩していないらしい。主菜のハンバーグは透明ビニール袋に入れ、マグネシウムと塩と鉄と水の化学反応を利用して温める。人間の食べ物とは思いにくく、不安に駆られる。

「おいしいです」と私は言う。

次の試食メニューはファーストストライク・レーションだ。ビック伍長によると「少しずつつまみ食いしたい気分を満たすように設計」されているらしい。戦闘に赴く兵士が荷物を軽くするためにスナック的なアイテムをMREから取り除くことがあり、それによって食事全体の栄養価が下がってしまうという事実が判明したのを受けて、二〇〇七年に正式に導入された。一日の熱量として十分な二九〇〇キロカロリーのパッケージには、三年間常温保存可能なサンドウィッチ、エナジーバー（兵士に賛意や激励を伝えるためのかけ声にちなんで、もともとは〈フーア！〉バーと呼ばれていた）、そして私の好きなカフェイン入りガムなどが入っている。私はガムを二つ口に放り込む。

「気をつけて。胃が痛くなるよ」とアクセッタ中佐が言う。それから軽く手を挙げて、「申し訳ないが、仕事があってね。では、またあとで」と告げると、大股で建物の奥へ向かい、スイングドアを通り抜けていく。

「食品実験室をご覧になりますか？」と食品加工製造技術チームのリーダー、ローレン・オレクシクが声をかけてくる。地味な服装で、いかにもオタクふうのやせた中背の女性だ。食品科学の専門家である彼女は、発熱反応とか熱安定化といった専門用語を説明なしで使う。

食品実験室は小さな飛行機格納庫ほどの広さがある。汚れ一つないステンレス製のカウンターとシンク、ぴかぴかの計器とバルブ装置。人の姿はほとんどなく、ただ三人の女性が部屋の左隅あたりで談笑しながら丸い生地を延ばし、中身を包んでから端をつまみ合わせているだけだ。エンパナーダ

〔ミートパイに似た中南米料理〕パーティーの準備をしているようにも見えるが、麺棒の代わりにシリコンパッドで覆われたスチール製の棒を使っている。それに、エプロンではなく白衣とヘアネットを着用している。この三人の女性は、食品技術者のジャクリーン・ルブラン、ダニエル・アンダーソン、シドニー・ウォーカーだ。今日、彼女たちがつくっているのは常温での長期保存が可能な具入りパンで、これまでのペパロニ入りとチキンバーベキュー入りのラインアップに加えて、新たにソーセージとチーズが入ったのを完成させようとしている。

「秘訣はマリネ液です」と、ルブランはまるで秘伝のレシピを明かそうとするシェフさながら、声をひそめて言う。私は伝統的なバーベキューソースを刺激的にしたようなものを期待して身を乗り出す。「ライスシロップとグリセリンを加えることで、ソーセージの水分活性を抑えます。長く保存すれば風味がいくらか消えますから、ソーセージの合成フレーバーも加えます。それから、肉に二種類の酸味料を加えてみます。味にあまり影響しなければいいのですが」。たいていの病原菌はpHが四・六より低いと増殖できないので、酸性度を強めれば肉の保存性が高まる。

本や雑誌、ウェブサイトで公開されるレシピは、発案から試作まで数日か数週間で完了するのがふつうだ。一方、工業生産用の食品のレシピを決めるには、何年もかかったりする。どちらでもまずは味に目を向ける。そのために、材料の種類と比率、調理法、調理時間を調節する。家庭やレストランで調理するためのレシピでは、つくりやすさや材料費も考慮されるかもしれないが、満足のいく味ができあがれば、それで作業はほぼ終わりだ。一方、工業生産用の場合、味は手始めにすぎない。食品技術者は、数カ月や数年間も一定の味と食感が保たれ、変質（腐敗）や細菌汚染の起きない方法を考える必要がある。

こうしたいくつもの条件をすべてクリアする必要があるため、ネイティック研究所の狭い〝伝統的〟なキッチン――工業装置がぎっしりの実験室の西側に設けられた一角に、コンロ、シンク、深鍋、平鍋、おたまが置いてある――の材料棚には、妙な品々が並んでいる。オレガノ、タイム、ナツメグ、シナモンの入った缶に混ざって、チェダーフレークやバナナフレーク、乾燥トウガラシの入った大きな銀色の缶が置かれている。デキストリン、セルロースとグアーガムの混合物、カラゲナンの入ったプラスチック容器が、小麦粉や砂糖の容器と入り混じっている。硫酸カルシウム、アスコルビン酸、乳酸ナトリウムも、ビタミン剤のような瓶に入って並んでいる。今日、ネイティック研究所の食品科学者たちがやっているのは、肉のpHを本来のレベルより下げるグルコノデルタラクトンと硫酸水素ナトリウムが具入りパンの味と保存性と安全性に与える影響を比較する実験だ。答えがわかるのは二カ月後で、その結果によってはレシピをさらに調整する必要があるかもしれない。このアイテムの開発に二〇年近くかかっているのも不思議ではない。

ルブランとアンダーソンは、パンを並べたオーブンラックを押して実験室を歩いていく。その途中で、ホバート社とブロジェット社の超大型ミキサー、ケトル、コンビネーションオーブン、コンベア、圧縮機のわきを通り過ぎる。肉の入ったパンを高湿の部屋で一時間寝かせて発酵させ、それからウォークイン式の工業用オーブン（万一に備えてドアの内側にも開閉レバーがついている）で一三分焼き上げる。パンが冷めたら包装エリアに運ぶ。若手技師のローレン・ペクコニスがビニールでできた小さな袋を広げる。それぞれにゼロ週間（開始時）、二週間、四週間のいずれかの保存期間と、添加物入りサンプル二種類または比較用の無添加サンプルのいずれかのサンプルタイプが記されている。ルブランがぎりぎりまで待ってから脱酸素剤の入ったパッケージを開封すると、作用し始めて周囲の空気を吸い込む「シュー」という音がかすかに聞こえる。これを袋に一つずつ手早く入れる。ルブランはペクコニスに脱酸素剤を渡しながら「真空包装！　急いで！」と言う。大きな作動音がする。「あっ！」と言って、ペクコニスは気まずそうに顔をしかめる。袋をセットしないうちに、真空包装装置のふたが閉まってしまったのだ。

この包装方法が中身の食品にとってどれほど重要かを理解するには、自分の体から皮膚をむき取ったところを想像してみるのが最も簡単だ（それが耐えがたければ、バナナの皮でもいい）。皮膚がないと、ひどいことになる。まず、体内と外界を隔てる物理的バリアが破壊され、おぞましい血の海が生じ、体の中身がこぼれ出る。次に微生物の大群が体内に侵入し、生命維持に欠かせない器官を破壊して病気を広める。さらに、空気、水、光、低温または高温によって、細胞や体内の物質に変化が生じる。はっきり言えば、残された命はもう長くない。食品も同様で、包装しなければ、チキンファヒータもジャイアント・ソフトチョコチップクッキーも、わずかな寿命しかもてないのだ（化学保存料を大量に加えることで、これらの作用を大幅に抑えることは可能だが）。

食品技術者たちも包装の働きを認める。「レシピがすべてだと言いたいところですが、じつはこれだけの安定性が実現できるのは包装のおかげです」とルブランが言う。

この大事な包装の設計を行なうのが、ポリマーフィルム高等研究センターである。ここを指揮するジーン・ルチアリーニは金髪の女性で、きちんとしたニットのアンサンブルを着こなしている。わずか一二×一八メートルほどの部屋には、さまざまな装置が詰め込まれている。実験室サイズの押出成形機が五台あり、横たわった長い円筒にずんぐりしたじょうご状の容器が直立しているようすは巨大なホッチキスを思わせる。この装置でレジンと呼ばれる粒状プラスチックを融かし、用途に合わせて開けた穴から押し出す。ネイティック研究所の装置では、キャストフィルム（液状の材料をロール上で延ばしてつくるフィルム）とインフレーションフィルム（チューブ状に成形した材料に空気を吹き込んでつくるフィルム）を製造することができ、複数の層を同時につくることも多い（コリン社のティーチ・ライン共押出多層成形機なら、なんと九層までできる）。この種の多層包装材（アルミ箔や紙が使用されることもある）を使うと、レーションの長期保存が可能となり、どんな場所にも持っていくことができ、さまざまな物理的悪条件に耐えられるようになる。ルチアリーニによると、ここで行なっている最新のプロジェクトでは、ナノ複合材料、微小球体《マイクロスフェア》（フィルム内で膨張するのでフィルムが軽量化でき、材料のプラスチックも減らせる）、生分解性プラスチック包装材（陸軍の推定では、野営中の兵士一人あたり一日に出るゴミは三・六キロに達し、その多くはプラスチックと紙である）をテーマとしている。

パンをすべて袋に封入して二つの段ボール箱に入れると、最後から二つ目のステップに入る。メイン棟の裏手にある倉庫のような建物に行って、箱にテーマパークさながらの体験をさせるのだ。レーションの耐久性と保存可能期間の試験をするのだが、そのために箱は傾いたり、回転したり、揺さぶられたり、水をくぐり抜けたりする。子どもが見たら、間違いなくおもしろがるはずだ。包装されたレーションをホバリングするヘリコプターの高さまで持ち上げて、それから地面に落とす落下試験装置もある。マンモグラフィーを巨大にしたような、分厚い金属板でパッケージをはさんで押しつぶす圧縮試験装置もある。室内の一角には楽しげに揺れる振動台があって、平台トラックで悪路を五〇〇キロ走った場合の影響がシミュレートできる。私たちはバンコク（気温摂氏五〇度、相対湿度九〇%）とバグダッド（気温五〇度、湿度五～一〇%）の環境に設定した部屋に箱を収める。それぞれの部屋に入ってみると、湿度が低ければ高温でも平気だが、湿度が高いとゆでたレタスになったみたいにぐったりする。試験サンプルは四週間のバケーションを満喫させてから開封し、変質や風味劣化の検査をする。

結果が判明する日に立ち会えない私のために、ネイティック研究所は代わりの案を用意してくれた。八カ月前につくったパンの評価をさせてくれるという。「特例ということで」と、官能評価コーディネーターのジル・ベイツが笑う。通常、評価担当者は三カ月の厳しい研修プログラムを終えてから、対象となる年間二〇〇〇種類の市販用食品と所内で開発した食品一〇〇〇種類の評価を任される。評価には「インターフェース」とか「セル構造」や「フレーバーの移行」といった専門用語を駆使する。ベイツは半分に切ったパンの載った紙皿、プラスチックのフォークとナイフ、それにナプキンを私に手渡すと、壁際に並ぶ数十台のコンピューターステーションの一つに私を連れていく。私は椅子に座り、画面に現れる指示に従って、かじり、味わい、飲み込む。全体に、私の評価は肯定的とは言えない。「ソーセージが若干硬くなっているよう」で、「においが強烈でやや不快」とした。ただしスナックについてはおおむね評価の手をゆるめて、「おいしくてびっくり!」と認める（私は評価担当者のうちで最も厳しかったわけではない。〇七七八八番の評価担当者はパンを「へなへな」と言い、〇二三二七番は肉とチーズとパンを寄せ集めて塊にしたような食べ物を「石鹸のよう。カビ臭さに近い」と一蹴している）。

デザートとして、技師が歯磨きチューブのようなものを何本か並べていた。チューブ入り食品というのは、数十年前に戦闘機のパイロットのために開発されたもので、酸素マスクの内側に取り付けて、まったくかまずに食べられる。五Gの重力下で固体を食べるのは大変なのだ。私はプラスチックスプーンに中身を絞り出して試食する。このペーストと本物の食べ物との関係には、書評と本の関係に似たものが感じられる。それがどんなものかという概念がさっと提示される――炒めた肉とタマネギや煮込んだトマトの風味と心地よく立ちのぼるチーズの香りから、スロッピージョーであることはすぐにわかる――だけで、自分の力で咀嚼する作業がそこにはないのだ。アップルパイも同様で、シナモンの香りをまとってバター風味のクラストに載ったリンゴの味が正面から攻めてくる。しばし、『チャーリーとチョコレート工場』に登場するヴァイオレット〔チョコレート工場でさまざまな食べ物の味がするガムを貪欲に試食する少女〕になったような、最高の気分を味わう。

★★★

見学が終わりに近づく。白衣姿の技師を何十人も目にしてきた。まぶしく輝く機械もたくさん見た。食品加工史のさまざまな〝第一号〟を見てそれなりに感心し、突拍子もない発明品も楽しんだ。しかし、大事なものが欠けている。

建物の左端付近に並んだオフィスで、ときおり黒いスイングドアを出入りする人の姿が見える。部屋の中に入れてほしいとこちらから頼みはしない。見るべきものなどないのはわかりきっているからだ。コンピューターに向き合う人がいる。電話で話す人もいる。会議机のまわりにも人が集まっている。一見、どうということのない光景だ。だが、アメリカの加工食品産業を動かす真の仕事が行なわれているのはここなのだ。私が一日かけて見学してきた数々の実験室は、カムフラージュにすぎない。

朝食用ソーセージパティ　五万九四二二個
卵　九万八二二〇個
スライスアメリカンチーズ　二万一〇八二パック
冷凍リンゴジュース　二四五一箱
千切りフライドポテト　一万三五〇〇パック
アメリカンドッグ　二万四一五九個
冷凍ブリトー　八六八二個

レーションの研究開発の仕組み

アメリカ軍の購買量は、単に〝大量〟などというものではない。右の購買品リストは、ワシントン州シアトルとオレゴン州ハーミストンの施設に商品を納入する指定業者《プライムベンダー》一社が二〇〇二年に交わした契約書に記載されていたものだ。軍全体で一週間に消費される食料品の必要量を満たそうとすれば、主要農産物の産地から作物がごっそりなくなり、全国の食料品店の棚も空っぽになり、多数の製パン会社を何カ月も動員する必要があるかもしれない。軍はいわばアメリカの風景をむさぼる巨大な口であり、購買品について大幅な値引きを要求しているとはいえ、それでもなお二〇一一年の一年間だけで三八億ドルを支出しており、アメリカで群を抜いて最大の食品購買者となっている（年間食品支出で国防総省を上回る民間企業は、食品流通業界で超大手のシスコと外食産業の怪物企業マクドナルドだけである）。

この費用を管理するのは、軍の購買部門である国防兵站庁だ。気前のよい大口の買い手としてアメリカの食品業界に影響を与える同庁は、超優良顧客として大事にされ、業界側からこんなふうに言い寄られているに違いない。「もしもし、指令官殿、近々新しい契約のご予定などございませんか？朝食用菓子パンの焼き色が少し薄かったですって？　ただちに対処いたします。プロセスチーズスプレッドに機能性成分を加えるのはいかがでしょう。それでどうなるか、ご説明いたしましょう。オレゴン州の豆腐工場から、醤油ジンジャーヌードルの製造を持ちかけられたのですか？　それはおもしろいですね。ですが、弊社の通常の製品シリーズに醤油味の料理を加えるほうが簡単ではありませんか？」」。こんなふうに軍に取り入ろうとする企業では、市販用に製造する食品も軍の食堂で出す料理やレーションに合わせたものとなるかもしれない。だが、食品業界が軍にあれこれアイデアを差し出すようになったのは、軍の莫大な購買力のおかげではない。

食品業界からアイデアを引き出しているのは、ネイティック研究所だ。この研究所は、「戦闘員に決定的な優位性を与えるべく、戦場での食糧配給のあらゆる面において最先端の技術を積極的に活用する」という使命を追求するなかで、国内のほぼあらゆる加工食品に影響を及ぼしている。もちろん、研究所で行なわれる日常業務の多くは格別におもしろいものではない。MREレーションに新規採用する品目を承認したり、切り口の入ったレトルトパウチの試作品を小規模製造する手はずを整えたり、海軍で使うステンレス製の両手鍋を評価したりするのは、すべて通常業務だ。しかし、まったく別種の業務もある。基礎科学や応用科学で研究すべきことを特定し、それに取り組むプロジェクトで提携するパートナーを見つけて共同で研究し、中間結果や最終結果を公表するという仕事だ。これは、アメリカの食料供給システムに際立って大きな影響を与える。こうした絶大な影響力はネイティックの研究予算の規模によるものではなく（予算はむしろ少ないほうだ）、包括的な目標、長期的な計画、揺るぎない姿勢という単純な事実から生じる。考えてみれば、これらは人生において物事をなし遂げるうえで重要な三大要素でもあるかもしれない。

本書の中盤ではネイティック研究所が特定の食品や食品加工技術に与えた影響を紹介するが、研究所の業務全体が日々どのように進められるかを知るために、まずは二〇〇六年一〇月一日から二〇〇七年九月三〇日までのあいだにマサチューセッツ州ネイティックのカンザス通り四一番地にある本部で行なわれた仕事を見てみよう（本書の執筆中に陸軍の業務提携に関する情報が入手できた最も新しい年度が二〇〇七年だったので）。ネイティック研究所の職員が会議を企画し、所内見学を手配し、プレゼンテーションを準備するのが、この本部である。また、陸軍の科学者や技術者が食品業界で行なわれている研究についての情報を収集し、学界や企業や非営利団体に専門的な知識や技術を提供するのも、やはりここである。さらに、契約業者《ベンダー》を募集する際にプロジェクトの内容を説明する「提案要請書」を作成し、入札を審査し、契約先を決めて契約書に署名するのもここだ。

最初の一歩は、ひたすら話を聞くことから始まる。戦闘食糧配給プログラムは年間を通じて、戦《ウォー》闘員《ファイター》（米軍で兵士を指す正式な用語）から希望や要求を聞く。サンドウィッチ、ピザ、ベーグル、ラップサンドを増やしてほしいとか、肉とポテトのような昔ながらの食事は減らしてほしいといった声が出てくる。プログラムでは、さまざまな局や機関からも要望を受け付ける。たとえば陸軍からは、うだるような野戦炊事車で兵士が汗だくになって体重が減ったり熱中症にかかったりするから、灼熱地獄のような暑さをやわらげる対策をしてほしいという要望が出されたりする。海軍からは、備品を細かく分割しないで潜水艦に搬入する方法を考えてほしいと要請されるかもしれない。さらに国防科学評議委員会、四年ごとの国防計画見直し、大統領の科学技術政策の方針を受けて、兵士の身体や認知機能にかかる負担を減らし、兵站業務による環境負荷を抑え、業務の効率を上げよなどという全般的な命令が国防長官から出されることもある。

「戦場での食糧配給で改善が必要な事柄について、陸軍は各方面からの提案を求めている」と説明するのは、一九九四年から二〇一三年まで国防総省戦闘食糧配給局の局長を務めたジェラルド・〝ジェリー〟・ダーシュだ。「ごく簡単なこともあれば、非常にややこしいこともあるかもしれず、ハイリスク・ハイリターンの投資を大量に必要とすることも考えられる。われわれが各部局に必要事項に関する共同提案を要請するだけでなく、科学技術への投資によって戦場に新たな能力をもたらす可能性がありそうな領域があれば、ネイティックのチームも、投資の必要性を指摘する共同声明案を作成する。食品の保存性や品質を高め、兵站業務を削減してもっと負担が軽く費用対効果の高いものとし、戦闘員に必要な栄養を補給できるようにするための解決策候補について、言ってみれば連なる山並みのはるか彼方まで見渡せるビジョンをもつ必要がある。給食用の装置についても同様。それもプログラムの重要な部分なので」

これらの情報はすべて、国防総省戦闘食糧配給研究技術会議の承認を得るために、年に二回提示される。一九八〇年代の初期まで、この会議は全米科学アカデミーと米国学術研究会議が主催する外部組織として、学界、産業界、軍から委員が選ばれていた。じつはこの会議の前身をさかのぼると、第二次世界大戦時の補給問題委員会に行き着く。現在では、陸軍、海兵隊、海軍、空軍、国防兵站庁の幹部だけで構成される内部組織であり、研究・技術担当国防次官補事務局の担当官が議長を務める。議長は文民であり、政策を統率、運用、解釈するための訓練を受けた上級管理職と呼ばれるエリート政府職員だ。会合が開かれるたびに、プログラムに小さな調整が加えられる。「場合によっては、プログラムの中止を勧告することもある。ペースを上げよと勧告したり、さらに場合によっては予算の配分先の変更を勧告したりもする」とダーシュは説明する。「われわれがほかの誰よりも得意とするのは、一〇年計画の策定だ。必要な時間を計算し、各研究カテゴリーが最終的にどうあるべきかを示し、基礎研究から技術実証へ、さらに研究が実用化に至るまでの〝死の谷《デス・バレー》〟と呼ばれる困難な段階を経て商品化を実現するという具体的な移行の計画を立てるのだ」。このプロセスの最後に、戦闘食糧配給プログラムはその年度の目標と作業とスケジュールが盛り込まれた詳細な研究開発計画を完成させる。

これらのプロジェクトはおおむね三つのカテゴリーに分けられ、各カテゴリーは「国防予算の要求説明書」に記載される番号に対応している。衝撃と畏れをかき立ててやまないこの文書は、軍が連邦議会を納得させて五〇〇〇億ドル以上の予算の拠出を続けてもらえるように、毎年作成する分厚い資料である。セクション6・1が扱うのは基礎科学研究で、これは主に大学や全国に八〇カ所ある国防総省の研究所で行なわれる。セクション6・2で扱われるのは応用研究、すなわち基礎研究の成果の実用化を目指す研究である。これは大学、国防総省の研究所、非営利団体、企業パートナーが行なう。そしてセクション6・3で扱われるのは開発研究で、応用研究の成果を製品化する方法が検討される。技術移転プロセスにおいて、この部分はたいてい産業界にゆだねられる（国防総省はほかに6・4～6・7の四つのカテゴリーを設けており、これらは製品の製造とそれを実用の場に送り出す段階に対応している。ロッキード・マーティン社やノースロップ・グラマン社といった巨大軍需企業にとって格好の餌場となる部分である）。

軍との共同プロジェクトのための制度

これらの多様な研究プロジェクトをすべて遂行するために、陸軍はさまざまな略称で呼ばれる共同事業に対する裁量権をもつ。それらの事業のなかには政府から資金提供を受けるため報告義務を負うものもあるが、多くは政府から資金以外の支援はふんだんに受けるが資金提供は受けていないので報告義務がなく、それゆえ事業の大部分は謎めいていて、実態がほとんどわからない。こうした提携事業は、ネイティック研究所が食品業界に影響を与える仕組みのうちでとりわけ重要なものである。二〇〇七年度には、そのような提携事業が二七五件あった。戦闘食糧配給プログラムによって詳細に規定された基礎研究や開発のプロジェクトへの提案を研究機関や企業から募って競わせる「広範囲提案公募（BAA）」では、受注者の得る利益はもっぱら金銭的なものである。従業員五〇〇人未満の企業を対象とする「中小企業技術革新研究（SBIR）」制度では、新製品の開発促進を期待して、技術的な問題の解決策を見出すための助成金が政府から支給される。二〇〇七年度には、戦闘食糧配給プログラムに関係する一一件の事業にSBIR助成金が与えられた。その多くは、ソーラー式冷蔵コンテナ、ゴミをエネルギーに変えるコンバーター、パーソナル飲料クーラーの開発競争に対するものだった。支給額は少なかったが、こうしたプロジェクトは将来の消費者市場に影響を与える可能性が十分に考えられる（これらについては本書の後半で取り上げる）。しかしこの種のまっとうな契約は、政府による購買を規制する「連邦調達規則（FAR）」に縛られる。この規則のもとでは、年間収入や納税額から役員報酬に至るまで、あらゆる情報を一八八七ページからなる文書に記載された方法で報告することが義務づけられるのだ。

もっと制約の少ない取り決めがされることもある。「特許ライセンス契約（PLA）」では、企業が営利目的で軍から特許の実施許諾を受ける。「教育連携協定（EPA）」では、大学、高等学校、小中学校、さらには美容学校など（冗談ではなく本当の話だ）の生徒に対して、対象となる科学技術の教育を軍が支援する。「合意覚書パートナーシップ（MOA）」というのもあり、この場合、非営利の教育機関やその他の政府機関などの連携組織の業務にかかった費用を軍が償還する。「了解覚書パートナーシップ（MOU）」では費用が償還されない。「デュアルユース（軍民両用）科学技術パートナーシップ（DUST）」では、双方が資金を拠出して最終成果物の使用権を共有する。たとえばネイティック研究所の元上席研究員のC・パトリック・〝パット〟・ダンは、こんなふうに説明する。「マイクロ波殺菌技術は、じつはわれわれが産学と連携して開始したデュアルユース科学技術プログラムで、ネイティックが先頭に立って推進させたのだ。……この技術はこの先、われわれが軍で育て上げる一方で、商業分野でも大きく成長することが見込まれる」

そして最後になったが、国防総省の研究プログラムの最高峰といえば、「共同研究開発契約（CRADA）」と「代替契約（OT）」だ。政府と提携するとなると、わずらわしく干渉的な管理規則、一冊の本ほどもある分厚い計画書、厳しい社会経済的要件、企業経営への厳格な監視などに対して企業が不満を抱きがちだが、これら二種の契約ではその心配がない。報酬は？　人材、サービス、実験施設、装置、材料が手に入る。CRADAとOTの大きな違いは、CRADAでは提携してもパートナーには資金が提供されないのに対し、OTでは当該の契約から〝利益〟を得ない限り資金が支払われるという点である。

それでも、キャンベルスープカンパニー、コナグラ、ドクターペッパー・スナップル・グループ、フリトレー／ペプシコ、ゼネラルミルズ、グラフィック・パッケージング、ホーメルフーズ、クラフトフーズ・グループ、マース、マイケル・フーズ、プロクター&ギャンブル、レクサム、ソパコ、ユニリーバなどの大手食品企業がこぞって戦闘食糧配給プログラムとの提携契約を結びたがる理由は説明がつかない。二〇〇七年度、ネイティック研究所の食品部門は一八件のCRADAによる共同研究を行なっており、病原菌用の小型電気掃除機や膜式果汁濃縮装置から農作物の高圧加工、栄養強化型のキャンディーやパン類に至るまで、有望な新技術にことごとくかかわっていた。〈フーア！〉エナジーバーの商品化契約まで結んでいた（これは訴訟に至った）*。大企業がCRADAに参加するのは、見返りを期待してのことである。食品の未来に対するネイティック研究所のビジョンの一端を自分のものにしたいのだ。戦闘食糧配給局のエヴァンゲロスによれば、産業界による研究は科学の辺縁で行なわれ、イノベーションの先端に立つというよりも消費者への訴求力を狙う傾向がある。企業が陸軍の糧食関係部局と提携する場合、独占的な特許を手に入れるにしても、あるいは画期的な加工技術や包装技術で他社より一歩先んじるにしても、その技術を利用した新製品が発売されれば市場を支配するチャンスが得られるのだ。

企業の食品研究に対する軍の資金援助

議員たちによれば、公的資金を投入した研究開発が新たな市販用製品で利用されるようにすることこそ、まさに連邦政府機関の務めである。これは技術移転と呼ばれ、実現したときにはディズニー映画を大人向けにしたような場面が繰り広げられる。花が開くように企業がにわかに勢いを得て、オフィスで社員が歌いだし、銀行員は空に虹を描き、収税官は街角でタップダンスを踊る。

この政策の誕生は、第二次世界大戦の直後までさかのぼる。戦時中の科学研究開発局長官のヴァネヴァー・ブッシュが政府を説得し、軍備面でのアメリカの技術的優位を保つとともに他国の敵対行為を抑止する手段として、主に大学への資金提供を通じて軍以外による研究に投資させた。これらの活動は、文官が管理にあたりながら軍と緊密に協力する研究所で行なわれ、のちに軍以外の政府機関も参加するようになった。陸軍ネイティック研究所は、そうした研究所の一つである（この種の研究所は全部で七〇〇施設ほどあり、規模は大小さまざまで、それぞれ対象領域が異なる）。提携によって

＊陸軍はカリフォルニア州に本社を置くダンドレア・ブラザーズ社と〈フーア！〉バーの商品化契約を結んでいたのに、別の業者から同じ〈フーア！〉という名称をつけた商品を購入するようになったため、ダンドレア・ブラザーズから契約違反で提訴された。二〇一三年二月、連邦請求裁判所は陸軍が契約に違反したことは認めたが、損害賠償請求は退けた。

新製品の開発が促進されることもあったが、プロジェクトの成果である知的財産のほとんどは連邦政府に帰属したので、少なくとも軍との提携による直接の成果と言える技術移転はせいぜいときおり実現する程度にすぎなかった。

スタグフレーションや景気後退、製造業の不振が一〇年ほど続いたあと、一九七〇年代終盤から八〇年代初頭になると、アメリカ国民は太平洋の彼方に目をやって警戒を強め始めた。おとなしくアメリカの保護を受けていたはずの日本が勢力を強め、世界経済さえ支配しようとしていることに気づいたのだ。そこでアメリカは、抜け目のない者がこのような競争に直面したときに必ずとる行動に出た。「相手と同じことをする」という方針をとり、日本と同じ産業政策を導入したのだ。日本は政策としてカメラ、自動車、半導体といったハイリスク・ハイリターンの産業に狙いを定め、自国の成功を確実にするために国が監督と応援団と金融業者を合わせた役割を演じていた。しかしアメリカでは、そうした大々的な政府介入に対して拒絶感があった（もっとも、国内の研究開発の多くへの資金提供こそまさに政府介入だという見方もあるかもしれないが）。代わりに議会は連邦政府の研究所と産業界との緊密な関係を促進することを目的とした一連の法律を成立させた。

政府と産業界との相思相愛が正式に始まったのは、一九八〇年に「スティーヴンソン＝ワイドラー技術革新法」が成立し、国立研究所は自らの開発した技術を州政府や地方自治体および民間へ移転することを任務とするという方針が明確に定められたときだった。それから数カ月後、今度は「バイ＝ドール法」が議会で可決されてカーター大統領がこれに署名した。この法律は、政府からの資金を使った研究開発の成果（通常は発見か発明）について、それを生み出した大学、企業、非営利団体が知的財産権を保有することを認めるものだった（当時、米国特許商標局の棚でほこりをかぶっている政府保有の特許が二万八〇〇〇件あった)。一九八二年には、国立研究所と中小ハイテク企業との共同プロジェクトを促進するために、議会が中小企業技術革新研究（ＳＢＩＲ）プログラムを創設した。しかし産業界側は依然として乗り気でなかった。入札や報告の義務を負担に感じたからだ。わざわざ厄介の種を求める必要などあるだろうか。一九八六年、「連邦技術移転法（ＦＴＴＡ）」が制定され、共同研究開発契約（ＣＲＡＤＡ）制度の発足により、政府は新たな提携関係を結べるようになった。これはセックスフレンドのような都合のいい関係（つまり縛りは少なく、うまみは多く）で事業を行ないたいという民間側の意向をくんだものだった。ほかにもさまざまな調整がなされたが、おそらく最も重要なのは国防総省がもつ究極の権限として、一九九四年に定められた条項で「代替契約（ＯＴ）」ができるようになったことだろう。これによって産業界はそれまでに望んできたことがほぼすべて実行できるようになり、企業側が特許権を保有することになるプロジェクトに対しても政府の資金が得られるようになったのだ。産業界と政府の円満な関係が深まり、おそらくかつてないほど大量の技術移転が実現した。*

これは喜ばしいことだ。違うだろうか？

＊二〇一二年のインタビューで、国防総省技術移転局の元局長で同局のＣＲＡＤＡ政策を策定したシンシア・ゴンザルヴェスは、こう語っている。「技術移転とそれによって実現すると考えられる成果について、（ＣＲＡＤＡの影響に関する）情報はあまりありませんでした。情報把握のための資金がありませんでしたし、契約を評価するための基準も定めていなかったからです」。国防大学の研究者二人が「国防総省における官民提携――分析の枠組みと行動への提言」という同年に発表された報告書でこの発言を支持し、「国防総省のＣＲＡＤＡ締結やその有効性の評価に関しては、そのためのプロセス、評価の枠組み、標準化された方法は一つも存在しない」と述べている。

たぶん、喜んでいい。

連邦政府は、アメリカ国内で行なわれる科学技術関連の研究開発全体のうち、およそ三分の一に資金を拠出している。二〇〇七年度には、研究開発費の総額はおよそ三七〇〇億ドルにのぼった（ライバル国としてアメリカに最も迫っている中国と比べて二倍から三倍に相当する投資額である）。政府による研究開発費は、基礎研究、応用研究、開発研究という三カテゴリーでほぼ均等に配分されるが、基礎研究においては政府の資金が五九％を占め、ずば抜けて重要な資金源となっている。開発研究では政府の資金が占める割合は一八％で、重要度は比較的低い。本書でサンプルとしている年度では、政府の研究開発予算のうち国防関連に充てられたのは八二〇億ドルで、全体の六〇％を占めていた。ところが政府による開発費全体に占める割合を見ると、三つのカテゴリーの割合が逆転する。政府の研究開発費のうち国防総省による支出が占める割合は、基礎研究で六％、応用研究で一八％であるのに対し、開発研究ではなんと九〇％を占めるのだ（ボーイング社などの製造する巨大な機械を考えれば、完璧に納得できる）。

科学技術の高度な領域において、アメリカ経済は自由市場経済との共通点よりも中国の社会主義体制との共通点のほうがはるかに多いというのが実情だ。資金を出してくれるのはほぼ政府だけ（そのなかでも特に国防総省）で、とりわけ基礎研究に関してはそれが顕著なので、研究プロジェクトを立案する際にはそのことを念頭に置かざるをえない。どんな研究をしてもよいが、それで生計を立てたいなら（たいていの研究者はそうだ）、資金が獲得できる研究をする必要がある。そしてそれはしばしば、軍に不可欠と見なされる多様な領域のいずれかに取り組むことを意味する。抜け目ない若手科学者は、出世をものにするのに最も簡単な方法は戦争技術に関係する研究テーマを扱うことであり、そうしたテーマはいくらでもあるということを理解している。

さらに、国防総省自体の計画立案機構の圧倒的な強みがある。アメリカ科学振興協会、アメリカ化学会、全米環境衛生協会といった業界団体や専門家団体も優先事項を一年ごとに定めているが、アメリカ軍の計画と比べれば、それらは年に一度だけ気持ちを引き締める儀式である新年の抱負ほどの力しかもたない。軍には、ボトムアップやトップダウンの定期的な情報収集、協調的な分析、きわめて長期の時間枠（五年、一〇年、二〇年）がもてること、グローバルな視点、戦略および目標の設定に対する潤沢な（ゆえに失敗に対しても寛大な）財源という強みがあるのだ。ここから生まれる指針によって、多様な科学技術プロジェクトの役割が規定され、毎年多くのプロジェクトがまるでマルディグラのパレードで山車からばらまかれるビーズの首飾りのように、学界、産業界、非営利団体、他の政府機関の物欲しげに振られる手に向けてまき散らされる。

その結果、国防総省の研究予算のうち基礎研究や応用研究が占めるのはおよそ四分の一にすぎないにもかかわらず、多くの産業界の方向性に対して同省が極端に強い影響力をもつに至っている。下院軍事委員会の発表した二〇一二年の報告書によると、「このイノベーションのプロセスにおいて、基礎研究はとりわけ重要である。なぜなら基礎研究こそ新素材やセンサー、ナノテクノロジー、データ抽出などの新たな知の領域を生み出す源であり、それが製品開発やビジネスチャンスにかかわる新領域をしばしば生み出すからである。……国防総省のための基礎研究の大半を担うのは大学である。このことから、大学での研究をより迅速に製品化しようとする、技術の商業化活動が増える傾向にある」(1)（軍の研究による直接の成果――論文、特許、製品――を超えて、その研究の影響はしばしば拡大するが、把握するのは難しくなっていく）。

民間企業に対する国防総省の締めつけも同様に厳しい。あるシンクタンクが二〇一一年に発表した報告書「アメリカ防衛産業基盤の重要部門の維持」は、「防衛産業基盤[2]は、需要と供給によって効率やイノベーションや価格が決まる通常の自由市場と同じように機能するのだろうか」と疑問を呈し、それに対して「ノー」と断言している。国防総省はそれが問題だとはまったく思っていない。省が必要とする産業分野の企業を確保し、必要なときに委託できるようにするためには、緊密な結びつきと注意深い指導が必要なのだ。実際、同省の二一世紀の目標は、人形つかいとしての役割を強化することである。下院軍事委員会によれば、「二一世紀にわが国のニーズを満たす産業基盤を構築する際に課題となるのは……産業基盤の管理と維持に対する国防総省の包括的戦略の欠如である[3]」

それがどうした？　そう尋ねる人もいるかもしれない。結果として気の利いた機器類《ガジェット》やしゃれた新製品が続々と消費者にもたらされるのであれば、誰もそんなことは気にしないのではないか。

そこに問題がある。今ではすっかり年代物といった趣のある一九八六年の国連による報告書は、こう述べている。「軍事技術の開発は、民間のイノベーションから得られた資源を単に転用するだけでなく、技術革新の方向性に影響をもたらす。基本原理や優先される技術、性能要件、要求の性質といったさまざまな要因が、軍の開発する技術に強く影響し、技術革新の効率を下げたり、民間での応用を遅らせたり、全体的な方向性をゆがめたりしている」

アメリカの国家産業政策は、アイデアの流通する自由市場を踏みにじり、連邦政府の（主に国防総省の）研究目標を臆病な科学者の飢えた胃袋に力ずくで流し込む。このやり方では、多数の社会的要因——たとえば食品分野ならば、農家や消費者、公衆衛生当局、さらには食品業界自体が抱く思惑——に応じて、最良の科学技術が自発的に生まれ育つことはない。世界の舞台で軍事的支配を達成するためにあらかじめ定められた計画に従って、科学や技術が選ばれて方向づけられるのだ。

ネイティック研究所が食品に与える大きな影響

ネイティック研究所の真の仕事は、度肝を抜くマッドサイエンティストの実験室ツアーからは程遠い。陸軍がそう見せかけているだけである。なぜならそこで実際に行なわれていることを私たちが知ったら、異議を唱えるかもしれないからだ。少なくとも、そこで生み出されるものに疑問を抱くかもしれない。軍の研究所が食品科学の基礎研究や応用研究を誘導しているということは、それらの研究による発見が何よりも軍に適したものとなるということを意味する。そして大手企業に無償か低額で特許や最新の食品加工技術を譲渡すれば、それらの企業の製造する食品もおのずと陸軍のレーションに近いものになる。

ボストンの西に位置する一見平凡なこのオフィスで、国民の健康や幸福、味覚や嗜好、経済状況とは無関係な理由で、国民の口に入るほぼすべてのものの製造に用いられる技術を一握りの男女が選んできた。そして今も、国民が将来口にするすべてのものに使われる技術を選んでいる。それらの技術はたとえば、常温で何カ月も保存されていたワカモレ・ディップを月曜日の夜にフットボールを観戦しながら食べられるように細菌を押しつぶしてくれる高圧加工や、朝の出勤時に時速一三〇キロでハイウェイを突っ走りながら（また遅刻だ！）熱いコーヒーを飲めるようにしてくれるドリンク用パーソナルヒーターなど、多岐に渡る。実際、研究所で行なわれている仕事の実態を知ったら、従順な兵士を訓練するための完璧なシステムが生み出されていることに思い至ってぞっとするかもしれない。私たちはよちよち歩きのころからグラノーラバー（これも軍の発明品だ）を食べてきたので、カンダハルで市街戦の最中に兵士たちが安価な穀類や砂糖、プロテインでできた高圧縮の緊急時用レーションのエナジーバーにかじりつくのも当たり前に感じられる。アメリカの食べ物、万歳！

戦闘食糧配給プログラムの予算は、じつはかなり少ない。二〇〇七年度は四四〇〇万ドルで、この一〇年間では最高額となったが、それでも軍の研究費全体に占める割合はおよそ〇・〇六％にすぎず、このうち基礎研究と応用研究に充てられるのはわずか五〇〇万ドルだ。これがどのくらいか実感するために、庭へ出てみよう。毎年秋になるとゴミ袋何十個分もの葉を落とすカエデの木があるとする。その堂々たる幹を目でなぞり、大きく広がった枝をたどっていくと、小枝の集まりに行き着く。一番上の小枝の先端で風にはためく葉が見えるだろうか。これが戦闘食糧配給プログラムだ。つまり、巨大な全体の中のちっぽけな一部分にすぎない。軍が市民の生活に与える影響を完全に理解するには、本書に書かれていることを何千倍にも拡大する必要がある。それほど大きな影響を与えているのだ。その影響の大きさは想像を超えている。その影響を消し去ろうとすれば、現代の生活そのものを消し去ることになるかもしれない。

第4章　レーションの黎明期を駆け足で

戦闘糧食《コンバット・レーション》（駐屯地で食べる給食と対比されるものとして）は、突如としてどこからともなく生まれたわけではない。たいていのものと同じく過去の歴史があり、やはりたいていのものと同じく過去の歴史が現在に影響している。そこで、行軍中や交戦中の兵士が携行した最も初期の食料を見てみよう。じつは人類史の夜明けよりも前までさかのぼることになる。

古代の戦と食べ物

金槌を持つ者にはすべてが釘のように見えるとしたら、槍を持つ者にはすべてが何に見えるだろうか。そう、獲物だ。人類《マンカインド》（まさに〝マンカインド〟だ。女性はほぼ一貫してこの社会的慣習から排除されてきたのだから）が最初に同胞に対して攻撃の手を上げた正確な時期は先史時代のよどんだ沼の中へと消えてしまって不明だが、あるとき初期の人類が鋭い石器を先端につけた棒を握って眺めながら、こう考えた。「二、三日もでっかいマストドンを追っかけて、運がよければそいつを刺し殺してから一〇キロほどの道のりを洞穴まで引きずって帰り、俺と女房は食事にありつける。それでもいいが、この槍でグロックを刺し殺し、やつが洞穴にため込んでいる肉をちょうだいしてさっさと仕事を片づけるという手もある」。決断するまでに長くはかからなかっただろう。

それ以来、人間どうしの暴力は残念ながら絶えることなく起き続けた。アフリカ東部やヨーロッパ南部、カナダ北極圏、アメリカ南西部などさまざまな地域で、初期の人類は他人を棒で殴り倒したり、とがった石器で突いたり刺したりするのに忙しくなった。何のために？　毛むくじゃらのマンモスの生肉を数日分と泥まみれのイモ一山を奪おうとしたのだ。あるいは、朝日が射し込み水の流れる洞穴を狙ったのだ。魅力的な配偶者を横取りしたかったのかもしれないし、個人的な恨みがあったのかもしれない。そして――どうしても生々しい表現にならざるをえないが――近くにいる人間のたくましい臀部がおいしそうに見えることもあっただろう。残存する人骨に切ったり叩いたり刻んだり剥いだりした痕跡が見られることや、太古のホモ・サピエンスの糞便からミオグロビン（人間の筋肉に含まれるタンパク質）が検出されたことから、私たちの祖先が仲間や敵やえせ友だちをときおり食べるのをいとわなかったことは否定の余地がない。

歴史にあまり詳しくない人のために説明すると、旧石器時代と中石器時代には牧歌的な生活様式が営まれていた。短期間で集中的に食料を確保すると（男性は狩猟、女性は採集）、それ以外の時期にはしばらく何をするでもなくのんびり過ごすことができ、住居の維持も容易で、絶えず新たな場所へ移動しては新たなものを見つけるという刺激があった。しかしやがて（この先は主流から外れた説になるので注意！）女性たちは不満を抱くようになった。もっと多くのものを求め始めたのだ。たまには子どもから解放されたい。秘密にしていたイチゴの茂みやハシバミの木立に来てみたら、すでに果実が採られていた、とがっかりするのはもういやだ。干草を敷いたり石を並べたりした場所でおしゃべりに興じたい。そして何より重大だったのは、夫がほかの男たちとしょっちゅう遠出して留守にしたりせず、そばにいてくれるのを求めたということだ。どうやら遠出の目的は、真剣な食料探し（成功すればありがたいが）というよりむしろ獲物を追うスリル（そして言うまでもなく、よその部族の美しい女との遭遇）らしかったのだ。

要するに、女性たちは定住を望んだ。

こうして女性たちは口うるさく抗議するようになり、それがおそらく何世紀も続いた。「また引っ越し？　もういやよ！　先週ここに来たばかりじゃないの。テントをたたんで、また建てる。またたたんで、また建てる。それから半日かけて、やっとハチドリの卵をいくつかと果物を少し手に入れる。そのあいだずっと、乳離れしていない二歳の子どもがおっぱいからぶら下がっているのよ。一つの場所に落ち着いて暮らしたいわ。同じ場所にとどまれば、こんなに疲れないでもっと元気でいられるはず。その日の獲物の皮剥ぎを手伝って、料理だってできる。あなたが夫婦の絆を深める営みを求めても、いつも私がいびきをかいているなんてこともなくなるはずよ」。しかし、何を言っても効かない。

そんなある日、彼女は住居としている洞穴のじめじめした片隅にヒョウタンを置いたまま忘れていたのに気づく。野生の穀類をかんでその中に吐き出し、石器時代の離乳食をつくっていたのだ。中身を見ると、不思議なことに泡立っている。なめてみると、なんと！　酒の発見だ。それ以来、妙に夫がこちらの言うことに従うようになった。「ねえあなた、ずっと暮らせる場所があるとして、それを〝家〟と呼ぶとしましょう。家があれば、穀物をたくさん育てて、あなたの大好きなこの新しい飲み物をつくってあげられるわよ」。すぐさま彼女は畑に囲まれた小さくてきれいな小屋に落ち着くことができた（人類がいつでも酒を飲めるように農業を発明したというのは、ペンシルヴェニア大学のパトリック・マクガヴァンやカナダのサイモン・フレイザー大学のブライアン・ヘイデンら、複数の考古学者がまじめに提案している説である。証拠がもっと必要なら、古代シュメールに目を向ければいい。そこでは農作物の四割以上がビールづくりのために栽培されていた）。

もちろん今の男性と同じく、すべての男性が内なる野性を喜々として手放したわけではない。おとなしく落ち着くことを望まない男性には、狩猟と農耕の中間に位置する別の選択肢もあった。牧畜である。朝から晩まで羊や山羊の群れについて回る仕事は、野生の動物を追って槍を振りかざすのと比べればマッチョではないかもしれないが、平原をさまよい、星空の下で眠り、もじゃもじゃのひげを伸ばして泥汚れをまとい、野外で焼いた肉と乳の食事をとることはできた。対照的に、落ち着くことを選んだ男性たちは、厳しい肉体労働の日々を送り、麦やトウモロコシの粥か豆類の単調な食事をとり、唯一の慰めとして穀類を発酵させた目新しい飲み物を大量に飲んだ。農耕生活のよい面としては、食料の備蓄（このため必然的に食品保存技術が発明された。ほとんどは乾燥による方法だったが、海水や鉱床から塩化ナトリウムが容易に入手できる場合には塩漬けも用いられた）、家屋、土地が確保でき、人口が増えたおかげで適齢期の女性にも事欠かなくなった。マイナス面としては、これらがとても魅力的に見えたので、牧畜民が卓越したナイフの腕前を振るって、しばしば集団で襲撃してきては、大事な財産を略奪していくことがあった。

二つの生活様式の衝突とそれに伴う流血の惨事が、新石器時代の叙事詩に描かれている。古代シュメールで、牧羊神ドゥムジと農耕神エンキムドゥが愛と豊穣と戦《いくさ》の女神イナンナの寵愛をめぐって戦う。これよりはるかによく知られた物語で、シュメール神話ののちのバージョンと思われるものもある。農夫カインと羊飼いアベルの物語だ。俺の野菜とお前のラムチョップはどちらがおいしいか、という人類初の兄弟げんかが人類初の殺人に至る。こんなことで人を殺すのかと驚くのは、子どものいない人だけだろう。それから数千年を隔ててもなお、これらの太古の対立はいまだに繰り返されており（菜食主義者と肉食主義者の批判の応酬を考えればよい）、二つの対照的な戦闘様式を生み出すとともに、兵士の活力源となる糧食にも二つの種類を生み出した。規律正しい農耕民は少量のタンパク質とソースを添えた炭水化物を食し、放縦な山岳民は肉と乳で生きていたのだ。

イソップ物語の亀のように、農耕民はよい生活を自分たちの力でなし遂げるという決意を抱いてこつこつと働いた。荷役用の動物を繁殖させ、木の枝を集めて原始的な鋤をつくった。河川の水を引き込む用水路を設けて作物に水をやった。やがて彼らの労苦が実を結び、余剰の食料が生産できるようになると、朝から晩まで野良仕事をしなくてすむ人が現れた。古代シュメールの王ギルガメシュは焼き物に精を出し、アヌは金属細工に没頭した。ウルナンムは周囲の人々を支配することに力を注ぎ、特に用水権や土地をめぐる紛争というきわめて重要な領域で権力を振るった。ティズカル、ルガルキトゥン、ウンタシュガルは槍や棍棒や弓矢で完全武装して、その姿と挙動で人々を震え上がらせた（武器の先端部を石ではなく滑らかな青銅でつくれるようになると、これはさらにたやすくなった）。都市が誕生すると、都市を防衛し、拡大し、統治するために、組織的な武力も必要となった。

そこで、荒くれ者の集団が出現した。

彼らに与える食料が必要となった。自領内なら、政府が兵士に食事をたっぷり与えるのも食料品を支給するのも簡単だ。しかし遠征先で兵士が各自でなんとかしなくてはならない場合、すなわち軍では婉曲に食料調達と呼ばれるが、私たち民間人に言わせれば強奪、劫掠、略奪と呼ぶべき行為に出る場合はどうか。確かに最初の数回は、新たな村に乱入すれば住民は屈服し、命乞いをして財産を差し出したかもしれない。しかし、このやり方はすぐに効かなくなった。兵士に携帯食を持たせれば、本来の任務にもっと時間を費やすことができるし、空腹で惨めな思いをして住民から鶏やカブを奪わなくてすむ。指導者たちがそう思いつくまでに時間はかからなかった。

それではいよいよ世界の主要な軍事国家とその戦闘糧食《コンバット・レーション》について、西洋にとりわけ大きな影響を与えた国々を中心に駆け足で見ていこう。

古代シュメールとエジプト軍の糧食

史上最古の二つの文明（その象徴と言える官僚制度の完成をもって文明成立の基準とする）の一方、すなわちシュメール文明とともに、史上初の常備軍が誕生した。シュメール人は、紀元前三〇〇〇年代の半ばからチグリス川とユーフラテス川にはさまれた肥沃な平地に居住していた。二〇〇〇年間にわたりおよそ一四の都市国家のあいだで絶えず戦争を行なっていたシュメール人は、楔形文字、六十進法、神殿売春だけでなく、きわめて強力な武器と軍事技術も発明した。しかし、レーションのノウハウは初歩的な段階にとどまっていた。出撃先はすぐ近くだったので、兵士が自宅に帰って昼食をとってから戦場に戻っても、日暮れまで続く戦闘で手斧や鎌型剣《ケペシュ》を振るう時間は十分にあったという、単純な事情のせいだろう（戦争の詳細な記録としては最古の「ハゲワシの碑」と呼ばれる石碑によると、ラガシュとウンマのあいだで戦が起きたが、両都市は二九キロしか離れていなかった）。飾り立てた戦闘馬車《チャリオット》で凱旋行進するときのために、ビール（彼らはビールをこよなく愛した）、大麦のケーキ、葉タマネギなどを携行することもあったようだ（古代には、どうやら口臭は大きな問題ではなかったらしい）。

古代エジプトの人々は、ほぼあらゆる点で（遠く離れた）隣人であるシュメール人に追随し、洪水と灌漑を利用した農業を行ない、余剰食料によって分業を可能にし、都市や政府を擁していたが、戦術については後れをとっていた。もっとも、彼らに非があったわけではない。海（北側）や広い砂漠（西側および東側）、どれほど無鉄砲な船乗りでもひるむような滝をいくつか備えた長大な川（南側）によってほかの民族から隔てられていれば、油断するのも当然だ。一〇〇〇年以上にわたり、古代エジプト人は自分たちに関心のあること——入念な化粧、巨石の積み上げ、そして画期的な情報伝達技術である「紙」を使った頻繁なやりとり——だけをやっていた。そうこうするうちに、東方から半遊牧民のヒクソス族に攻め込まれるに至った。

孤立主義の時代は終わった。一〇〇年以上かかったが、戦闘馬車、複合弓、刀剣、鋭い斧などの武器を模倣し、果てしない訓練を行ない、憎悪によって士気をかき立てて、エジプト人は団結し、ヒクソス族を追い出した。その後、王のもとで確立した軍事力を使って、今度は自らが領土拡大に乗り出し、南側ではヌビア、東側ではパレスチナ、バビロン、アッシリア、ヒッタイトにまで到達した。紀元前一五〇〇年ごろまでに広大な領土を獲得していたナイルの息子たちは、およそ一〇〇万平方キロもの領地を一気に制圧することになった。駐屯地と野営地からなる広大なネットワークへ送り込む食料と飼料の流通を管理するため、古代エジプト人は補給係という職種を新たに創出した。小型の軍艦と牛を使って、ビール、パン、タマネギ、干物や塩漬けにした魚を兵士に補給するのだ。魚は特に大事で、兵士は給料として三カ月ごとに魚を支給されていた。

実際、このような魚の保存食（アッシリア人もこれを採用していた）はレーションの革命だった。軽量で保存が利き、栄養価が高い。戦闘中にパンをかじったり、長い行軍中に歩みを止めて粥をつくったりすることもできるが、細胞の構成要素となるアミノ酸を補給するという点で最も効率のよい食品といえば、乾燥または圧縮した動物性の肉がはるかに抜きん出ている（乳製品でもよいが、完璧さはやや劣る）。古代エジプトがあれほど広大な土地を制覇して遠方の土地まで支配下に収めることができたのは、この携帯可能なタンパク質のおかげかもしれない。それ以来、あらゆる大帝国は、進軍中や偵察中、あるいは戦闘中でも携行して食べることの可能な、頼りになるタンパク質の保存食品を少なくとも一つは用いて、それによってエネルギーを補給してきた。

古代ギリシャ軍の食事

古代ギリシャ人が神話をつくり上げる才能に秀でていたのは間違いない。民主主義を実践したと言われるが、一五〇〇以上の小さな都市国家のうち真に民主的だったのは一つだけであり、その恩恵に浴していたのは土地を所有する自由民の男性だけだった。優美な建築や彫刻を生み出したと言われることについてはどうか。神殿や彫像は、じつはけばけばしい赤や青や黄色で塗られていた。戦場における彼らの武勇と偉業が西洋の規範として君臨してきたのは、もっぱら彼ら自身が記録を書き残したおかげである（そこから私たちは古代ギリシャの栄誉と勇壮についておそらく誤った認識を受け継いでいる）。しかしじつのところ、古代ギリシャの陸軍は丘陵だらけの小さな半島の不毛な土地をめぐって何世紀も延々と戦争を続けたが、戦闘に参加したのはほとんどが剣と槍と盾のみで武装した素人兵の小隊だった（槍を持つ歩兵が密集する重要な隊形「ファランクス」を発明したのは確かに彼らだ）。重装歩兵は最大三日間の進軍に備えた糧食を各自で携行したが、それもやはり単純なもので、穀類数キロ、酢、おなじみのタマネギ、そして携帯可能なタンパク質として山で放牧された山羊の乳を発酵させて圧搾した食べ物、すなわちチーズで構成されていた。

しかし、この素人的な軍のあり方には例外が一つあった。強力な軍隊を誇る国が一つだけあったのだ。軍事国家のスパルタは、紀元前四七九年にギリシャの都市国家連合軍を率いてペルシャ軍と戦い、勝利へと導いた。屈強な戦士になるための訓練は生まれた瞬間から始まり、虚弱な赤ん坊は安楽死させられる。生き延びた子は幼いうちに母親から引き離され、むやみに叩かれたり、食事を与えられなかったりといった苛酷な子ども時代を送らされる。しかし将来の戦士が成人に達すると、市民かつ土地所有者という、スパルタでは戦士だけに与えられる特権的な地位を獲得し、幼児期の苦しみはおつりが来るほど埋め合わされる。二一歳を過ぎると地元の会食堂で仲間とともに食事をとることが義務づけられ、これによって団結心が維持される。この食事は必ず、酢と豚の血液と豚の臓物でできた黒いスープというグロテスクな前菜で始まる（このスープはたびたび古典時代のジョークのネタとなった）。これに続いて供される料理は、市民の農場から強制的に供出させた食材（おもに穀類、ワイン、チーズ）を使ってつくられていた。農場で働かされていたのはヘロットと呼ばれる奴隷だったが、主人一人に対して奴隷九人の割合で奴隷のほうが多かったので、主人は常に気が抜けなかった。

やがてマケドニアのフィリッポス二世（在位紀元前三五九〜紀元前三三六年）がついにギリシャを統一し、今日でもなお歩兵が残念に思っているに違いない改革をいくつか実行した。たとえば、妻や身辺の世話係や娼婦の同行が禁じられ（食料の消費が増えるうえに、進軍の速度が落ちるため）、各人員に自身の糧食と装備の携行が義務づけられた。この改革により、ギリシャ軍の下級兵は二週間分の穀類一四キロを含む三六キロの荷物を運ぶことになった（現代のアメリカ兵の荷物はさらに重い。リュックサック、浄水器、レーション、武器を合わせるとゆうに四五キロを超える）。

ローマ帝国の保存食

イタリアびいきの人は、共和政ローマとローマ帝国を築く基礎となったのが豚肉、正確にはプロシュート（燻製せずに乾燥させたハム）、ベーコン、ソーセージだったと聞けば喜ぶに違いない。軍団兵と呼ばれる歩兵は行軍する際、鎖状につながったソーセージ、パルメザンなどのハードチーズの大きな塊、調理用のラード少量を各自の袋に入れて携行した。移動中の食事にはこれら以外にガルムと呼ばれる魚醤（兵士に支給されたのは、じつは二流品だった）、小麦粉と水を練り合わせて二度焼きしたハードタックと呼ばれる堅パン（クラッカーの祖先）が入っていた。これらの食料は広大な帝国の端まで輸送しても変質することはなかった（最盛期には、ローマ帝国はブリテン諸島から北アフリカ、アルメニア、エジプトに至る領土を支配していた）。十分な食料を与えられ、十分な訓練を受け、十分な装備をもち、筋骨隆々としたローマ帝国の戦闘兵（百人隊長は兵士たちに重さ三〇キロの荷物を担がせて田舎を行進させて、彼らを最高のコンディションに保った）が、一〇〇〇年間にわたって古代の世界をやすやすと支配したのだった。

下級兵は軍事行動中もしっかりと食事をとり、食事に関する不満は一〇〇〇年間まったく出なかった。さらに駐屯地ではごちそうを堪能した。実際、駐屯地に落ち着いているときの兵士の生活は、もっぱら食べ物を中心に回っていた。穀類、肉、ハードチーズ、ドライフルーツ、調味料の入った巨大な軍用貯蔵庫から、中身を自由に食べることができた。また、野菜の栽培や家畜の飼育に使える土地があったし、周囲の農村から食料品を供出させたり購入したりすることもできた。そして何よりも大事な点は、知人たちと定期的に手紙をやりとりして差し入れを求めていたことだ。駐屯地の兵士はパンを焼き、野ウサギを狩った。アスパラガスやキャベツやワインや上等なオリーブオイルを求め、願いがかなわなければ相手を責め立てた。たとえば次に紹介するのは、兵士が友人に宛てて書いた手紙である。

ルスティウス・バルバルスからポンペイウスへ。まずは君の健康を祈る。しかし、なぜ君はあんなに意地の悪い手紙をよこすのか。なぜ僕が思いやりに欠けるなどと思うのか。すぐに青野菜を送ってもらえなければ、僕がすぐに君との友情を忘れてしまうと思っているのか？　僕はそんな人間ではないし、思いやりだってちゃんとある。君のことを友人というより、同じ肉と血をもつ双子の兄弟のように思っている。僕はしょっちゅう手紙にそう書いているのに、君の考えは違うらしい。たくさんのキャベツとチーズ一塊がこちらに届いた。君宛ての箱を騎兵のアリアヌスに頼んで届けさせた。ケーキとデナリウスを小さな布に包んで入れてある。塩を一マチウム買って、すぐにこちらへ送ってほしい。パンをつくるのに必要なのだ。(1)

この軍事力を支えていたのは、あとにも先にも世界で類を見ない農業の生産性だった。少なくとも二〇世紀までは、これほどの生産性は見られていない。古代ローマ人は、耕作こそ最も高貴な職業だと思っていた。草創期の帝国を築いたのは、市民であり農場主であり兵士でもある人々だ。というのは、軍隊に入《はい》れるのは土地所有者だけだったからである（のちにローマ帝国が新たな敵を征服して領土を獲得していったとき、奴隷を使った大規模な農場経営「ラティフンディウム」が始まった。単作を行なう広大な農地は現代の工場方式農場の先触れだった）。この青々とした畑や果樹園にぴったりの動物は何か。鶏や牛ではない。これらはおいしい卵や乳を与えてくれて、務めを終えると最後には食肉になってくれるとはいえ、飼育に手間がかかる。古代の農民が最も重用したのは、扱いやすい豚だった。豚は残飯とまぐさで飼育できるし、一年に二度、八匹から一〇匹の子豚を産み、その子豚はわずか半年で丸々とした完全な成豚に育つ。初期のイタリアの食生活では豚肉が中心的な役割を果たしていたが、おそらくその最大の要因は、数トンの豚肉の保存がもはや手を出せないほど費用のかかる作業ではなくなっていたということだろう。世界の塩の交易を支配していたローマ帝国は、この貴重なミネラル源を給料の一部として兵士に支給し、必要に応じて市場価格を意図的に下げることもあった。加工肉店《サルメリア》というまったく新しい商売が生まれ、軍団兵とともに帝国の各地へ遠征した。

ヴァイキングとモンゴル帝国の糧食

ヴァイキング船に乗るのは、現代の大学の学生寮で飲み騒ぐのによく似ていただろう。雑然とした狭苦しい空間が、汗まみれの騒々しい男たち数十人でぎゅう詰めになり、樽から飲み物がいくらでも飲める（言い伝えとは異なり、これはエールではなく水だった）。船上の者たちは、理性よりも武力のほうが価値があると心から信じている。八世紀の終盤から一一世紀の終わりまで、速度と機動性を重視して設計されたこれらの船がスカンディナヴィアの海岸から出航し、フランスやブリテン諸島の海辺の町を目指した。船内の食事は、大麦の粥とバターという気のめいるような献立が続き、ときおり干したカレイやタラの切り身が食事に彩りを添えた。魚はいくらでもいるし、北方の気候なら容易に乾燥させせられるが、古代スカンディナヴィア人は基本的に農耕民だった。初期の兵士はみな土地所有者で、農地を奴隷か近隣の小作人に託して出征した。食べ物は出航時に用意しておくのではなく、あちこちで寄港するたびに調達した。石造りの要塞に蓄えられた干し魚や干し肉、穀類、チーズ、バター、ビールを奪い取ることもあった。この襲撃自体が残虐で、短時間で決着した。ヴァイキングは至近距離での戦闘を得意としており、ほかの手段がすべて失敗に終わったら、「狂戦士《ベルセルク》」と呼ばれる秘密兵器を放つのだった。荒くれ者の狂戦士はトナカイの尿を飲んで興奮状態となり、恐れることなく戦う。スカンディナヴィア人たちは民族全体を支配する政治機構や統制のとれた軍隊はもたなかったが、容赦ない残虐行為によって数世紀にわたりヨーロッパ北部を支配した。

牧畜民の最後の雄叫びを上げたのは、モンゴル帝国だった。彼らは適切な糧食がいかに大事かを証明した。短期間ではあったが、モンゴル人は史上最大の陸上帝国を形成した（フン族はまずローマ帝国の扉を叩き、それから押し入って家財をすべて破壊したが、そのフン族さえモンゴル人と比べれば大したことはない）。きわめて機動性に富み、尊大で残忍なモンゴル人は、多くの点で今日の特殊部隊の先駆者だったと言える。卓越した乗馬の名手であり（馬は燃焼機関に取って代わられるまで数千年のあいだ、戦場で最高の輸送手段だった）、馬上で生活し、自分たちの後ろを走る群れから馬を選んで乗り換えながら、何日間も馬に乗り続けた。痛みや寒さや不便を気にしない。幼いころから凍てついた地面で毛布もかけずに眠ってきたのだ。しかし何よりも大事なのは、彼らの糧食――タンパク質の豊富な粉乳を鞍嚢《あんのう》に入れてシェイクにして飲んだり、肉片を鞍の下に敷いて馬の汗と乗り手の体重で自家製ジャーキーにして食べたりした――が兵士の食料として完璧（携帯しやすく手軽で軽量、そして栄養が豊富）であり、彼らの軍事力の根幹をなしていたかもしれないということだ（これらの食料が尽きても、確実に手に入る非常食があった。馬の首を切って、血管からじかに熱い血液を飲んだのだ)。

モンゴル帝国はシベリアや東南アジア、東ヨーロッパから中東まで支配の手を広げ、軍勢は一五〇〇万人から三〇〇〇万人を殺害したと推定されているが、最盛期を過ぎると反芻動物を引き連れてテントで暮らす遊牧民の生活様式はすたれ、穀類を基盤とした経済に依拠する大都市へと吸収された。大昔の祖先が他民族に対して抱いた反感の名残は、食品への偏見として現在でも見受けられる。中国人は、中国を征服したモンゴル人の常食だった乳や乳製品を嫌う。イスラム教徒とユダヤ教徒――セム族は流浪の民の始祖だ――は豚(草を消化できず、群れを形成せず、長距離の移動に適さない)の食用を禁じているが、それは敵の飼育する家畜に対する本能的な侮蔑のせいである。私たち自身は肉汁たっぷりのステーキをあがめるが、これも野蛮人だった過去のひそかな表れだ(アングロサクソン人の先祖にあたるアングル族は牛の牧畜をしていた)。モンゴル人の遺産は粉乳やジャーキーとして生き残り、今でも兵士のリュックサックに入っている。

アステカ帝国の食事

完全菜食主義の食事を批判すべき論拠があったとすれば、それはアステカ帝国である。旧石器時代までに、メソアメリカ地域原産の大型草食動物はすべて狩りつくされて絶滅していた。そのため、よその文明の揺籃期には農耕と動物の家畜化が同時に起きたが、この地で農耕が始まったときには家畜化が伴わなかった。アステカ文明初期のメキシコ人は困難に屈することなく、ニシュタマリゼーション(酸中和液に漬けてナイアシンを摂取可能にする処理)したトウモロコシ、豆、トウガラシに、ときおりイグアナや湖の緑藻や昆虫に由来するタンパク質を加えて、かろうじて生存するのに足りる食事をつくっていた。家畜は七面鳥とチワワしかいなかったが、それらを口にできるのは高貴な身分の者だけだった。しかしチワワの体の小ささと肉づきの悪さを考えれば、食生活の厳しさがうかがい知れる。兵士の食事も一般の食事と比べて著しく充実しているわけではなく、三種類の方法で加工したトウモロコシ、豆類、それにカボチャやチアやアマランサスの種子で構成されていた。おなじみのトウガラシも入っていた。そんなわけで、タンパク質に飢えたアステカ人が、メキシコ盆地に居座り続ける大型の哺乳類、すなわち人間に目をつけたのも当然かもしれない。

それから生じたのは、地球上でなかなか類を見ないほど奇怪で残虐な戦士の文化だった。繊細な読者にはこの話を丸ごと飛ばしてほしいのだが、この文化のおかげで上層階級（貴族、神官、兵士）は栄養をたっぷりと摂取することができ、大衆（小作人）は力を奪われて服従を強いられた。一四二七年から一五一九年までのあいだ、三つの都市国家の同盟からなるアステカ帝国はトウモロコシの不作が続いたせいで飢餓に苦しみ、最初はイッコアトルに率いられ、その後はモクテスマ（さらにのちにはその子孫）に率いられて、西は太平洋まで、東は大西洋まで、そして南はグアテマラまで近隣の領土を征服した。しかし軍事力を背景にした他の帝国主義者と違って、アステカ人は土地、財物、権力といった伝統的な戦利品にはほとんど関心をもたず、食物を中心とした通常の貢税を徴収するだけで、征服地が戦争前の平時の状態に戻ることを許し、統治機構には手を出さなかった。なぜなら、彼らの最も欲していた天然資源はすでに獲得できていたからだ。その資源とは、敵兵の新鮮な身体である。

アステカ兵の日常の食事が、加熱処理した哺乳類の筋肉の塊を咀嚼するという充足感をもたらす経験を欠いていたにしても、宴の日はその欠如を補ってなお余りがあった。特別な待機房で太らせた捕虜を、神殿の階段の上へ連れていく。階段の上で、神官が黒曜石のナイフを使って捕虜の胸部を切り開く。手を突っ込むと、まだ脈打っている心臓をつかみ出して太陽にかざす。宗教儀式が終わると、本格的に死体を食べ始める。死体を神殿の下まで転げ落とし、参会者が手早く切り分ける。頭蓋骨を戦利品棚に飾る。太ももの片方をモクテスマに捧げる。剥ぎ取った皮はハロウィーンの仮装をグロテスクにしたような遊びに使われ、とれたての人皮をまとった若い兵士が家々を訪ねて食べ物を求める。残りの手足はこの捕虜を捕らえた兵士が自宅に持ち帰り、親しい友人を招いて人肉シチューをたっぷりふるまう（兵士自身は自分の捕虜を食べることが禁じられていた）。この人食い帝国は、一世紀にわたる支配のあいだに一〇〇万人以上の老若男女をむさぼったと推定されている。*

★★★

食料と戦争は、もともと分かちがたく絡み合っている。動物は食物をめぐって戦う。人間も同じだ。いたるところに魅力的な食べ物があるような世界なら、食べ物のことを考えずにいるのも簡単だが、昔は餓死せずにすむぎりぎりのカロリーを摂取することが一日のすべてを占める命題だった。旧石器時代に続く時期には牧畜と農耕という二つの戦略が別個に存在したが、これらはやがて融合し、それぞれと結びついた食事様式もまた融合した。私たちの最も重要な資源やそれを生産するための土地をめぐって、激烈で残虐な衝突がたびたび起きたという事実に驚く人はいないだろう。自然は無慈悲で移り気で、天候もまた気まぐれだ。災害も起きる。人口が増える。こうした不安定な状態に対する自明な解決策は、より多くの食料かそれを得る手段を確保することだった。この果てしない探求を支えるために、各地の文化は兵士の食料を進化させた。容易に輸送できるように軽くて頑丈で、長期保存ができるように乾燥または塩漬けで加工され、最も望ましい栄養分（タンパク質のことが多い）を与えてくれる食料品を生み出したのだ。どこかで聞いたような話だと感じたなら、それもそのはず。これらはレーションの開発と改良において、若干の変更が加わっているものの、現代の軍が求めるのと同じ性質なのだ。

＊アステカ人が人食いをした規模と理由については、今でも人類学者のあいだで議論が続いている。ここで紹介した「生態学的」な説はマイケル・ハーナーによるものだが、広く支持されているわけではない。

第5章　破壊的なイノベーション、缶詰

数千年にわたり、軍は戦場へ持ち込む食料品の準備については一般人の知識でまかなっていた。しかし一八世紀終盤から一九世紀半ばにかけて、機械を導入して市場の拡大をもたらした産業革命によって、軍で生まれた知識が市民へ移行するという逆転が生じた。この関係は今でも続いており、軍は侍女のように仕えてくれる科学技術に頼って厨房の中であれこれ試しては、食品の保存や保管や輸送の新たな方法を発明し、世に広めるようになった。

フランスで生まれた大発明

現在が激動の時代だと思う人には、今から三世紀ほど前の時代を体験してもらいたい。自由や平等といった思想にのぼせ上がった急進主義者や扇動家は、手当たりしだいに専制君主を打倒し、一般市民に代表民主制への参加を要求した。有神論を捨て去る動きに勇気を得た科学者は、地球がじつは天

体運動の中心ではないと言いだし、さらには宇宙が重力や運動の法則に支配されているという、当時としては荒唐無稽な見解を表明するに至った。それまで共有していた牧草地が私有化される囲い込み（エンクロージャー）のせいで農村から追い出された人々が、請負仕事でわずかな賃金を得ようと都市に流入したせいで、ヨーロッパでは都市の人口が増大した。しかしこうした変革の渦のさなかにも、戦争技術と糧食には進歩がなかった。

フランス革命やアメリカ独立戦争の兵士が背負ったリュックサックの中をのぞいたら、何が入っているだろう。小麦粉、豆、堅パン、ベーコンなど、およそ二〇〇〇年前のローマ帝国の軍団兵が携行していたものとほとんど変わらないはずだ。しかしこれには何の不思議もない。大昔に農業の進歩によって生じた余剰のトウモロコシ、キャベツ、家畜をどうしようかと考えあぐねた人が乾燥、塩漬け、燻製、発酵という方法を考え出したが、それ以降は新たな食品保存法が発明されていなかったからだ。問題が起きていないのなら解決策も必要ないという考え方である。

それでもやがて問題が生じた。フランス革命戦争中、王政に反旗を翻した者の熱狂をもって、市民《シトワイヤン》はヨーロッパ全域（現在のイギリス、オーストリア、ベルギー、ドイツ、イタリア、ルクセンブルク、オランダ、ポルトガル、ロシア、スペイン、スイスに加えてエジプトも）に自分たちの見解の妥当性を納得させようと決めた。一八歳から二五歳までの男性一五〇万人からなる巨大な軍が編成され（近代史における最初の国民皆兵制度である）、血気盛んな兵士たちはみなエネルギーの補給を必要としていた。独裁者になるための修業中だった童顔のナポレオン・ボナパルト将軍は、遠征中に二つの手段からなる食糧配給戦略を実行した。食糧配給の根幹となる必需食品は船か動物を使って輸送し、それ以外のものについては町や村で現地調達せよという命令を出した（夏や秋には問題ないが、冬から春にかけては難しい)。この方式によって、兵站業務は従来の配給方式よりも速度と柔軟性が増したが、それでもいくつかの落とし穴が——しかもかなり大きな穴が——存在した。問題の一つは、重要な戦闘が展開されているときに、村で略奪に励んでいるせいで兵士が行方不明になるおそれがあることだった。また、フォアグラやパン・ド・カンパーニュが手に入らないせいで、衰弱や飢餓をきたしかねないという問題もあった。

こうした戦場での食糧配給の不首尾、一五〇万人分の牛肉の赤ワイン煮を手配するという悪夢のような兵站業務、そしてフランス革命が残した飢餓という厄介な亡霊に対処するため、フランス政府は一七九五年に給料一年分に相当する懸賞金をつけて解決策を公募した。「可能な限り最善の方法で、あらゆる種類の食品を保存する技術」を考案できる食品技術者はいないかと呼びかけたのだ。この先見の明に満ちた言葉はナポレオンによるものとされている。権力欲に燃える者はみなそうだが、彼も他人の手柄を横取りしてすべて自分のものにしてしまう才覚を備えていた。実際のところ一七九〇年代の初めごろには、「ちびの伍長」と呼ばれていたナポレオンはフランス軍で彗星のごとき出世を狙って画策し、王党派の連中をパリの街から一掃し、悪名高き年下好きの美女で、気が多いくせに薄情なジョゼフィーヌに言い寄るのに忙しかったので、食品保存技術について農業省で中級官僚らと議論している暇などなかったはずだ。もちろん、ヨーロッパ統一の概念やナポレオン法典(裁判官と良好な関係にある者にとってはすばらしい法典だが、そこには存在しない陪審員団の心を動かす以外に勝ち目がない場合にはありがたくない法典だ)など、自らのなし遂げたほかの功績がすっかりかすむほど食品保存が重要であることを彼が知っていたなら、話は違ってくるが。

政府の呼びかけに対し、有名な料理人から菓子職人に転身した反逆児が応じた。この男、ニコラ・

アペールは宿屋の主人の息子で、正規の教育は受けていなかったが、厨房の階級を自力で這い上がり、二〇代には公爵や公爵夫人、王家の子女といった上流社会の人々に仕える料理人の地位までのぼりつめた。しかし三〇代になるともう華やかな暮らしに飽きてしまい、菓子店を開いた。のちにこの経験は、食品保存という応用科学で成功を目指して研究を進める際に、おそらく物理学や化学や生物学を学ぶよりも役立つことになる。温度を一定に保って加熱すると、風味や食感、さらには（ガラス容器に食品を入れて加熱した直後に密封した場合に）食品の変質にまで不思議な効果が生じることを観察した。金属容器で湯を沸騰させてその中に別の金属容器をセットする湯煎鍋《ゆせん》は、乳製品を主材料とするソース、クリーム、カスタードをつくったり、チョコレートを溶かしたり、風味づけしたシロップをつくったりするのに欠かせない器具である。沸騰している湯は、水が水蒸気に変わる沸点にある限り、沸騰の勢いが強まることはあっても温度が上がることはないので、湯煎鍋を使えば一定の温度を保つことができる。アペールはまた、果物を煮込んでシロップやジャムやゼリーにしたり酒に漬けたりしてガラス容器に入れて栓をしておけば、長期にわたって腐らないということにも気づいていただろう（これらの美味なる保存食では、砂糖による防腐効果と殺菌作用も働いていた）。企業家のアペールは、野菜、肉、乳製品、スープ、シチューを瓶に入れて密封したうえで湯煎にかけるという手間のかかる実験を一〇年以上も続けた。

抜け目のない企業家なら誰でもそうだが、アペールももちろん一度限りの賞金だけを狙ったのではなく、フランス軍への納入業者としてうまみのある継続的な契約を獲得する可能性も視野に入れていた。一八〇三年に彼は行動を起こし、海軍で実地テストをしてもらうために自分の扱う品物のなかで特においしいものを選りすぐり、スープ、ボイルドビーフのグレービー添え、豆料理を納品した。すると三カ月後に結果が届いた。見事合格だった。しかし、その後は音沙汰がなかった。二年ほど待って、アペールは再びテスト用のサンプルを送った。今回も高い評価を得たが、やはりその後の進展はなかった(政府と契約を結んだ経験のある人なら誰もが知るとおり、今でもこのプロセスの遅さはあまり改善されていない)。六年が過ぎた。アペールは「春、夏、秋を瓶に詰める」仕事――季節を問わず〝新鮮〟な農産物が食べられることからこう呼ばれた――を、従業員四〇人を抱える活気に満ちた事業へと拡大した。そしてまたサンプルを送った。ようやく一八〇九年に正式な返答が届いた。ビーフブイヨンだけは「味が薄い」が、それ以外の品はすべて満足のいくものだとのことだった。アペールは大がかりな発表会に招かれ、一カ月後にナポレオン政権の内務大臣から一万二〇〇〇フランの賞金が授与された。ただし、この発明に関する権利を放棄するという条件がついた。アペールは言われるままに権利を手放した。

この発明には、欠点が一つあった。瓶である。食卓に季節はずれの青果を加えたいという中産階級の家庭にとって、ガラス瓶は便利でしゃれていたが、海路や陸路の遠征では実用性に欠ける(蒸留酒やワインなど、軍隊に欠かせない必需品なら話は別だ)。ちょうどそのころイギリス海峡の向こう側で、ピーター・デュランドがブリキの缶を発明していた(そして賢明にも特許を取得した)。一八一三年に開業した最初の缶詰工場では、大量生産ができなかった。フル稼働時でも熟練した職人がつくれる缶は一日に一人あたり六個から一〇個ほどで、それに調理済みの食品を入れて一個につき最長で六時間ぐつぐつ煮る。このように生産量が少なく(おそらく)価格が高かったので、初期に利用できたのはイギリスの陸軍と海軍だけだった。両軍は長距離の移動や長期の遠征のためにシチューやスープの巨大な缶詰を注文した。しかしアメリカ南北戦争のころには小型の缶が安価で効率的に製造できるようになり、小型化に伴って加熱時間が短縮されたおかげで、缶詰はぜいたく品や緊急時用糧食ではなく兵士の日常的な食事となった。ただし北軍が購入した缶詰は、士官食堂や陸軍病院で使用するコンデンスミルクだけだった（下士官兵は、軍に随行して雑貨や軽食を売る従軍商から自分で購入しなくてはならなかった）。

乾燥、塩漬け、燻製、発酵に続く五つ目の主要な食品保存法を発明した人物は、「アペルティゼーション」という技術にその名を永久に残している。そう、アペールに由来するアペルティゼーションだ。しかしこれまでそんな言葉を耳にしたことがないのはなぜなのだろう。アペルティゼーションとは、液状または固形の食品を一定の高温まで加熱して、有害な微生物を死滅させるプロセス（低温殺菌）のことである。だが、それはパスツリゼーションというのではなかったか、と思う人もいるだろう。アペールがこの方法を発明してから五〇年後、学位をいくつももつルイ・パスツールが登場し、功績をすべて自分のものにしてしまったというのが気の毒な真相だ。とはいえ公平を期して言えば、パスツールは確かに加熱殺菌の根本的な科学原理を理解していた。多くの病気は微生物が原因で起きることや、加熱処理によってその微生物を死滅させるか少なくとも大幅に減らすことができるという事実を知っていた。それに対し、アペールはこの方法が有効だということを見出しただけだった。それにしても……。ただ一つのアイデアの発見に生涯を捧げ、それによってこの二〇〇年間に食品のあり方に最も大きな変化をもたらすことになった人物は、私のような食品オタクからときおり熱烈にたたえられる以上の評価を得てもよいはずだと思う人もいるのではないだろうか。

アメリカの缶詰牛肉スキャンダル

アペールが缶詰のもととなる技術を発明してから一世紀後、その産業利用は飛躍的に拡大していた。特にコンデンスミルクと缶詰牛肉の需要が高かったオーストラリアとイギリスでは、それが顕著だった。アメリカでは、ゲイル・ボーデンが一八五六年に発明した缶入りコンデンスミルクはすぐさま人気を集めたが、食肉分野では鉄道の発展とともに枝肉〔内臓や皮などを取り除いて、背骨に沿って一体を二分割した骨つき肉〕の冷蔵業が盛んになっていたので、シカゴの精肉業者らは食肉の保存方法を多様化させる必要性を感じなかった。アメリカ陸軍が大量に発注した缶詰牛肉をめぐって有名なスキャンダルが起き、その後に缶詰に対する市民の不信感が払拭されてようやく、この動物性タンパク質の最新の保存法は社会に受け入れられたのだった。

北緯二三度二六分二二秒から南緯二三度二六分二二秒にはさまれ、地理学では熱帯と呼ばれる地域では、一年間に三カ月はきわめて快適な天候が続く。もっと緯度の高い地域では、休暇シーズン後のけだるさと屋外での冒険心を萎えさせる厳しい寒さが到来する時期にあたる。しかし、この三カ月以外は地獄の第六圏〔ダンテの『神曲』で描かれる地獄の一つで、異教徒が火焔の墓で焼かれる〕よりも蒸し暑い。一八九八年にアメリカが手ごわい軍隊として世界の大舞台にデビューしたのはこの地だった。スペインを相手にした米西戦争で、灼熱の島々（まずキューバ、それからプエルトリコ、フィリピン、グアム）を奪取したのだが、ある失策がなければ、アメリカはもっと楽に勝てたはずだった。その失策とは、最初の侵攻を計画したときに、キューバの熱暑を陸軍が考慮に入れなかったことだ。問題は兵士に食べさせる肉だった。戦争中に、生きた牛を現地で解体するのではなく冷蔵や缶詰の肉を配給したのは、このときが初めてだった。冷蔵した牛枝肉は一八七〇年代から販売されていたので、生きた牛を戦地に運んで解体するよりも簡単で安価に牛肉を輸送できる冷蔵という方法を軍が採用するのは自然な流れだった。しかし、動物性タンパク質の缶詰の採用は画期的だった。南北戦争の時代から食肉加工業界を支配してきたシカゴの精肉業社の御三家、アーマー&カンパニー、スウィフト&カンパニー、モリス&カンパニーは、一八七九年にようやく「牛肉の缶詰を大規模に」[1]扱い始めた。加熱殺菌した肉を遠征中の食事に採り入れるようにと陸軍が命じた直後だったのは偶然ではない(同時に海軍もにわかに兵士の食事に缶詰牛肉を採用し、その量は年間二〇〇〇トン以上に達した)。その後、本格的な軍事衝突となる米西戦争が勃発すると、昔ながらの生肉や塩漬け肉は、初の現代的な加工食品へと大々的に切り替えられた。

一八九八年の初めごろには、精肉業者はプエルトリコやキューバへ糧食として送るために牛を買い占めて処理を行なっていた。数千トンの「冷蔵牛肉」が特別な鉄道車両や船で輸送されたが、ときには業界でいう「温度の逸脱」(短時間または長時間にわたって冷蔵温度より高温で保管されること)が起きることもあった。この冷蔵牛肉に加えて数百トンの調理済み牛肉の缶詰も製造し、フロリダ州タンパまで荷馬車で運んだ。タンパに到着すると、缶詰は日光の当たる埠頭に置かれた。それから高温の船倉で運ばれて、さらに焼けつくような海岸に何日も放置された。兵士のもとにようやく届くころにはすさまじい味となっており、兵士たちはこんな反応を示した。

「自分と同僚は吐き気を催した」
「見ただけで胃がむかついた」

「ペットの犬さえ食べようとしなかった」

「この缶詰肉はひどく不快なにおいがしたので、缶を開けたら車窓も開けずにはいられなかった」

「夕食にこれを食べると、一晩中、激しい腹痛に苦しめられた[2]」

「最もましな場合には、まずいだけですんだ。最悪の場合には、吐き気を催した。……腐敗して悪臭を放っていたので、病気を防ぐために廃棄せざるをえなかった。船から海に投げ捨てたと思う[3]」（最後のコメントはのちにアメリカ大統領となるセオドア・ルーズヴェルトによるもの）

同胞のために銃剣を振るったり、ガトリング砲を撃ったり、自陣を遮蔽したりして長い一日を過ごしたアメリカ兵が食堂のテーブルに着くとき、あるいは政府から支給された缶詰を開けるとき、反射的に吐き気を覚えるようなものではなく、世界有数の軍隊にふさわしくきちんと栄養のとれる食物を期待する。終戦後にネルソン・マイルズ少将が「カンザスシティー・スター」紙への暴露話の中で不満を訴えたことによって、遅ればせではあったが、サンティアーゴ・デ・クーバの駐屯地で兵士たちの抱いた憤りは軍司令部のヒエラルキーのすみずみまで衝撃を与え、最終的に連邦議会を揺るがした。多数の兵士が米国本土の基地にいたころから腸チフスで衰弱し、敵地への上陸後には黄熱病に襲われたことにより、事態は著しく悪化した。米西戦争中に病死した下士官兵は二四八五人に達した。これは戦闘で死亡した三八五人の六倍以上にあたる。

しかし、これはキューバでの食肉スキャンダルの序幕にすぎなかった。一八九八年後半、ウィリアム・マッキンリー大統領が連邦政府による調査を命じた。陸軍出身の実業家グレンヴィル・ドッジを委員長とするドッジ委員会が一〇九回の会合を開き、四九五人から証言を聞き、合計数千ページにおよぶ全八冊の報告書を発表した。実験室で試験が行なわれたが、農務省の頑固な化学者で食品保存料の使用に猛反対していたハーヴィー・ワイリーさえ、添加されたはずのホウ酸、亜硫酸塩、サリチル酸、安息香酸（当時、これらは肉の保存料として広く使われていた）をまったく検出できず、缶詰肉に不純物が添加されていないことを認めざるをえなかった。関係者は出世の道を絶たれた。言葉の手榴弾（「あれは防腐処理した牛肉だ！」）を最初に投げたマイルズ少将は米西戦争の司令官だったが、適切な手順で問題の解決にあたらなかったとして譴責《けんせき》された。兵站総監だったチャールズ・P・イーガン准将は軍法会議にかけられ、暴言を吐いたかどで有罪を宣告された。「少将は根っからのうそつきです。口でも心でも、髪の毛の一本一本、毛穴の一つ一つからも、意図的に、考え抜いて、悪意に満ちたうそをつくのです[4]」と言ったのだ。一方、これを出世の足がかりにした者もいた。キューバでの武勲により雄々しさの象徴となったセオドア・ルーズヴェルト〔米西戦争中にキューバに駐屯していたスペイン軍を相手に義勇騎馬隊を率いて戦い、英雄となった〕は、この騒動に乗じてホワイトハウスへの道をのぼりつめた。まず副大統領となり、のちにマッキンリー大統領が暗殺されると大統領に昇格したのだ。実際、このエピソードの残響は今でも感じられる。一九〇六年、ルーズヴェルトは最初の「純正食品医薬品法」を議会で成立させた。政府、学界、食品業界は、食品中に生息する微生物を死滅させる方法の本格的な研究に乗り出した。陸軍は、戦場にいる部隊に対する食糧の調達と配給の仕組みを全面的に見直した。一方、批判にさらされたマイルズ少将は最終的に表舞台から退き、「陸軍の兵站総監に対して無慈悲で不当な攻撃」を加えたとして、消えない汚名を着せられることとなった。

だが、マイルズ少将は本当に間違っていたのだろうか。

缶詰牛肉に何が起きていたのか？

関係者の話から察するに、マイルズ少将は好人物ではなかった。見栄っ張りでうぬぼれが強く、ほら吹きだったらしい。長い軍歴のあいだには、対外的ないざこざのみならず内輪のもめごともしばしば起こしていた。しかし悪臭を放つ肉については、彼の言葉はおそらく真実だっただろう。それは軍も精肉業者も聞きたがらない不愉快な真実であり、とりわけマスコミに報じられたくない真実だった。それが露呈すれば、もっと安価で効率的な方法で兵士やひいては民間の消費者に肉を供給しようという動きが途絶えてしまう。この件を詳細に調べるために公聴会が開かれ、それを受けて責任の所在が厳正に判断された。実際、この調査の過程で明らかになった事実は、軍と食肉加工業界が利益を得ていることを裏づけた。調査委員会は非難の一部を過度に強調し、一部をはぐらかした。そして確かなことは一つもないのに、調査結果を信頼できるものであるかのように断定的に発表したりした。

事実関係を整理しよう。

そもそも、マイルズは陸軍兵站部と連邦政府に対して何を非難したのか。マイルズの部下だった軍医のW・H・デイリー博士（この事件の数年後に自殺した）は、患者の病状が気になって冷蔵牛肉の一部を調べたところ（試験はしなかった）、「防腐処理をした人間の死体と同じようなにおいがして、最初に調理したときに味見すると、分解したホウ酸のような味がした」[5]。このことから、この善意の医師は牛肉が化学薬品で処理されていると考えた。マイルズはこの告発を擁護し、この防腐処理が「牛肉を保存するための秘密のプロセス」[6]だと断言した（デイリー博士は報告書でホウ酸の味がすると指摘したが、ホウ酸には味もにおいもないという理由で陸軍が意気揚々とその所見を退けたことは注目に値する)。陸軍はプエルトリコに輸送された別の肉を正式に検査し、不純物が混入していないことを確認した。その一方で、輸送中に腐敗しなかったことを証明することにはおざなりの注意しか向けられず、ただ「いくらかの例外はあるものの、証言によれば、支給された冷蔵牛肉には不純物の混入がなく、腐敗しておらず、安全なものだった(7)」とだけ述べられた。

缶詰牛肉についても陸軍はその健全性について同様の主張をしたが(マイルズはこの点については反論していない)、品質劣化の問題について議論が長引くのを避け、こう認めている。「キューバやポルトリコ(原文ママ)で兵士に支給する場合、高温にさらされ、缶詰をラベルに書かれたとおり適正に扱う手段がなく、適切に調理することもできないので、肉がまずかったのは確かである。とりわけマラリアにかかった兵士や回復期の兵士にとっては堪えがたいものであった。……熱帯の気候の中で、進軍とともに運ばれ、高温にさらされることにより、肉の外観は吐き気を催すようなものに変化する(8)」。マイルズ少将が冷蔵牛肉と缶詰牛肉の両方について指摘したのはこの点だった。防腐剤を使っていると非難されて当然の憤慨を抱いた陸軍省は、マイルズの指摘に反論はせず、ただ意図的な防腐処理も意図せぬ防腐処理も行なわれていないことを証明するために大量の証拠を提出して、マイルズの指摘を覆い隠してしまった。

六四〇〇キロ北のマサチューセッツ州ケンブリッジで、じつはマイルズが自説の擁護に使えたはずの重要な証拠がすでに見つかっていたのだが、関係者の誰一人としてそのことにはほとんど気づいていなかった。一八九五年、マサチューセッツ工科大学(MIT)の教授のもとで下級助手を務めていたサミュエル・プレスコットという若者(のちに学部長となり、食品技術者協会の初代会長を務めた)が、地元のウィリアム・アンダーウッド社を支援して、同社の貝の缶詰が頻繁に破裂する理由を探り出すという、まったくぱっとしない仕事を割り当てられた。プレスコットとアンダーウッド社は二枚貝やその他の魚介類や野菜の缶詰について調べ、その結果を一八九六年に公表した。これは細菌とその芽胞を死滅させるのに必要な時間と温度を表す「加熱致死時間」という食品加工の基本的な概念を扱った初の研究となった。しかしこの発見は、陸軍の兵站部やシカゴの精肉業者の耳には届いていなかったらしい。彼らは世間一般と同じく、病気は微小な生物である病原菌によって引き起こされるという説をようやく受け入れたばかりだった（実際、加熱致死時間が缶詰産業の基本概念となったのは、それから二五年ほど経ってからである）。その後、食品の物理的および化学的な品質劣化を引き起こす作用については言うまでもなく、食品の腐敗や食中毒を引き起こす微生物についても理解が飛躍的に深まり、制御能力も向上している。「防腐処理牛肉」事件以来、一世紀以上にわたる微生物学、細菌学、食品化学の成果を手に入れた私たちがこの事件を振り返れば、あのときに何が起きていたのか、その真相をもっと正確に突き止めることができる。しかしまずは食品が腐敗する仕組みをざっと見てみよう。

食べ物が腐る仕組み

食品に関する何よりも基本的な事実とは、それが「死んでいる」ということである。つまり食品とは、生命を失った植物（新鮮な野菜や果物は呼吸を続けてはいるが）や、腐敗へ至る不可避な道をすでに半ば歩みだした動物の組織なのだ（この点から、食品の保存と死体の防腐処理との不穏な類似が生じる。乾燥、塩漬け、砂糖漬け、燻製、埋蔵といった伝統的な食品保存法の多くが人の死体に対しても用いられている）。食品に生じる変化の一部は、偶然や環境条件の変化によって生じる単純な物理作用や化学作用の結果である。一方、私たちの体内や体表、あるいは家屋や庭、土壌、水、空気中に生息する真菌（菌類）や細菌といった、目に見えない共生者が変化を引き起こす場合もある。食品保存の最も大事な役割は、これらの（人間にとっての）負の力を抑え込むことである。植物や動物の生きた細胞には強固な防御機構が備わっているが、生物の死後にそれらと戦わずにすむようになってはじめて、この共生者たちは動植物の組織やそれらからつくられた食品に侵入できるようになる。そうした微生物は、死んだ動植物のいたるところに存在しており、生《なま》の貝類ならほんの数時間、乾燥させた穀類やナッツ類なら数年で腐敗させることができる。食品保存においては、そうした微生物の腐敗作用を遅らせるか阻止しなくてはならない。そして、私たちに害を与える微生物を死滅させなくてはならない。それらにとって人間は理想的な（あるいは少なくとも一つの）生息場所であり、体内に入り込むと、下痢を引き起こしたり苦悶に満ちた死をもたらしたりするのだ。

食品をめぐる問題のなかには、単なる食品老化によるものもあれば、太陽から放射される電磁波によって生じるものもある。電磁波の波長において比較的狭い帯域を占める可視光は、太陽光のなかでは最も量が多く、地球にたっぷり降り注ぐ。都合のよいことに、その光子は地球で起きる化学反応にエネルギーを供給するのにぴったりな値（エネルギー準位）をもっている。自然界には九〇種から一〇〇種ほどの元素が存在し（正確な数については科学者のあいだで意見が分かれている）、その多くの原子において、特定の波長の可視光かそれより波長の短い紫外線が当たると、原子核の周囲に存在する電子が外側の軌道にジャンプし、原子の反応性が高まる。このため食品に太陽光やその他の光が当たると、ある分子は分解され、別の分子はほかの分子と結合し、また別の分子は自らの電子配置を変え、さらに別の分子は電荷を帯びる。

この種の変化の一例が脂質の酸化だ。これは二つ以上の分子が電子をやりとりすることにより、別種の分子が生じる複雑な化学反応である（別の分子から電子をもらう分子を酸化剤、電子を与える分子を還元剤という）。保存中の食品に含まれる脂肪でこの反応が起きると連鎖反応が生じ、フリーラジカル（トラブル好きな不対電子を一つ以上もつ分子）が生じる。これが近隣の分子と結合して、異臭、変色、栄養損失を引き起こす。植物油、バター、肉、乳製品、ナッツ類、全粒穀類、そしてもちろん揚げ物やスナック菓子など、脂肪を含む食品はすべてこの変化を起こす可能性がある。

温度も食品に同様の作用をもたらすが、その影響は光よりも普遍的で、発生頻度ははるかに高い。食品を取り巻く空気の熱は、対流によって食品に伝わる。食品に接する部分で激しく動く高温の空気分子が自らのエネルギーを食品に与えると、この分子は温度が下がって重くなる。すると温度の下がった分子がもっと高温の分子と入れ替わる。食品と周囲の空気の温度が平衡状態に達するまで、この過程が繰り返される。食品の内部は熱伝導によって温度が上がる。高温にさらされて振動しだした分子が隣り合った分子にエネルギーを渡すが、分子の存在する位置は変わらない。温度の上昇した食品の内部にある分子はエネルギーが増しているので、さらに多くの化学反応や酵素反応を引き起こす。これらの反応性は、室温付近では温度が摂氏一〇度上昇するごとに二倍になる。

こうした変化のなかでとりわけ重要なものとして、メイラード反応がある。これは非酵素的褐変（これに対し、野菜や果物が自然に褐色に変わる現象は酵素によるもの）とも呼ばれ、供与できる電子をもつアミノ酸分子の一部と電子を受け取ることのできる糖分子の一部が結合して分子の構造が変わり、新たに反応性の高いさまざまな化合物を生成するときに起きる。これらの化合物がさまざまな味、色、香りをもたらす。その多く、たとえば焼いた肉の味わいやパンの表皮の焼き色などは好ましいが、袋に入った菓子パンの色のくすみ、パック入り牛乳のカビくさいにおい、しなびて茶色くなった果物、缶詰肉の劣化した味などは決して好ましいとは言えない。

微生物がもたらす影響

人間が問題にぶつかったときにはその原因の多くは本人にあるものだが、そんな人間とは違って、食品に起きる問題の原因はたいてい食品以外にある。生物が死んだ瞬間から、坂道を転げ落ちるように状況は悪化していく。まず内部で変化が起こるが、その初期の変化は酵素の作用の持続、細胞内液の無秩序な漏出、細胞構造の機能停止または崩壊によるものである。それ以外の変化はすべて、食物連鎖の中で物質とエネルギーが使えるようになるのを待ちわびている腐生菌（死肉を食べる微生物）の侵入と、宿主に寄生している微生物によって生じる。食品においては、微生物には大きく分けて真菌（酵母、カビ）と細菌という二種類があり、これらはさらに腐敗菌と病原菌に分類できる。

人間が真菌で病気になることもないわけではないが、少なくとも先進国では真菌の経口摂取によって病気になることはほとんどない。空気中を浮遊する胞子によってアレルギー反応や手に負えない炎症反応が起きたり（黒カビがびっしり生えたシックハウスを思い起こしてほしい）、真菌症と呼ばれる恐ろしい病気でこの小さな生物が宿主の人間（ほとんどの場合、免疫機能が損なわれている人）の皮膚や気道や場合によっては眼球で発芽したりして病気になることのほうが多い。もっと劣悪な条件にある国（つまりほとんどの国）では、経口摂取により病気を引き起こす真菌は多数にのぼり、それらはほとんどの場合、畑や貯蔵場所で主食の穀類（小麦、米、トウモロコシ）の表面で増殖して毒素を産生する。しかしアメリカでは、深刻に懸念すべきマイコトキシン（カビ毒）といえばピーナッツやトウモロコシから検出されるアフラトキシンだけと言ってほぼ間違いない〔連邦政府が検出量の規制基準を設けている〕。アフラトキシンはきわめて強力な発がん性物質であり、イラクでは一九九〇年代にこれを兵器として開発したほどだ。おそらくクルド人への使用を目的としていたのだが、実際に使用されたことを示す証拠はない。

おおまかに言うと、真菌は細菌が踏み込みたがらない場所に押し寄せる。水分が少なく〔正確に言えば水分活性が低く〕、低温、高酸性で、塩分と糖分の多い環境を好むのだ。真菌には、酵母とカビの二種類が存在する。酵母は小さな単細胞生物で、すばやく大きな集団《コロニー》を形成する。一方、カビはいくつもの細胞が連なった大きな鎖状構造を形成するが、厳密に言えば一個体の多細胞生物だ。両者の一部の種《しゅ》を利用したバイオテクノロジーによる食品加工は数千年前から行なわれており、人間の役に立ってきた。陽気な酵母は糖を分解してエタノールと二酸化炭素を生成することによって、ビールやワインやパンを発酵させる。それに対してカビは陰気だ。私たちのために働く場合、チーズに刺激的で土に似た味わいをもたらしたり――たとえば生成したチーズの名前から逆に命名されたペニシリウム・ロックフォルティやペニシリウム・カメンベルティ〔それぞれロックフォールチーズとカマンベールチーズの製造に使われるカビ〕などがこの働きをする――や大豆製品に旨味を与えたりする。しかし私たちと敵対する場合、カビは触れるものすべてをおぞましく変える。緑、青、グレー、白などの色を加え、不快な綿毛で覆うのだ。真菌による腐敗のほとんどは生鮮食品で生じるが、真菌の胞子は耐熱性が高いので、条件が合えば保存食品でも発芽することがある。

濡れたおむつや湿った靴下、汚れたふきん、スカンクのようなにおい、あるいは正体不明の悪臭といった危険信号を食品が発していたら、それは食べたら病気になるというわかりやすい合図だと思われているのではないだろうか。しかしじつのところ、悪臭の元凶である腐敗菌はほとんどが無毒なのだ。これらの細菌は死んだ動植物の組織を分解できるように進化したので、低温には強い（冷蔵庫内の摂氏二〜三度くらいなんともない）が、高温になると元気をなくす。なるべくならば人間には近づきたくもないだろう。人間という城砦を襲撃するには、胃酸（pH一〜二で、皮革のなめしやプールの消毒に適した酸性度）のシャワーをくぐり抜け、腸内の免疫細胞からなる暗殺部隊を逃れ、げっそりするような摂氏三七度の温度に耐えなくてはならないが、これらのいずれの攻撃に対しても細菌は対抗手段を備えていない。悪臭は、アミノ酸をアミンに変換する過程で生じる。そのアミンのなかには、名前からしていかにもまがまがしげなカダベリン、プトレシン、スペルミジンというのがある（アミン類の多くは不快なにおいを発するが、重大な健康被害との関連が認められているのはヒスタミンだけである。ヒスタミンアレルギーをもつ人や不適切な方法で保存されていたある種の魚を食べた人に被害が生じる）。冷蔵庫の生態系において、優勢なのはおそらくシュードモナス属の細菌である。これは肉に緑色の粘液をまとわせたり、牛乳を腐らせたり、磨菇鶏片《ムーグーガイパン》〔アメリカでポピュラーな中華風の鶏肉と野菜の炒め物〕の食べ残しに悪臭を放たせたりする。これ以外にも、食品に問題を起こす細菌としてはラクトバチルス属のものもある。こちらは肉、牛乳、パン類を渋味や滲出液や異臭で台無しにする。その一方で、ラクトバチルス属には、チーズやサラミや塩漬け発酵キャベツ《ザウアークラウト》などの発酵食品をじつに手際よくつくり出す細菌もいる。この菌は、元気な集団となって食品の表面を覆って優勢を占めれば、ほかの菌が増殖するのをきわめて巧みに防いでくれる。

侵襲性と非侵襲性の病原菌

「病原菌」という言葉が使われるようになったのは、一九世紀の半ばになってからである。これはあたかも人の一日を台無しにすることだけを目的とした細菌がいるとでも言わんばかりの人間中心的な呼び方だ。ほとんどの細菌は自分のすべきことをしているだけで、たいていの生物と同様にあくまでも食物の摂取を中心に活動する。カフェテリアのマッシュポテトの山やカフェのバナナクリームパイにコロニーを形成していた細菌にしてみれば、人間がその食べ物を口に入れたせいで自分が小腸行きの旅行に無料で招待されてしまうというのは、まさに「運の悪いときに運の悪い場所に居合わせた」状況なのかもしれない。実際、一部の細菌にとっては、人間の体内に入ることのほうが危険きわまりない。前述の強固な防御機構に遭遇すれば、周囲は小さな死体だらけになる。運がよければ、不運な芽胞のうちいくらかは防御を逃れて多少の毒を運んでいける。非侵襲性（消化管の粘膜細胞内に侵入しない）病原菌は胃腸の防衛部隊をかわすことができ、人の食物や胃でも庭や堆肥の山でも、喜んで住みつくだろう（細菌には柔軟性があり、栄養素を代謝してエネルギーを産生する方法をたくさん用意しているのだ）。それから、私たちを求めてやまない侵襲性（細胞内に侵入する）病原菌が少しだけ存在する。

非侵襲性病原菌は、「悪い天気というものは存在しない。ただ装備が不適切なだけだ」などと言って他人を見下すアウトドア派と似ている。極端な温度、栄養欠乏、環境ストレス、免疫反応など、ありとあらゆる条件に対して万全の備えができている。自分のなすべきことをたちどころに把握して、人間側の態勢が整わないうちにベースキャンプを設営し、夕食の材料を求めて森の中を探し回る。彼らの住みかは、あるいは微生物学者の気取った言い方を借りれば「生活環」の舞台は、土壌、ほこり、水、サイレージ（堆肥のような発酵牧草）、植生、昆虫、動物、食品製造施設、食べ物、そして人間などだ。環境条件によっては、非侵襲性細菌が人間にとって不快な毒素を産生し、これが死をもたらす場合もある。しかし繰り返しになるが、細菌に悪気があるわけではない。毒素は宿主の体内やその他の環境において競争相手の能力を奪うための防御機構にすぎないかもしれない。ひどく切羽詰まった場合には、別の作戦もある。どんな競争相手よりも長く楽々と待つことのできる種子のような小さな器に遺伝物質をしまうのだ。ノアの洪水のころやローマ帝国時代のものが見つかっているし、分子生物学者は四〇〇〇万年前から生き延びた生育可能な細菌の芽胞も発見している。

非侵襲性病原菌は美食家ではない。子どもや高齢者、それに圧倒的大多数のアメリカ人と同じく、デンプン食品やグレービー、菓子パン、ミートローフといった口当たりのよい食べ物を好む。それゆえ、質より量を重視するビュッフェやカフェテリアといった大勢の人が食事をする場所で旺盛に増殖するのだ。非侵襲性病原菌はどんなところにも存在するので、大発生するのはただ条件が整うのを待つだけの問題だ。たとえば栄養たっぷりのチキンのクリーム煮が加熱の不十分なスチームテーブルに何時間か置いてあったなら、チャンス到来である。しかしそうなっても、必ずしも人に気づかれるわけではない。標準的な病原菌の手口では、侵入はひそかに遂行される。特にありふれた非侵襲性病原菌としては、炭水化物が大好物で「炒飯症候群」と呼ばれる食中毒を引き起こすセレウス菌や、ピクニックや学校、刑務所などでよく発生するタンパク質好きのウェルシュ菌がある。ウェルシュ菌は環境中のいたるところできわめて頻繁に見られ、土壌、腐りかけの植物、人間などの脊椎動物の腸管、昆虫のいずれでも等しく快適に過ごせる。セレウス菌とウェルシュ菌はどちらも芽胞を形成するので、料理には食べ始める前からすでに不幸な結末の種《たね》が植わっているかもしれない。ウェルシュ菌の場合、高温で加熱すると発芽が促進されるとともに競合する微生物が死滅するので、かえって菌に有利となってしまう。また別のありふれた非侵襲性病原菌である黄色ブドウ球菌は、芽胞は形成しないが、感染した人の鼻腔、皮膚、傷口に生息し、土壌や水や空気中にも存在する。

対照的に、細胞に侵入する侵襲性の病原菌は頑固なインドア派で、屋内の温度と規則正しい食事をこよなく愛する。宿主に寄生する微生物である彼らにとって、人間や、家畜の牛、豚、鶏は最高の居場所だ。この細菌たちにとって快適な時間とは、温かく心地よい温度（摂氏三七度が理想的だが、室温でもよく増殖する）で私たちの小腸という温暖なビーチでくつろぎながら、アミノ酸や糖を全身にゆったりと浴びることである。夢のような宿主が現れるのを待つあいだ、ハンバーガーやホウレンソウや生乳の中で暇をつぶすのも嫌いではない。しかしそこは細菌たちにとって最高の環境ではないので、子孫を増やすことをあきらめたり、「生きているが培養できない（VBNC）」と呼ばれる休眠状態に入ったりするかもしれない。この状態に入ると、蘇生させられない限りは増殖しないのだ。居心地のよくない生息環境で生き延びるための戦略としては、バイオフィルム（菌膜）の形成という手もある。農作物が媒介したとされる細菌汚染の大発生がこれで説明できるかもしれない。

侵襲性病原菌が穏健派だというわけではない。約束の地へ侵入する際には、アメリカ空軍特殊部隊に劣らぬほど装備を万端に整えている。第一に、食品中に存在していることを感づかせるような悪臭やぬめりや不快な味などを発生させず、感知されずに行動する（たいていの病原菌がそうだ）。胃の中ではしばしば一時的に耐酸性となる。小腸では免疫系の指令本部である組織に結合して機能を妨害する。増殖してコロニーが確立すると卑劣な性質をむき出しにして、気に入った場所からほかの住民を追い出し、毒素を放出することによって宿主の体にもとから備わる保護粘液層などの防御機構をいたぶったりする。この毒素には、旅の巧妙な戦略として第二の役割がある。病原菌の出した物質の一部や感染自体によって、人間の体調が非常に悪化すると、下痢や嘔吐をきたす（ただし病原菌にとって好都合なことに、宿主の命が奪われるほどの深刻な事態には至らないのがふつうだ）。こうして病原菌は体外に出て、仲間と再会することができる。

食中毒を起こす悪名高き細菌

食中毒の大半は、宿主から宿主へと転々としながら居心地よく暮らしている農場の侵襲性細菌トリオによって生じる。カンピロバクター・ジェジュニは鶏をはじめとするたいていの家畜の腸管に生息しているが、生乳、生水、十分に火の通っていない肉の中でも生き延びることができる。しかし常温の空気中ではすぐに死滅するし、食品中の菌も加熱、乾燥、冷凍、酸、殺菌剤によって容易に排除できる。エシェリキア・コリ（大腸菌）は下痢の世界チャンピオンと言える。とりわけ途上国を訪れたアメリカ人旅行者や現地の子どもがよく感染し、それに伴う脱水症状による死者は年間三八万人に達する。大腸菌は温血動物（哺乳類、鳥類）の体内や、糞便で汚染された食品や水に生息する。最も頻繁に見られる菌株は毒性が弱いが、牛挽肉や牛肉製品で最初に検出された病原性大腸菌O157：H7は毒性がはるかに強く、深刻な被害をもたらす場合があり、まれに死を引き起こすこともある。サルモネラ菌は、食品媒介性の細菌性疾患の最大の原因となる。ほかの侵襲性病原菌と同様、家畜や野生の鳥類および哺乳類（人間も含む）の腸を主たる生息場所とし、そこから卵、鳥肉、牛肉、豚肉、加工肉、乳製品を汚染する。この菌は加熱すれば容易に死滅するので、一般的な方法で加工された食品においては問題ではない。

常に最大限の注意をもって応対すべき病原菌が三種類ある。これら三種には侵襲性株と非侵襲性株の両方があるのだが、三種で「冷徹な殺し屋」という特別なジャンルを形成している。これらの病原菌に共通するのは、感染が胃腸系のみにとどまらないという恐るべき性質だ（大腸菌O157：H7もこの最重要指名手配犯リストに含まれる。この菌の分泌する毒素は腸壁を突破して血中に入り、小血管を損傷する。感染しても死に至ることは少ないが、腎不全で死亡する者がわずかながらいる）。

リステリア菌（リステリア・モノサイトゲネス）は、低温にとても強いという点で食品媒介性病原菌としては異色の存在だ。この菌に汚染されたナチュラルチーズ、ソフトチーズ、アイスクリーム、すし、加工肉製品、ホットドッグを冷蔵庫に入れても、菌の増殖は阻止できない（屋外では、土壌、水、植物、下水、サイレージに存在する）。寄生細菌と同様、この菌も感染症を引き起こす。腸内に入ると腸壁を突破して血中に入り、さらに肝臓か脾臓のマクロファージ（異物を取り込んで消化する白血球の一種）の中に忍び込む。羊の皮をかぶった狼が免疫系にまぎれ込んだようなものだ。宿主が健康なら菌は感づかれて殺されるが、免疫系が弱っていると菌は中枢神経系や妊婦の胎盤といった別の器官に侵入し、そこで脳障害や流産などを引き起こすこともある。また、紺碧の深海で生まれた暗殺者もいる。近縁どうしのビブリオ・パラヘモリチカス（腸炎ビブリオ菌）とビブリオ・バルニフィカス（こちらのほうが毒性は強い）は、生または十分に加熱していない魚介類に生息する。ビブリオ・バルニフィカスが血中に入ると、敗血症性ショックを起こし、死に至ることがある。この菌は脆弱で、環境に塩分がないと生きられず、酸、冷凍、加熱、一般的な殺菌剤で容易に死滅させることができる。しかしこのことは生の魚介類の愛好家にはほとんど慰めにならない——殻に載った生貝がレモンマリネになってもかまわないというのでない限り。

ゴム底靴を履いた食品技術者を震え上がらせるほど恐ろしい細菌も存在する。それはボツリヌス菌という非侵襲性病原菌で、「悪玉菌」のなかでも最も根絶が難しい。高温で形成される芽胞は食品の加工後も生き延び、缶詰のような低酸素の環境で増殖し、致死率の高い強力な神経毒を産生する。ボツリヌス菌の属するクロストリジウム属は、土壌や植物などあちこちに存在する。食品中では、保存食を手づくりする人が得意げに瓶に詰めて煮沸消毒したマイルドアスパラガス、サヤインゲン、コーン、トウガラシなど、害のなさそうな野菜に付着して持ち込まれるのがふつうだ。これらの低酸性食品は、この菌の芽胞にとって絶好の発芽場所となる（ボツリヌス菌はpHが四・六より低ければ発芽できない。このため食品医薬品局と農務省は、缶詰・瓶詰にした低酸性食品、酸性化処理をした食品、酸性食品についてそれぞれ別個の規制基準を設けている）。低酸性食品を安全に保存するため、食品加工業界では摂氏一二一度で三分以上加熱してボツリヌス菌を死滅させる「ボツリヌス加熱」を行なうが、圧力鍋のない家庭ではこの温度に達することができない。菌細胞の内部で形成させた芽胞が発芽して成長すると毒素を産生する。この毒素は人の口から摂取されたあと腸壁を通過して中枢神経系に入り、神経信号を伝達する軸索の機能を阻害することにより筋麻痺を引き起こし、しばしば死をもたらす。

犯人は缶詰牛肉だったのか？

近代の食品微生物学について駆け足で見てきたところで、悪臭牛肉事件に再び目を向けよう。まずは冷蔵肉の話からだ。輸送中か最終到着地、またはその両方で、温度管理の不備があったと想定しよう。牛肉は枝肉の状態で出荷された。つまり、ほとんどの細菌が肉の表面に付着してコロニーを形成していたと考えられる。この場合、食品保存の最大の敵であるボツリヌス中毒が起きた可能性は否定できる。なぜなら、ボツリヌス菌は酸素のない環境でしか増殖しないからだ。温血動物の腸内に生息して解体処理中に漏れ出るという厄介な性質をもつ寄生細菌によって、解体中に牛肉の表面が汚染された可能性は十分にある。しかしこれらの菌は熱に弱く芽胞を形成しないので、陸軍が食事に出す前におそらく徹底的に加熱調理することによって死滅させることができただろう。枝肉の出荷場所か輸送の途中で真菌や腐敗菌が乗り込んできたとしても、同じことが言える。ただし腐敗菌の場合は、代謝産物として生体アミンという不快な痕跡を残している可能性が非常に高い。騒動の発端となった軍医がホウ酸などの不純物のにおいがすると訴えたことから、この可能性が示唆される。というのは、アミンは加熱しても活性を失わず、吐き気や下痢を引き起こすことがあるからだ。冷蔵枝肉が深刻な病状を引き起こしていたとすれば、消去法で考えて、食事に出す前の肉の扱い方が原因で食中毒が発生した可能性が高い。実際、二一世紀のアメリカでも食品媒介性疾患の圧倒的大多数は人が食品に触れたことが原因となっており、症例のうちノロウイルスによるものが五八％を占めている（宿主の体外で長く生存できるウイルスはほとんどないので、貯蔵食品や保存食品に関してはウイルスが問題となることはない）。

例の缶詰牛肉でも、犯人はこれだったのか？　ドッジ委員会の報告書によれば、牛肉をまず調理し、それから二ポンド（約九〇〇グラム）か六ポンド（約二・七キロ）の缶詰にして、摂氏一〇二～一〇七度で二～三時間かけて加熱殺菌した。封が破損していなかったとすると（破損の報告はなかった）、生きた細菌と芽胞をすべて死滅させるのに十分以上の処理である（現代の食品加工業者はたいていこれより高温・短時間でボツリヌス菌の芽胞を死滅させるが、一〇二度で約一時間の加熱でも十分である）。このように著しく過剰な加熱によって、缶内の真菌、腐敗性細菌、その他の病原菌もすべて死滅したはずだが、肉の味わいも損なわれ、不快な非酵素的褐変が生じたに違いない。さらに高温で保管するあいだに脂質酸化が起こり、ほかにも危険ではないが味に影響する化学的変質がいろいろと生じたはずだ。その結果をご覧あれ！　犬にも食べさせたくないような缶詰のできあがりだ！

防腐処理牛肉事件はアメリカの食品安全に関する法律と手法を生み出したかもしれないが、キューバやプエルトリコに派遣されて胃腸疾患で死んだ米西戦争の兵士たちは、現地で発病したにしても、缶詰牛肉のせいではなかった可能性が高い。確かに肉は変質し、場合によってはひどく劣化していたが、それが原因ではない。マイルズ少将は本当にこの騒動による不名誉にまみれたまま墓に入るべきだったのだろうか。彼は感覚でとらえた単純な事実、当時の科学では説明できなかった真実を語ったせいで、不本意にもアメリカの食肉を近代化しようと焦った軍と食品業界による失策のスケープゴートにされてしまったのだ。

第6章　第二次世界大戦とレーション開発の立役者たち

想像してほしい。一二人が集まる内輪の食事会の準備をしている最中に、客がじつは三八五人で、数時間後にはこちらに到着すると急に言われたらどうなるか。第二次世界大戦中に陸軍需品科が直面した事態は、これとちょっと似ている。アメリカ軍が一日三食の充実した食事を配給すべき兵士の数は、当初の四〇万人から四年間でおよそ一二〇〇万人まで膨れ上がったのだ。このとてつもなく大きな課題が、泥縄的に創設されたシカゴの小さな研究所に突きつけられた。そこを率いるのは、食糧配給の専門的な経験がなく、リーダーとしての力量も定かでなく、化学の学士号だけをもつ騎兵隊将校だった。しかし戦争が続いているあいだに、この組織は変貌した。指揮官は資金がほとんどない状態で果敢に働き、大小の食品会社の支援を取りつけ、のちのプロジェクトでは大学に籍を置く専門家二人まで巻き込んで、食品の栄養と受容性（消費者が製品をどの程度受け入れるか）を調べる試験を行なった。

だが、それでは不十分だった。糧食は変質し、ひどい味がした。そこで陸軍は、研究所を統括する権限をその任務に最適な実業家に与えた。官僚主義に切り込み、職員の意欲をかき立てることで知られていた彼は、内部の研究プログラムを拡充するとともに、国内有数の食品科学専門家の監督を受けて外部に委託する研究プログラムも設けた。

それでもなお十分ではなかった。牛乳を缶詰にするとゼリー状に固まってしまった。ジャガイモを乾燥させると硬くなり、脂肪は劣化して悪臭を放った。保存した肉、卵、野菜、果物は茶色くなった。戦争が終わるころには別の食品科学者のもとで、「軍の関心分野をすべて網羅するだけでなく、軍の糧食に関する研究プログラム全体の安定化も目指し」[1]、大規模な外部の科学技術研究プログラムが開始された。このリーダーは、全国各地の大学や企業や政府の研究所に割り振られたおよそ五〇〇件のプロジェクトを統括した。かつては経験と勘が頼りの小規模な活動だったものが、専門化した巨大研究プロジェクトとなり、加工食品の開発を支える原動力となった。それは今でも変わらない。

レーション開発に乗り出したローランド・イスカー

ローランド・イスカー大佐は昔から料理が好きだったが、その料理熱は太平洋海域でさらに強まった。一九一九年から一九二三年までフィリピンに配属されていたあいだに、日本の皇族から時計を下賜されたのに加えて、アジア料理の味を覚えたのだ。しかし重装甲戦車や装甲車の登場に伴って当時でもすでに時代遅れになっていた騎兵隊の中尉だったころは、専門的に料理と向き合う機会がなかなかもてなかった。ようやく四四歳のとき、シカゴにある陸軍の糧食学校に入学し、そこで部隊に配給する食糧の購買と調理について学んだ。二年後の一九三九年、ついに食糧関係の任務に就くことができた。兵士に食糧や水やその他の物資を配給する陸軍需品科シカゴ補給廠《しょう》で、電気、水道、熱源、冷蔵の管理をする仕事だ。イスカーはさらに、創設されたばかりの糧食研究所の統括も命じられた。創設者のウィルバー・マクレイノルズ大佐とポール・ローガン大佐が直後にワシントンＤＣへ転勤になったからだ。

研究所は、これ以上ありえないほど活気がなかった。スタッフは所長を含めてわずか三人。寄付された数個の鍋と、プロジェクトの特別予算として七五〇ドルがあるだけだった。マクレイノルズとローガンは糧食学校の教官だったが、一九三六年に学校がフィラデルフィアへ移転したのに伴って、失職してしまった。そこで二人のために研究所がつくられたのだった。研究所の創設は、職を求める彼らの必死の訴えによって実現した。「糧食学校は、陸軍のために多くの有望な食品開発について研究してきましたが、その活動の大半は実験研究ではありませんでした。……しかし教育活動をしなくてよい研究所をつくれば、まったく新たな役割が期待できるかもしれません(2)」。貧弱なスタッフ、設備、資金に加えて、イスカーは生産可能な段階に入った二つのプロジェクトも引き継いだ。一つは嗜好品として食べられないように意図的にまずい味にした緊急時用チョコレートバーで、これはローガンが何年もかけて開発してハーシー社が完成させたものだ。もう一つは歯ごたえのない黒ずんだ肉の入ったシチューの缶詰で、Ｃレーション（Ｃは戦闘《コンバット》を表す）と呼ばれ、マクレイノルズが自ら発案したものだった。マクレイノルズは自身の発明について「それまでの糧食とは一線を画したものだった。もちろん、兵士はステーキとグレービーとジャガイモのほうがいいと言うだろう。しかしＣレーションは海外行きの船で必要な輸送スペースを削減できたから、それが売りだった(3)」と語っている。人からうらやましがられるような仕事をしているとは言いがたかった。

しかし一九三九年九月一日、状況は一変した。チョビひげを生やした例の悪漢がポーランドに侵攻し、フランスとイギリスが同盟国であるポーランドへの攻撃にいきり立ってドイツに宣戦布告したのである。アメリカは東西で展開する不穏な情勢を憂鬱な思いで眺め、厳戒態勢に入った。一九四〇年九月一六日、連邦議会は二一歳から三五歳までの男性国民全員に徴兵登録を義務づける法案を可決した。この年、陸軍、海軍、海兵隊は、二〇万人近い新兵を迎え入れた。糧食研究所でも戦時体制への準備が進められ、研究プロジェクトの特別予算が上乗せされた。といっても、五〇ドル上乗せされて八〇〇ドルに増えただけだが。イスカーはくじけなかった。陸軍需品科のワシントン局にいるローガンの監督下で、わずかな変更を加えるかあるいはそのままでレーションに採用できそうな市販製品はないかと国中を探し回った。一九四〇年の終わりごろには、戦争絡みの契約の気配をかぎつけて、食品企業の代表者が一日に二〇人も研究所を訪ねてくるようになっていた。

ドイツはすさまじい勢いで世界を席巻していった際に、軍事力だけでなく卓越した科学力も利用した。このころには兵力が一六〇〇万人以上と当初の三倍に増えていたアメリカは、ドイツのやり方をまねして戦争戦略における科学の位置づけを引き上げた。一九四一年には、武器、爆薬、通信、装備、そして何より兵士支援に関する研究に資金を拠出する科学研究開発局を設けて、元MIT副学長のヴァネヴァー・ブッシュを長官に任命した。糧食研究所もいくらか規模が拡大されてスタッフは二二人となり、化学実験室、ビタミン実験室、試験厨房、試験食堂など複数の実験室が設けられた。それでもなお研究開発予算は乏しく、イスカーが戦後に設立したリサーチ&ディベロップメント・アソシエーツによれば、「大手食品会社から召集した民間の科学者」と提携することで資金不足を補い続けたという。糧食研究所の主たる日常の業務は「標準化」だった。これをテーマとして博士論文を書いたケレン・バッカーによると、研究所ではメニューを開発し、製法説明書を作成し、栄養成分の含有量を計算し、メニューの中身をテストし、無数の食品および包装材の製造に関する詳細な仕様書を作成していた[4]。

イスカーは糧食研究所として初めて大学の研究者に委託した製品開発にも乗り出した。航空機、ヘリコプター、オートバイ、戦車に乗る兵士のための緊急時用軽量レーションである。それまでにCレーションについての不満が寄せられていた。一日分が三四〇グラム缶六個で構成されているので重くて扱いにくく、場合によっては兵士が携行するのに危険きわまりないというのだ。MITは第一次世界大戦で用いられた缶詰のペミカン（干し肉、脂肪、果実を混ぜて固めたアメリカ先住民の食品）の改良レシピを提案した。これでサイズと重量が削減できるはずだったが、失敗に終わった。ミネソタ大学のアンセル・キーズが実地テストをしたところ、兵士はこの魅力に欠ける混ぜ合わせ食品を一度食べたら二度と口にしようとしなかった。そこでキーズはすぐに近所の食料品店の棚から選りすぐった材料を集めた「シャツポケットミール」を独自に提案した。その中身は、乾燥ソーセージ（のちには加工肉の小型缶）、大豆粉ビスケット（これは戦後の大豆産業にとって大きな助けとなった）、チョコレートバー、キャンディーだった（のちにはタバコ、チューイングガム、トイレットペーパーも加わって多彩になった）。肉以外の内容物はすべてセロファン（二〇世紀に入ってまもなくスイスで発明された、セルロースを原料とする透明な包装フィルム）で包装され、平べったい厚紙の箱に詰められた。箱全体の重量はわずか三四〇グラムだった。これがKレーションと名づけられ、陸軍で全兵士からあまねく不満を浴びることをまぬかれた初のレーションという点で注目すべきものとなった。

こうして、真珠湾が日本軍に爆撃された翌日の一九四一年一二月八日にアメリカが正式に参戦したとき、需品科の態勢は整っていた――ある程度は。総勢四〇〇万人近くまで膨れ上がった部隊は、太平洋の島々、北アフリカ、ヨーロッパ、中東、オーストラリア、さらにはアラスカ準州まで、地球上のほぼあらゆる場所に配備された。この状況でアメリカ製の軍需品が試されることとなったが、すべてが合格するわけではなかった。テントは使い物にならず、ブーツは壊れ、レーションの缶はさびた。さらに、この戦争のなかでとりわけ被害が甚大だったバターン戦での敗北をもたらした一因が劣悪な食糧だったと言われている。一九四二年四月、フィリピンで食糧と弾薬がほぼ尽きたアメリカ軍とフィリピン軍の兵士七万六〇〇〇人が日本軍に降伏し、捕虜収容所までバターン半島を徒歩で行進させられた。その行程で少なくとも五二〇〇人のアメリカ兵が死亡した。生き残った兵士のなかにサミュエル・ゴールドブリスというＭＩＴ出身者がいて、草の搾り汁を飲むことで自身と仲間の健康維持を助けた。また、トイレットペーパーを透かして光の知覚能力を調べるというビタミンＡ欠乏検査を考案した。彼はのちにＭＩＴの食品技術学科の教授に就任した。

その後、この件に対する嘆きや責任追及の声が上がり、需品科の研究プログラム全体（または研究が不十分であること）が批判にさらされた。そのころまで新しい品目の開発は散発的で、需品科の四つの施設（靴はボストン、衣類はフィラデルフィア、テントはインディアナ州ジェファソン、食品はシカゴ）でばらばらに行なわれていた。しかし突如として、これらの不活発な施設から研究を管理する権限が取り上げられ、ワシントンにある軍事計画局の研究開発部門に権限が集約された。軍事計画局とは、計画と製造と流通の合理化を目的として一九四二年七月に需品科内に新設された部局である。

リーダーシップを発揮したジョージ・ドリオ

一九四〇年、フランス出身でハーヴァード・ビジネススクール教授のジョージ・ドリオは戦争に貢献する方法を模索していた。そこで数年前に彼のクラスを受講していた需品総監のエドマンド・グレゴリーから需品科への協力を求められるとその話に飛びつき、しばらく首都ワシントンに居を構えた。一九四一年、彼はまず車両の製造を監督するポストに就いた。これは彼の熟知した分野の仕事だった。というのは、彼は父親の経営する自動車製造会社を継ぐべく育てられていたのだ。ただし会社を継ぐという計画は、彼がハーヴァードに留学し、さらにハーヴァードで製造業の講義を担当する職に就いたので実現しなかった。彼はすぐに昇進した。そして、真珠湾攻撃を受けて需品科が改革されたとき、新設された研究開発部門を率いるべき人物が彼だということは、誰の目にも明らかだった。

叱咤激励ではなくインスピレーションによってリーダーシップを発揮するというマネジメント哲学を実践し、軍にありがちな序列重視の意思決定を回避するために「高い地位の民間人」[5]からなる幹部で周囲を固めたことに加え、ドリオは兵士を中心にすえた新しいやり方で製品開発に臨んだ。北極探検隊員に寝袋のことを教えてもらうなど、極限状態を実際に経験した者たちから話を聞いた。それから技術的な必要条件と限界についても極力理解しようと、科学者や技術者に助言を求めた。試作品が完成すると、実際に使った人や観察した人に評価してもらった。この職に就いて最初の一年間で、ドリオは衣類、靴、装備品に使われていたスズをプラスチックに変更し、気候学研究所を創設し、装備品の試験者をアラスカ州のマッキンリー山に派遣して一〇週間のキャンプ旅行をさせた。それから一九四二年一二月に食品開発の責任者となった。この人事によって、それまで食品開発を統括していたイスカーは実質的に降格した。これ以降、ドリオが新たに着任したワシントン局の糧食部とそれを監督する糧食研究プロジェクト委員会が、シカゴの研究所で行なわれる研究活動を統括することになった。

陸軍にとって、これは絶好のタイミングだった。一九四三年までに兵士の数は九〇〇万人近くに達したが、依然として太平洋で日本軍の守りの薄い島々を順に攻め落としていく飛び石作戦を展開しており、ようやくヨーロッパで枢軸国への反撃を始めようとしていた。需品科にとっては、初めての経験ばかりだった。これほど機動性の求められる戦争は初めてで、さまざまな気候のもとで戦うのも初めてであり、また「歴史上初めて、多数の兵士が商業的に生産され加工された食料だけを長期にわたって食べた」[6]。しかし、レーションの評判は芳しくなかった。兵士はレーションを食べるくらいなら空腹をがまんするほうがましだと言っているとか、食べ残されたレーションがゴミの山となったり道路に散らかったりしているといった報告が現地から届いた。一九四四年に全米科学アカデミーで講演したドリオは、「われわれの考えでは、最も重要で火急の問題は食料分野にあります。われわれはこの分野に多大な力を注ぐつもりです」と語った[7]。それからお決まりの責任転嫁で、食品業界を非難した。「戦前には食品についての科学的な研究がほとんど行なわれておらず（彼の計算では、業界が研究に支出したのは収入全体の二％にすぎなかった）、そのせいで未解決の問題がたくさん残されているのです」[8]。適正な製造方法――ハーヴァード・ビジネススクールで彼が将来の企業幹部らに指導していたのがまさにこれだった――を陸軍の食料に適用することが彼のモットーとなり、糧食研究プロジェクト委員会がこれを全面的に支援した。委員会には、降格させられたイスカーや、MITのバーナード・プロクター、アンセル・キーズをはじめとして、産学官の各界から多数のメンバーが名を連ねていた。「研究所は任務を遂行するにあたり、『これまで分断されていた軍の研究グループと製造グループとを結びつける役割』を果たすことだろう[9]」と、のちに研究所の所長となるプロクターが宣言した。

食品研究プログラムを取りしきったバーナード・プロクター

バーナード・プロクターは典型的なMITの優等生だった。近くのモールデンで生まれ、MITで理学士（一九二三年）と博士（一九二七年）の学位を取り、助教授（一九三〇年）と准教授（一九三七年）のポストに就いたが、一貫して食品技術を専門としてきた。当時、食品技術科はまだ独立した学科ではなく、生物学・公衆衛生学科の下位領域だった。一九一三年、MITはオレゴン州立大学と並んでアメリカで食品科学の講座をいち早く設けた二つの大学の一つだった（それから二〇年以上経っても、そのような大学はまだ五つまでしか増えていなかった）。一九三七年、プロクターは『食品技術』という単純明快なタイトルで、このテーマを扱った初の書籍をサミュエル・プレスコットとの共著で刊行した。プレスコットは、加熱致死時間に関する画期的な研究を行なってさまざまな食品媒介性細菌を死滅させるのに必要な時間と温度を特定した人物で、この研究によって、ロブスターやトマトの缶詰が破裂して命や手足が奪われるという恐怖から消費者をようやく解放したのだった。同じ年、プロクターとプレスコットはのちに食品科学界で最も重要な業界団体となる組織の最初の会合を企画し、五〇〇人以上の参加者を集めた。二年後に開かれた第二回の会合にはさらに多くの参加者が集まり、食品技術者協会（IFT）が正式に発足し、初代の幹部が選出され、プレスコットが会長、スウィフト社の研究員のロイ・ニュートンが副会長に就任した。それでもなお、まじめな科学に取り組む研究者とやり手技術者を輩出するアメリカ随一の大学、MITにおいては、食品技術科の面々は劣等感にさいなまれていた。

そんなときに戦争が起きた。一九四三年、プロクターは糧食研究プロジェクト委員会の委員に任命されたのに加えて、ヘンリー・スティムソン陸軍長官の食品顧問として全国を回る仕事も依頼された。一年後、彼はMITの正教授となり、ワシントンで食料品と包装の研究を統括する職をオファーされた。「陸軍におけるすべての食糧配給とレーション開発[10]」の責任を負うという仕事だった。つまり、「最も時間をかける最重要任務の一つが製品の仕様決定である[11]」糧食研究所を監督し、実地試験と栄養試験を行ない、各地の大学や政府機関や企業で行なわれる研究プロジェクトを仕切り、連合国の食糧関係機関との調整にあたるということだ。しかしそこで勤務しているあいだにも、彼は母校の仲間たちのことをないがしろにはしなかった。一九四二年七月から戦後まで、MITの食品技術科は陸軍需品科から受託した仕事に専念し、乾燥粉末マッシュポテト、長期保存可能な高カロリーの緊急時用ビスケット、調理済み冷凍食品、救命いかだ用の液状レーション、合成ビタミンAなどを開発した。

Cレーション、Dレーション（緊急時用にわざとまずくしたチョコレート）、Kレーションは、微生物学的には問題はなかったが、見た目と味はひどかった（生鮮食品のAレーションと調理済み食品のBレーションは、戦場に携行するのではなく駐屯地で調理して食された）。缶詰の肉と野菜は色がくすんでいる。脂肪が分離して悪臭を放つ。肉はまるで何カ月間も前に調理したかのような味がする。卵と乳製品は鼻が曲がりそうなにおいがする。缶自体も重くて扱いづらい。軽くて柔軟なセロファンは乾燥した食品にしか使えない。通常の状況ならためらいなく食べられたかもしれない食べ物さえ、興奮し、消耗し、恐怖におびえる兵士や、極端な暑さや寒さや湿度の中で戦っている兵士にとっては、食欲を損ね、場合によっては嫌悪をかき立てるものとなった。その解決策は？　新たな委員会の創設だった。

ドリオからの要請を受けて、兵士への配給物資にまつわる数々の問題に対処するため、一九四三年に全米科学アカデミー・米国学術研究会議が補給問題委員会という特別諮問グループを設けた（戦後、この委員会は補給研究開発諮問委員会となり、それから軍人物資配給諮問委員会となって、一九八四年までネイティック研究所を監督した）。委員会には繊維製品、プラスチック製品、皮革製品および履物、殺菌剤の四分野に対応した四つの常設小委員会があり、糧食関連のプロジェクトについてはケースバイケースで扱っていた（戦後、食品小委員会が追加された）。全米科学アカデミーの一機関として、委員会は適正な科学研究と専門家による高水準の研究を推進するものとされており、この目標はバーナード・プロクターの掲げるものと一致していた。糧食研究所が外部に委託する研究プログラムにもこの新たな方針が反映されるようになり、企業よりも大学や政府機関による研究が重視された。

一九四四年には、戦争の潮目の変化に伴ってアメリカ軍の兵力が一一四〇万人まで膨れ上がり、六月六日にはドイツ占領下のフランスへ連合軍が侵攻した。そして多数の死傷者を出しながらも、パリの奪還に成功した。改称されて拡張された需品科の糧食研究開発研究所がいくつかの新メニューと少人数の兵士グループ向けのレーション二種（巨大な缶詰肉に付け合わせの料理、調味料、食器を組み合わせた一〇人用のテン・イン・ワンと、五人用のファイブ・イン・ワン）を追加開発すると、従来のものより兵士に好評だった。プロクターの手堅い采配のもとで、ワシントン局に新たに加わったエミール・ムラクの助けを得て、さらにイスカーからも絶え間なく支援を受けて、開戦時にはまともな設備すらない狭い作業場だった研究所が、今や全国で行なわれる食品研究を統括する中枢となり、白らも化学、細菌学、ビタミンなどの研究を行なう活気に満ちた施設となった。メイン大学の生物学者、W・フランクリン・ダヴによる指揮のもとで食品の受容性を調べる研究所も加わり、兵士の食に対する嗜好を把握するためにフルタイムで稼動した。その研究の一つとして消費者の食習慣の調査が行なわれ、このときの調査方法が今では食品業界の標準となっている。「われわれは、色調、風味、食感、音などについて、満足度を調べる方法を考案した。たとえばポテトチップスには音が必要で、音のしないポテトチップスでは消費者の心はつかめない。チリコンカンの辛さなどの刺激や、ピーナッツバターなどの粘りについても調べた。食品の受容性には、熱さ、冷たさ、においなど、一七種ほどの要素がかかわっていた[12]」とムラクは言う。

翌年、戦況はクライマックスを迎えた。一九四五年四月、ソ連がベルリンに侵攻すると、ヒトラーは（悪事で）名高い独裁者が追い詰められたときのお決まりの行動をとった。逃亡したのだ。彼の場合、地下の掩蔽壕で自殺を図って遺体を部下に焼却させるというやり方で、この世のゴタゴタから逃げたのだった。太平洋では戦闘がなお続いたが、ヨーロッパでの戦争はほぼ終結した。兵士の数は一一六〇万人と最大に達し、糧食研究開発研究所の規模もまた最大となった。一九四五年七月にはスタッフ二八四人を擁し、食品と包装に関するプロジェクト数百件を手がけ、大学や企業や政府機関との公式または非公式の提携も無数に結んでいた。プロクターは陸軍顧問の仕事は続けていたが、放射線照射による食品殺菌法を開発するといううまみのあるプロジェクト（二〇年以上にわたって彼の研究プログラムの主たる収入源となった）を手土産にボストンへ戻り、民間人としての生活を再開した。陸軍は動ぜず、今度はＭＩＴのライバルとして勢いを増してきたカリフォルニア大学を委託先に決めて、食品研究プログラムを続行した。

食品保存研究を進めたエミール・ムラク

エミール・ムラクは質素な家庭で生まれ育った。農家の息子だった彼が食品技術という分野に進んだのは——彼によると、この学問分野は禁酒法の時代に職を失ったブドウ酒醸造学者を雇用するために創出されたらしい——農業に将来性が見出せなかったからだ。そして進学先のカリフォルニア大学で恋に落ちた。といっても相手は酵母で、これで卒業論文を書いた。卒業後は果樹農家出身という自分のルーツに立ち戻り、カリフォルニア・プルーン・アプリコット生産者協会が資金提供するプルーン研究の職を得た。プルーンにまつわる切実な疑問に対応する仕事で、プルーンに「便秘解消作用」があるか（答えはイエス）とか、サンクエンティン刑務所の四人の尿からプルーンの成分を検出することは可能か（答えはイエス。協会がそれを知りたがった理由は不明）といった問いに答えた。ムラクの初期の研究業績として、胞子形成酵母の培地としてそれまで使われていた石膏ブロックの代わりにV8野菜ジュースの寒天を使ったことも挙げられる。しかし微生物とたわむれるのどかな日々は、長くは続かなかった。

ムラクが需品科から依頼された最初のプロジェクトは、酵母やカビや褐変による品質劣化を起こさずに野菜や果物を乾燥させる方法の研究だった。この研究がカリフォルニア大学に委託されたのは、彼の論文指導教官のウィリアム・クルエスがその分野のパイオニアだったからである。ムラクは需品科の委員会にも参加し、やがてプロクターの同僚のW・レイ・ジャンクから「われわれと一緒に働かないか」と誘われた。[13] 一九四四年の終わりにプロクターが陸軍需品科を去ると、ムラクはワシントンへ移った。「食品研究委員会というのを新設するから、委員長になってくれと言われてね。レーションで使ういろいろな食品に関連した外部委託研究プログラムを策定したり、シンポジウムを開いたり、全国の科学者を訪ねて協力を求めたり、いろいろな仕事が計画されていた。……オフィスは奥行きが七五メートル、幅が一五メートルか二〇メートルくらいで、小さな机が並んでいた。ふつうの机の半分くらいのサイズしかなくて、いつも床に持ち物を置くはめになった。……その建物は仮設ということになっていたが、私に言わせれば永続的な仮設だね。……オフィスには確か二〇人から三〇人くらいの職員がいた。奥にはとても小さな部屋があって、そこはレイ・ジャンクが使っていた（当時はジャンク大尉だった）。さらにその奥にはバーニー・プロクター博士の部屋があった。二階も同じ間取りだが、マクレイン大佐がいた。……マクレイン大佐はドリオ局長の警護だか守衛だかの役目を務めていた。だから局長に何か話があれば、大佐のところを通らなくてはならなかった」[14]。この年の中ごろまでに、八四の研究施設で一二五件のプロジェクトが動きだした。油脂の品質劣化、食習慣、タンパク質代謝という概念の構築、低カロリー摂取における代謝、パンの老化、微生物学、乳製品化学をテーマとする七つの会議が開催され、多数の論文が発表された。

一九四五年七月にはアメリカ軍がフィリピンを奪還していたが、日本に対する最終攻撃で多数の死傷者が出ると予測された。これ以上の流血を避けたいと考えたアメリカは、戦争のための科学研究プログラムが生み出した死の花を咲かせる決定を下した。第二次世界大戦は二つの巨大な爆発音とともに終結した。八月六日に広島、九日に長崎の街が原子爆弾によって消滅したのだった。

アメリカは戦争に勝ったが、それには大きな苦難が伴った。世界戦争に対して準備ができていなかったわけではない。第一次世界大戦の勃発時にはほぼ無防備なまま戦争に巻き込まれてしまったので、陸軍はその後の二〇年間に大規模で迅速な動員計画を策定した。アメリカが戦力を増強して多国同盟に加わる際には、この計画が指針となった。しかしこのように態勢を整えていても、前例のない莫大な戦費と多数の戦死を防いだり抑えたりするには不十分だった。

第二次世界大戦の教訓は明らかだった。まだ足りないものがいろいろあるということだ。もっと多くの予算。もっと長期的な計画。もっと質の高い訓練。もっと緊密な協力体制。セオドア・ルーズヴェルト大統領の提唱した言葉で簡単に言えば、もっとしっかりした「備え」が必要だったのだ（この考え方は戦争をしていない時期に軍人の雇用を維持するのにも大いに役立つ。一九四五年以降、アメリカは五回の戦争を行なっているが、戦争が実際に起きていたのはこの期間のうちおよそ半分だけである）。第二次世界大戦の直後には軍の動員解除もあったが、科学研究についてはドワイト・D・アイゼンハワー陸軍参謀総長の号令のもと、政府はすでに次の重大な取り組みに向けて態勢を整えつつあった。「国家の防衛を担う主要機関の一つとして、陸軍は率先して民間研究者と軍の研究者との関係がより緊密になるよう推進する義務がある。科学、テクノロジー、経営管理が先の戦争中よりもさらに大きく貢献できるように、明確な政策と行政的リーダーシップを確立しなくてはならない[15]」

陸軍は食品分野の基礎・応用研究に対する投資をすでに大幅に増額していたので、こうした戦後の科学政策は陸軍の方針と完璧に合致した。あとは一九四五年の初めからムラクの指揮で実施していた研究計画を国民に周知させればよかった。陸軍の広報担当者は、黒ずんだ肉料理や古びたパンといった問題の解決策を見出すという研究計画の使命を説明する記事を全国の新聞に掲載した。「戦争は核分裂やレーダーを生み出したが、堅パンに代わるものは生み出していない[16]」。戦中戦後にアメリカおよび海外で食料不足が起きたことから、食品研究への投資はとりわけ政治的なアピール力が強かった。それから四四年後、「バターン死の行進」で英雄となり、のちにMITで食品技術を研究する教授となったサミュエル・ゴールドブリスは、こう述べている。「この外部委託研究プログラムがまさに発端となり、全国の大学が連邦政府の資金による外部委託研究開発を大規模に行なうようになった。食品技術における多数の指導的人物（およびのちに指導的人物になる者）が一時的に、陸軍需品科の研究開発プロジェクトを先導する任務に就いた。当時四〇代だったこれらの研究者のなかには、バーナード・プロクター、エミール・ムラク、W・レイ・ジャンク、サミュエル・レプコフスキー、ローランド・イスカー、M・L・（ティム・）アンソンをはじめとして多数の大物が名を連ねていた。需品科の研究開発プロジェクトはそれ自体が重要だったが、アメリカで食品科学が一つの学問分野として成立するのを促進する重要な触媒という役目も担っていたので、長期的な意義も帯びていた[17]」

戦後の食品加工研究

平和が宣言されてから九カ月後にローランド・イスカーが陸軍を辞すると、糧食研究開発研究所から食品・容器研究所に改称された研究所は、プロの科学者が活躍する場として最後の段階を迎えた。イスカーは変化に対して備えができていたのかもしれない。なにしろ、年金を満額受給するのに必要な三〇年間の勤務をすでに果たしていたのだ。あるいは、食料品の危機の際に彼が当座しのぎで完成させた管理方式がもはや不要になったことを悟ったのかもしれない。しかしイスカーが采配を振るう立場を手放したがらなかったことは明らかで、彼はすぐに食品業界の重要人物の名前がずらりと並んだアドレス帳という唯一残された財産を利用して、戦時中に享受したちょっとした権力やら興奮やらを再び手に入れようとした。一九四六年に彼が食品・容器研究所協会という業界団体を設立すると、一年後には食品業界と包装業界の一六六社が協会に加盟していた。アメリカン・カン社、ゼネラルフーズ社、アーマー社、スウィフト社などの代表が協会の幹部を務め、「食品および容器の業界に必要な研究についての軍による政策決定をめぐる情報交換の場となる」[18]という設立趣旨を表明した。一九四八年八月には、ルーズヴェルト政権下で軍需生産施設の管理に携わっていたゼネラルフーズ社のクラレンス・フランシス会長が協会の会長に就任した。協会はイスカーが思い描いたような科学研究の推進役としての務めを果たすことはなかったが、主に中小企業が陸軍の糧食調達契約を獲得するためのルートとして、六〇年経った今も存続している。

戦争が終わると、ジョージ・ドリオも自らの新たな知見と広範な人脈を生かして「ベンチャーキャピタルの父」となり、「新事業、新技術、新製品の開発を主軸とする企業への資金提供」[19]を目的とした投資会社、アメリカン・リサーチ・アンド・ディベロップメント（ARD）を設立した。そして証券取引委員会への登録義務の免除が認められ、すぐさま株式を公開した。ARDではドリオが社長を務め、ほかにMITからカール・コンプトン学長をはじめとして複数の教授を役員に迎えた。ドリオがワシントンの需品科で過ごした年月は、この投資会社にとってどれほどの意味をもっていたのだろうか。彼の伝記を執筆したスペンサー・アンティーはこう記している。「彼の人生を最も大きく変えたのが第二次世界大戦だった。それによって、彼は一介の経営学教授から、革新的新事業を生み出す世界有数の存在へと変わったのだ。ドリオは需品総監局の軍事計画局の責任者となったとき、いわば彼にとって最初のベンチャー投資事業に手を出したと言える」[20]

バーナード・プロクターとエミール・ムラクはそれぞれの大学へ戻り、アメリカの食品技術研究においても最も重要な二大プログラム――少なくとも一九八〇年代にこの分野への連邦政府助成金の削減によってMITが手を引くまでは――を創設した。二人は軍の資金提供を受けた研究で活躍を続け、プロクターは主に食品への放射線照射、ムラクは酵母の研究をした。そして二人とも、それぞれの大学で学部長や総長にまでのぼりつめた。さらに二人とも、食品技術者協会の会長を務めた。食品技術者協会は、戦争の直前にプロクターと彼の指導教官だったサミュエル・プレスコットの尽力で創設された協会である。現在では世界全体で二万一〇〇〇を超える会員数を誇り、会合や大規模な年次大会を開催して食品業界を結束させるとともに、多様な刊行物を通じて食品研究に関する重要な情報源となっている。また戦後には、食品研究委員会でのムラクの同僚で専門誌「タンパク質化学の進歩」の編集長も務めたハーヴァード大学のモーティマー・アンソン教授が、同誌を出版するアカデミック・プレス社にムラクを推薦した。この後ろ盾により、ムラクは「食品研究の進歩」という影響力の強い専門誌を創刊することができた。初期の号で取り上げられた研究の多くは、軍や軍と協働する政府機関が実施または資金提供したものだった。それから三〇年後、ムラクは感慨深げにこう記している。「食品研究委員会、シカゴの需品科の研究所、そして今ではマサチューセッツ州ネイティックにある研究所（私は今でもそこの顧問を務めている）がどれほどの恩恵を民間人にもたらしてきたか、正確に知られることはないだろう。現在の私たちが口にする食品の多くや、受容性や簡便性という概念、それに食品の安定性は、すべて戦争を背景として陸軍需品科が生み出したものなのだ。研究所では今も人々の使うものを新たにつくり続けている。多くの市民はそのことを知らないが[21]」

★★★

加工食品の世界を宇宙にたとえるなら、第二次世界大戦がビッグバンに相当する。さまざまな粒子とエネルギーが観察者には計り知れない激烈な大渦巻を引き起こし、これが冷却して放散していくときに恒星や惑星や衛星が生まれ、塵の雲も漂いだした。この宇宙で太陽にあたるのがネイティック研究所（最初は糧食研究所、その次には食品・容器研究所と呼ばれた）であり、ここから新たな科学的概念や重要な画期的新技術の多くが誕生し、その成果は朝のコーヒーから夜食のチョコチップクッキーに至るまで、さまざまな食品の製造に利用されている。一方、惑星と衛星にあたるのが、食品技術分野で世界最大の業界団体、食品技術者協会だ。協会は効率的に情報を広めたり交換したりする場となり、大学の食品技術系学部を結ぶ大規模なネットワークとして機能する。それらの大学のほとんどが何らかのプロジェクトで国防総省から業務を直接受託している。またすべての大学で、ネイティック研究所が数十年にわたり掘り起こしてきた知識を新世代の学生に教えている。では、この宇宙空間を漂う塵の雲は何にあたるのか。それはこの知識を利用して、私たちが毎日のようにキッチンやコンビニエンスストアやスーパーマーケットで手を伸ばす商品を製造する無数の企業である。

第7章　アメリカの活力の素、エナジーバー

弁当のアイテムNo.1——エナジーバー

土曜日の朝。靴音が階段をカタカタと昇り降りする。

私はまだベッドにいて、夫がベッドサイドテーブルに持ってきてくれたコーヒーを飲んでいる。まるでエンジンオイルのように濃いコーヒーだ。

「髪はとかした?」と、閉じたドアの向こうへ声を張り上げる。「歯磨きは?　日焼け止めは塗った?　水筒を忘れちゃだめよ。朝ごはんは何を食べたの?」

「グラノーラバー」と、バスルームからダライラが大声で答える。彼女は私に言われたことを守ろうと、ばたばたと身支度をしている。家の前に車が停まる。また靴音が聞こえる。

「試合がんばってね!」という私の声を背に、娘は出かけていく。

エナジーバーほど便利な食べ物があるだろうか。エナジーバー抜きに娘たちの子ども時代は語れ

ない。私のバックパックやコートのポケット、弁当箱、手提げ袋からは食べ残しのエナジーバーがしょっちゅう見つかるが、どれほど時間が経っても決して腐ったりカビが生えたりしないことにいつも驚かされる。ベッドの下や部屋の隅、ソファのわき、そしてたまにはゴミ箱の中にも、ポリプロピレンフィルムをアルミ箔で内張りした光沢のある包装材が落ちている。私はそこに印刷された文字から目を背ける。一つの製品に何種類の糖類が入っているかなど知りたくないからだ。私たちはこのおいしい食べ物をどこへでも持っていく。サッカーの練習にも、体操教室にも、ダンスのレッスンにも、自然観察のハイキングにも、海水浴にも、遠出のドライブにも。記憶の中で、そのかすかに甘い香りは、まだ虫歯がなく悪い習慣にも染まっていない子どもたちの吐息とほぼ渾然一体となっている。子どもたちはぽっちゃりした手でエナジーバーを握りしめたまま、車の座席やベビーカーで眠りこけていたものだ。エナジーバーは子どもたちと同じく、けがれのないものに感じられた。

バー状の栄養強化食品

ダッシュボードの小物入れやオフィスの机の引き出しに放り込む。バックパックやジム用バッグに突っ込む。ハンドバッグやブリーフケースに忍ばせる。キッチンの戸棚にしまい込む。そしてもちろん、メイン州バンゴアでもアラスカ州ジュノーでもカリフォルニア州サンディエゴでもフロリダ州オーランドでも、コンビニエンスストアやガソリンスタンド、スーパーマーケットで箱売りされている。平均的なアメリカ人なら半径六メートル以内に必ずエナジーバー（グラノーラバー、シリアルバー、朝食バー、栄養バー、健康バー、プロテインバー、スポーツバー、スナックバーなど、呼び方はいろいろだが）が一本はあると言っても過言ではないだろう。穀類と植物性タンパク質か乳タンパク質を大量の甘いシロップと混ぜ合わせて小さな平べったい長方形に固めたエナジーバーは、現代の食に欠かせない存在だ。手軽で持ち運びしやすく、栄養価が高く（ということになっている）、二〇一一年には売り上げが五七億ドルに達した。私たちはこれを食事や間食として、ときにはデザートとして食べる。しかしいたるところで目にする割に、私たちの食生活に登場した歴史は意外と浅い。発売されたのは一九七〇年代だが、一九九〇年代の半ばになっても、意志の弱いダイエッターか危険なほど熱心なアスリートの食べる特殊な食べ物だった。エナジーバーはいったいどこで生まれて、どうやって私たちを虜にしたのだろうか。

チョコレートとミルトン・ハーシー

エナジーバーの物語は、今から一〇〇年ほど前、世界中で愛されているチョコレートを疲れ切った兵士が移動中に食べられる緊急時用レーションに変える方法はないかとアメリカ陸軍が考えたときに始まる。しかし陸軍たるもの、すでに完成された菓子をそのまま使うだけでは満足しなかった。何かと注文をつけずにはいられず、じつに陸軍らしいやり方で、チョコレートをチョコレートたらしめる二つの性質に戦いを挑んだ。つまりおいしさと、体温付近の温度で溶けるという特性である。カカオの木は脂肪の豊富な果実をつける。この実をすりつぶしたものは、摂氏三四度から三七度のあいだで溶ける。つまり舌の上にとどまってとろけて、溶け出た六〇〇種類以上の風味化合物を空気中に立ち昇らせるのだ。新世界でチョコレートが発見されてから三世紀間、発酵と焙煎を経てからすりつぶしたカカオ豆を口にできるのは富裕者だけだった。彼らはこのカカオ豆を水または乳と、さらに別の魅惑的な（しかし高価な）材料——熱帯原産のサトウキビから採れる砂糖——と混ぜ合わせて、温かい飲み物をつくった。一九世紀の半ばまでに砂糖の産地は拡大し、価格は下がった。砂糖が普及した結果として虫歯と肥満が増加し、数百万人のアフリカ人が奴隷としてカリブ海域と南北アメリカの海辺の土地へ強制的に連れてこられた。しかし主原料がどれほど安くなっても、一人の人が飲めるホットココアの量は知れている。

固形のチョコレートをつくるための秘密が明らかにされたのは、産業革命の時代に入ってからである。砕いたカカオ豆の粉末を圧搾する作業が機械化され、この工程でココアバターと呼ばれる脂肪質のべたべたした物質が大量に出た。すると産業廃棄物の市場を見出すことに抜け目のない製造業者が、砂糖で甘みをつけた粉末カカオと再び混ぜ合わせるというアイデアを思いついた。こうしてつくった粘り気のある液体は、冷えて固まるときにさまざまな形状にすることができた。固形のチョコレートの誕生である（産業革命時代のもう一つの発明品であるコンチェという機械でこの混合物を粉砕して攪拌することで、現代のチョコレートに特有の滑らかな舌ざわりが生まれた）。初めのうち、固形チョコレートの最大の用途はボンボンのコーティングだった。家庭という牢獄に閉じ込められてすることのない女性たちが、優美な手つきで絶え間なくこの菓子を口に運んでいたのだ。しかし菓子店で売っているボンボンはまだ高価で有閑マダム的なイメージが伴っていたので、男性からは女々しい食べ物と思われていた。

しかしそんな状況も、ミルトン・S・ハーシーの登場とともに一変した。

ハーシーは三〇歳までにペンシルヴェニア州ランカスターでキャラメル会社を設立して成功していたが（主原料は輸入した砂糖と、農務省の用語でいう「高泌乳性」のペンシルヴェニア産乳牛一〇〇万頭の出す乳だった）、もっと大きなことをやりたくてたまらなかった。一八九三年にシカゴで開催された万国博覧会でドイツ製のチョコレート製造機を目にした彼は、この新しい方式を試してみることにした。六年後、自社のキャラメル部門を売却し、ココア、ボンボン、シロップの製造に専念し、やがてスイスで行なわれている秘密の製法を苦労の末に再現して、チョコレートバーの製造も手がけた。高価な輸入原料（カカオ）の一部を地元産の安価な原料（牛乳）で代用することにより、誰でも手軽に買えるチョコレートバーをつくることに成功した（丸みを帯びた昔ながらのボンボンよりも、男らしく四角いチョコレートバーのほうが、男性の自尊心をはるかに傷つけにくかった）。もちろん、基本的にこの手法では、チョコレートという名のもとである原料をただの香料に変えることになる。というのは、カカオが全体に占める割合はわずか一一％だったからだ（今でもこれは変わらない）。といっても、たかが五セントのチョコレートバーのことで騒ぎ立てる人がいるだろうか（五セントのチョコレートバーは七〇年近く値上げしなかった。ただしサイズがだんだん小さくなり、いよいよ儲けが出なくなった一九六九年一一月四日、完全に姿を消した）。二〇世紀の最初の一〇年が終わるまでに、ハーシーのチョコレートバーはアメリカ中の街の食料雑貨店や新聞売店、簡易食堂で販売されるようになった。発明者は大金持ちとなり、ペンシルヴェニアとキューバに自社工場を中心とした町を一つずつ建設した。

チョコレートを使ったレーションの開発

アメリカ軍は、メソアメリカ発祥の〝神の食べ物〟に世界がどんどん夢中になっていることに気づき、さらに長い行軍や厳しい肉体労働の際に兵士を元気づけるには糖分たっぷりのチョコレートバーのほうがアルコール（アメリカ軍では一八三二年から禁止されていた）よりもすぐれているというドイツの研究者らによる報告にも着目した。一八九〇年代の終わりまでに、陸軍は新型の緊急時用レーションを試作していた。気分を高揚させる甘いチョコレートと、ペミカンを模した保存食からなるレーションである。ペミカンとは北米生まれの保存携帯食で、動物性脂肪にすりつぶした肉とトウモロコシを混ぜて固めた、よだれの出そうな食べ物だ。陸軍は二社と契約を結んだ。一社は短命だったアメリカン・コンプレスト・フード・カンパニー、もう一社はアーマー&カンパニーである（後者は今でも、このブランドを買収したピナクル・フーズやスミスフィールド・フーズとして政府から仕事を請け負っており、一八六七年の創業以降に出現した戦争関連のあらゆる分野で貪欲に触手を伸ばしている）。陸軍は当時でいう試食テストを行なった。参加者に両社の製造した新しいレーションを持たせて森へ送り込み、評価させたのだ。その結果、どちらの試作品も十分ではないことが判明した。報告書によると、「全参加者が空腹にひどく苦しみ、野営部隊に頼んでひそかに食べ物をもらっていたにもかかわらず、参加者の大半は気の毒なほど衰弱してしまった」(1)

陸軍はあきらめず、独自の緊急時用レーションをつくるのだと決めて、一九一〇年にそれを実現した。タンパク質源および安定剤として卵白アルブミンとカゼインを配合するなど、いろいろ詰め込んだチョコレートである。しかし反応は依然として芳しくなかった。これを食べると吐き気やめまいが起きるようだったので、陸軍長官は一九一三年にこのプロジェクトを中止させた。その後、農務省の栄養調査局がこれよりいくらかましな味のものをつくったが、第一次世界大戦への準備が始まったころ、陸軍はポケットに入れておいて移動中に食べられるような軽量で高エネルギーのレーションをまだ見つけられずにいた。

「すべての戦争を終わらせるための戦争」〔第一次世界大戦を指して使われた言い回し〕が、多くの紛争と同じくバルカン諸国で勃発し、そこから急速に広がった末に悲惨な塹壕戦となってヨーロッパ全土を呑み込んだ。待避壕やトンネルや溝の奥に身をひそめた兵士たちは、泥の中でうたた寝したりネズミを追い払ったり手榴弾を投げたりするのに忙しくないときには、山積みされたレーションをあさっていた。まず、缶詰の肉か魚に堅パン、タバコ、固形アルコール燃料の入ったトレンチ・レーションがあった。これは集団用レーションで、一ユニットが最大二五人分の食事となる。その後、個人用のリザーブ・レーションが登場した。一人が一日に必要とする缶詰肉、堅パン、砂糖、コーヒーで構成されている。真に絶望的な状況に陥ると、兵士たちはチョコレートに思いを馳せ……そしてまたしかたなくリザーブ・レーションを食べるのだった。二〇年ほど前にペミカンもどきとチョコレートバー（それぞれ三パックずつ）を缶に入れたアーマー社製の緊急時用レーションを需品科はきっぱりと拒絶していたが、一九一八年六月六日、戦況に押されてついに発注した。しかし、到着が間に合わなかった。五カ月後、連合国とドイツが休戦協定に調印した一九一八年一一月一一日には、最初に出荷された一〇〇万食の緊急時用レーションはまだ大西洋上で輸送中だった。ニューヨークにあった老舗チョコレート店、メイラード・チョコレート・マニュファクチャラーズの製造した砂糖とチョコレートの中間のような菓子も一緒に積まれていた（不要になったぶんは、あとで原価より安くボーイスカウトやハンターや探検家などに売却された）。

言うまでもなく、食をめぐる苦労は西部戦線だけの問題ではなかった。アメリカ国内でも国民は犠牲を強いられ、月曜日は肉を食べない日、水曜日は小麦を食べない日と定められ、砂糖は一週間にわずか二三〇グラムに制限された。業務用の砂糖も配給制となった。砂糖をいくらでも買えるのは、果実の保存加工業者、野菜の缶詰製造業者、コンデンスミルク製造業者、ジャム製造業者、アイスクリーム製造業者、軍の契約業者だけだった。一方、第五の食品群としての間食の意義がまだ社会に理解されていなかったため、菓子製造業者は前年の購入量の半分しか買うことができず、買いだめすれば非難された。砂糖の流通調整と価格設定にあたるアメリカ砂糖平準化委員会のジョージ・ザブリスキー会長は、一九一九年の文書に辛辣な言葉を記している。「われわれの見解としては、菓子製造業者は通常どおりの砂糖の供給を確保しているだけでなく、多くの場合、将来の欠乏を見越して、もっと重要な産業を差し置いて砂糖を入手することに成功している」

ミルトン・ハーシーは、砂糖を好きなだけ買える業種に自分の会社が含まれていないことに愕然とした。彼はこのころまでにアメリカとキューバで多数の不動産を保有し、自身や幹部社員のために複数の住居を用意し、社員住宅、カカオ豆の粉砕施設、工場、学校、店舗、公園、さらには鉄道まで所有しており、すべてを集めたらモノポリーのゲーム盤がつくれるくらいだった。ところがハーシーは（ひどいことに！）砂糖を十分に調達できず、販売業者にチョコレートを納入することができなくなってしまった。まったく我慢のならない事態だった。軍から仕事を請け負っているライバル企業にはそんな制約がないとなればなおさらだ（このころ原料不足で困窮したチョコレート会社が朝食用シリアルやドライフルーツ、クッキーなどをチョコレートに混ぜ込むという手を考え出し、そのおかげでマース社の〈マウンズ〉バーやネスレ社の〈クランチ〉バーといったおいしい菓子が誕生した）。ハーシーは、戦争中にうまい話の蚊帳の外に置かれるようなことが二度とあってはならないと心に決めた。

Dレーションと溶けないチョコレート

やがてチャンスが訪れた。陸軍が緊急時用レーションの開発にもう一度挑戦すると決定したのである。ただし、タンパク質、炭水化物、甘みという三つの要素を別々の食品でまかなうのではなく、一つの食品でとれるものが要求された。兵士がそれを食べられる緊急事態を心待ちにしたりしないように、あまりおいしいものは不可という条件もついた。一九三七年、二年間におよぶ内部研究の末に、糧食学校の校長を務める陸軍需品科のポール・ローガン大佐は、無謀な挑戦を引き受けてくれる企業を探し始めた。人類が手に入れたなかで格別に美味な食べ物に手を加えて、ポケットの中や熱帯の気温で溶けず、甘いもの好きな兵士を過度に誘惑しないチョコレートをつくらせようというのだ。探索の手を広げる必要はなかった。今やアメリカ最大のチョコレート会社となったハーシーが名乗りを上げたのだ。レーションのサプライチェーンの一員となれば、砂糖を大量に使う製造ラインが戦時中の規制に縛られずにすむ。

かろうじて食べられる味のチョコレートバーのレシピ（ビターチョコレート三分の一、砂糖三分の一、脱脂粉乳六分の一、オート麦粉一五分の一、バニリン結晶少々）の特許をローガンは取得し、ハーシーの実験室でこのレシピを使って数日かけて試作したのちに、正式な製造が承認された。生地が非常に硬いので、型に流し込むのではなく手で押し込まなくてはならない。できあがったチョコレートバーをアルミ箔で密封してから三個ずつ紙で包装したものは全部で一八〇〇キロカロリーとなり、兵士一人の体力を一日維持することができた（のちの第二次世界大戦中、化学兵器が近々使用されるのではないか——第一次世界大戦中にはマスタードガスと塩素ガスが頻繁に使われていた——と予想されるなかで密封用のアルミ箔が不足したときには、代わりに耐水性セロファンとロウ引きの紙箱を使った)。ローガン・バーまたはDレーションと呼ばれるこの食品は、どう見ても食欲をそそるものではなかった。それでも一九四一年から四四年にかけて、およそ二億五〇〇〇万個が出荷されて海外で備蓄され[2]、ハーシーはアメリカ陸軍お抱えのチョコレート会社という新たな役割を享受していた。

このフランケンチョコ——タンパク質と穀類と大量のショ糖を合体させたもの——は、現代のエナジーバーの先祖にあたり、湾岸戦争までのアメリカが関与したすべての武力衝突の際に兵士のポケットの中で戦場に同行してきた。第二次世界大戦後、このチョコレートバーの系統樹が徐々に枝分かれして、エナジーバーは穀類を主原料として片手で食べられる食品となる一方で、溶けないチョコレートは本来の菓子の分野へと回帰していった。しかし数十億個も製造されていながら、このカカオをベースとしたロウのような菓子がファンを獲得することはなかった。ハーシーはDレーションのレシピを二度にわたって調整している。一九四三年には高温多湿の太平洋地域で使えるように改良して、味もほんの少しおいしくしたトロピカル・バーの製造を開始した。このレシピは、朝鮮戦争(一九五〇～五三年)中とベトナム戦争(一九五五年開戦)の初期に再び用いられた。一九五七年にオート麦粉がレシピから除かれ、脱脂粉乳は無脂乳固形分に切り替わった(両者はタンパク質、乳糖、ミネラルの比率が異なる)。それから数十年間、ハーシーはこのわずかに改良された(が、大した変化でないことは明らかな)菓子を意気揚々とつくり続けた。ベトナム戦争時代の報告書によれば、「巡視の最終日の朝、マザー・ボルマンが朝食用にハーシーのトロピカル・チョコレート・バーを配布する。……われわれはしかたなくこれを食べる。食えばエネルギーがいくらか補給され、足りない血糖値もわずかに上がるだろうが、残っている水を一口か二口飲んで後味を洗い流さなくてはならない[3]」

だが、問題が迫っていた。数十年の停滞を経て、高温でも溶けにくいチョコレートの製造技術がようやく進歩しようとしていた。まず、ニュージャージー州のフード・テック社が、脂肪の分散を助ける乳化剤として多価アルコールを使用した。それから軍と長く委託研究契約を結んでいるバテル記念研究所のジュネーヴ研究センターが、水と最高機密の界面活性剤を加えることにより、(同研究所によれば)チョコレートの品質は落とさずに融点を上げることに成功した。一九八〇年代の終盤にはネイティック研究所の研究員たちが、このコンセプトにもとづいて摂氏六〇度まで耐えられる新たなレシピを考案して暫定的にコンゴ・バーと名づけ、一九九〇年から九一年の湾岸戦争の際にまず一四万四〇〇〇個、数カ月後に追加で七五万個の製造をハーシーに要請した。ハーシーのプレスリリースはライバルのマース社(〈M&M〉チョコレートの製造元)の宣伝文句をもじって、デザート(砂漠)・バーは「お口で溶けて砂漠で溶けない」と書き立てた。[4] 中東地域での市場拡大を狙っていたマースは、ハーシーの軍関連事業のあとを追うことで応じた。国防総省が再びおよそ六九〇万個のデザート・バーの製造委託について入札を行なうと、勝ったのはマースだった。そして惰性で何十年も続いてきた結婚生活が破綻するように、陸軍とハーシーとの長きにわたる関係もたちまち崩壊した(その後に起きたこのチョコレート業界の巨大企業二社による法廷闘争も、やはりマースの勝利に終わった)。しかし、どちらのデザート・バーもあまり評判は振るわず、商業市場へたどり着くには至らなかった。

高温で溶けにくいチョコレートを目指す探求は続いている。二〇〇〇年代の初め、モンデリーズ(クラフトフーズからスピンオフした会社にラテン語ふうの名称がつけられてこうなった)傘下のキャドバリー社が、チョコレートの材料を練るコンチング工程を繰り返すと糖分子が分解し、脂質中に分散しているショ糖の融点が全体的に上昇することを発見した。バリーカレボー社など複数のメーカーが脂肪に関する実験を行ない、ココアバターを大幅に削減するか、あるいは室温では固形を保つ脂肪を添加するとどうなるか調べた。今日か明日というほどすぐにではないかもしれないが、大きな進展が実現すれば、数万の軍服のポケットや迷彩模様のリュックサックに入れてもらえるだけでなく、それよりはるかに大きな利益が得られるに違いない。低温流通システムや冷蔵庫の普及が想像以上に遅れている地域——アフリカ、ラテンアメリカ、南アジア、中央アジア、中東といった見過ごされがちな地域——には、チョコレートが手に入らない三八億人の人々が暮らしているのだ。[5]

フリーズドライ技術の誕生

溶けないチョコレートは別の方向へ分かれていったが、バー状の栄養強化食品、特に甘みをつけたものの研究は続き、一九五〇年代から七〇年代に陸軍が手がけた特に重要な研究プログラムのうちの二つ、すなわちフリーズドライ（凍結乾燥）技術と中間水分食品の研究開発で主役を演じた。そうしていよいよ発売された市販用製品には、安価だが身体にエネルギーを補給するのに十分なカロリーと栄養素だけでなく、国防総省のおかげで実現した二〇世紀の食品科学の偉大な成果も詰め込まれていた。

産業用のフリーズドライ技術のアイデアは、野戦炊事車ではなく軍医のテントで生まれた。歴史を振り返ってみると、戦死の九割は戦場で発生し、失血死が最大の割合を占める。第一次世界大戦後、二つの発見が合わさったことでこの状況が一変した。第一の発見は、戦場で起きるショック症状はそれまで考えられていたような神経系の機能停止が原因なのではなく、大量の失血によって体内の循環血液量が減少することで起きるという事実が明らかになったことである（水まき用のホースからしたたり落ちる水とほとばしる水の圧力の違いを考えれば納得できる）。つまりすべての成分が含まれる全血の輸血をしなくても、血漿（血液の透明な液体部分）を医師や看護師が血管内に注入すれば、死に至る急降下を回避することができる。二つ目の発見は、民間の実験室で気密室や真空ポンプ、コンデンサーを組み合わせた新しい装置を使って、大規模なフリーズドライに成功したことである。その結果、ショックで倒れた兵士をその場で治療できるだけでなく、血漿を粉末状にして何千キロも輸送して何カ月間も保存したあとで、必要なときに水で戻して投与できるようになった。戦場医療の新時代、さらには救急医療の新時代が到来した（ただし、その時代は長くは続かなかった。フリーズドライ法では、血漿に入り込んだB型肝炎ウイルスやのちにはＨＩＶといった厄介なウイルスも保存されてしまうことが判明したのだ。多数の供血者から集めた全血漿の使用は、一九六八年に中止された）。

フリーズドライ技術が発明されるまで、有機物から水分を除去するには、ゆっくりと自然乾燥させるか一気に加熱するかのいずれかの方法で、液状の水を気体に変えて蒸発させるしかなかった。どちらの方法を用いても、酸素に長くさらされるかタンパク質が変性することによって、組織は不可逆的に変化してしまう。しかし凍結乾燥が導入されると、細胞壁などの構造物を壊さずに水分が除去できるようになった。この方法は二段階の単純なプロセスで成り立っている。材料を凍結点以下まで冷却すると、分子は動きが緩慢になる。脱出するためのエネルギーを失った水分子は、近隣の分子とともに固定した位置に落ち着き、材料の内部で氷の結晶となる。次に、気圧を急激に下げる。この真空状態によって、水分子は突如として仲間の水分子などとの結合から解放され――腕相撲をしている最中に相手が不意に力を抜いたような状況だ――氷の表面からさっと飛び出して昇華する。凍結した物質は中心までたちまち真空状態となり、ほとんどの水分が除去される。あとには水以外の物質すべてがほぼ無傷で残る（水は凍るときに膨張するので、周囲の物質に対する若干の損傷は避けられない）。

フリーズドライ技術が第二次世界大戦の英雄としてたたえられることはなかった――四六四人の名誉勲章受章者が救った兵士の総数よりも多くの兵士を救ったのは間違いないのに――が、それでも陸軍はもっと身近な目的のためにこの新しい保存方法を利用しようと考えた。食品の保存だ。軍のアナリストたちは時流の動きを見きわめ、これからは部隊の機動性がさらに必要になると予想した。レーションの重量の大半を占めるのは水分なので、それが除去できれば大いに役立つに違いない。しかし出だしから、この判断が無謀であることを示す兆候が存在した。「第二次世界大戦と朝鮮戦争の経験から、乾燥食品は受容性に問題があることがわかっていたし、民間企業が乾燥技術を実用性のあるプロセスとしてはほとんど認めていないこともよく知られていたが、陸軍はそれでもこの技術を普及させようと尽力した」と、ネイティック研究所の戦闘食糧配給局のスティーヴン・ムーディー局長はカンザス州立大学に提出した修士論文で述べている。(6) 一九五〇年代を通じて、食品・容器研究所はカリフォルニア大学、アーマー社、米国食肉協会研究財団、ラトガース大学、オレゴン州立大学、ジョージア工科大学などに委託して、あるいは自ら手がける内部研究として、肉を中心としたフリーズドライの研究を行なった。

コーヒーエキスのような液体はもともと組織構造をもたず、破壊を心配する必要がないので、この技術で保存するのが比較的簡単だった。揮発性化合物は気化するのに水より時間がかかるので、一部はフリーズドライの過程で粘度の高いコーヒーに閉じ込められる。私たちの祖父母の世代を魅了したフォルジャーズ社やサンカ社のインスタントコーヒーや、カフェ・コン・レチェ〔濃いコーヒーとミル

〔クでつくるスペインの飲み物〕用のコーヒーなど、フリーズドライのコーヒー粉末を湯に加えると芳香成分が放出されて、それなりにおいしいコーヒーができる。しかしコーヒーや紅茶よりも複雑な食品では、嫌悪感を催す一歩手前のような結果となった。水分とともに、もろくなった材料の亀裂から多くの揮発性化合物も出ていき、味が抜けてしまったのだ。さらに問題だったのは、食感への影響だった。肉の繊維は硬くなり、野菜のセルロースは氷の結晶のせいで破壊されてしまい、水で戻してもその水分は長く保持されない。かむとすぐに水分が出てしまい、あとには湿ったスポンジのようなものしか残らなかった。

それでも陸軍はあきらめなかった。むしろ逆に燃え上がった。実際、一九五〇年代の終わりごろには、軍のレーション専門家はずいぶん進んだ携帯用フリーズドライ食品の未来図を描いていた。小さなバー状食品を大量に準備し、兵士はそれを食べて一日三回の正規の食事および間食とする（グルメな食事体験を堪能したければ水で戻して食べる）ことが想定されていた。品目は、朝食用シリアル、ベーコンエッグ（安定性の問題があるので、卵は崩してある）、干しエンドウ豆のスープ、ハッシュブラウン、果物、ニンジンとエンドウ豆のソテー、チキンライス、ファッジブラウニーなど。そして自分の好みに合わせたいという人間の欲求を満たせるように、シート状にした調味料をまとめた冊子から好きなものを切り取って好みの味つけができるようにするつもりだった。調味料のラインアップは、ケチャップ、バーベキューソース、オニオンソテー、ジャム、ピーナッツバター、醤油、メイプルシロップ、ピクルスなどだ。しかし、この大がかりな計画を実行するのに必要な産業基盤がまだなかった。そこで一九六〇年九月に食品・容器研究所が会議を開催し、軽量で長期保存が可能なレーションをつくる取り組みについて話し合った。政府、産業界、学界から四〇〇人以上が参加し、一年も経たないうちに「フリーズドライ食品のもっと魅力的な経済的展望をもたらす[7]」ためにもっと専門性の高い国際会議が開催された。それでもこの夢を追うようなプロジェクトは、そのままでは先細っていったかもしれない。しかし幸運にも、SF風の食料補給が現実に必要となった。月への競争が始まったからだ。

宇宙開発とフリーズドライ

アメリカの宇宙開発計画は冷戦から生まれた。人間を宇宙へ送り出すことでアメリカの科学力を誇示し、ソ連を威嚇しようとしたのだ。しかしアイゼンハワー大統領が一九五八年にアメリカ航空宇宙局（NASA）を創設したときにはすでに、ソ連が宇宙開発競争の一撃をアメリカに加えていた。前年に史上初の人工衛星スプートニクを軌道へ打ち上げることに成功し、上空からの偵察と大陸間ミサイル攻撃に対する恐怖で国防総省を揺るがしたのだ（結果的に、この恐怖は完全に的を射ていた）。さらに一九六一年には生きた人間を軌道へ送り込み、二〇代のユーリ・ガガーリンに一時間四八分の超特急地球一周旅行をさせることに成功した。アメリカも一カ月後に最初の宇宙飛行士を上空に送り出し、轟音を上げる一五分間の弾道飛行ショーを演出したが、米ソの対決はゼロ対二で、アメリカにとっては不安をかき立てられる結果となった。

NASAの「やるべき仕事」の長いリストには、地球から三八万四五〇〇キロ離れたところで食べるものを考え出すことが含まれていた。初期には一ポンド（約四五〇グラム）の物資を打ち上げるのに一〇万ドルかかったので、コンパクトで軽量であることが求められた。さらに、簡単に食べられて、完璧に衛生的でなくてはいけない（乗員が食中毒にかかって、消化管の出口から食べ物のかけらの混ざった液体を射出することになったら一大事だ)。したがって、宇宙飛行士の食べ物を開発する機関として陸軍が選ばれたのは当然で、最初はシカゴの食品・容器研究所で、のちにはその後継機関であるネイティック研究所で開発が進められた。宇宙食とレーションを開発するときに直面する問題は驚くほどよく似ている。ただし宇宙食については、食べ物のかけらが無重力空間を浮遊して、宇宙飛行士をむせ返らせたり制御卓を故障させたりするといった宇宙ならではの問題もある。ここで浮上したのが、無理と思われていたバー状食品計画だ。NASAはこの計画を丸ごと受け入れたが、一点だけひねりを加えた。かけらが飛び散る可能性をなくすため、バー状ではなく一口サイズのキューブ状にしたのだ。キューブ状の食品は一九六二年のマーキュリー計画のフライトでデビューしたが、評価はいまひとつで、「ざらざら」とか「ぱさぱさ」という表現がぴったりだった。フリーズドライ食品は咀嚼時に唾液を吸収するので、宇宙飛行士の口がひどく乾いた状態になってしまうのだ。

試食テストの結果が思わしくなかったにもかかわらず、すぐにネイティックの実験室には宇宙関連の予算が大量に流れ込むようになった。会議の議事録というのは文書の類のなかで最も淡々としているものだが、この件については高揚を隠しきれていない。「この分野全体に多額の資金が投入されています。この食品バーに求められる高度な必要条件は、これまで検討されてこなかったもので、そのための技術を進歩させるには外部委託および当研究所内での研究が相当に必要となります」。一九六三年までに、陸軍の実験室が二四時間体制で稼働していただけでなく(一九六〇年代の大半にわたり、プロジェクトに専従するフルタイムのスタッフが一〇人いた)、ピルスベリー社、スウィフト社、アーチャー・ダニエルズ・ミッドランド社、ミネソタ大学、MITといった企業や大学にも関連研究を委託しており、少なくとも一六件の委託研究を統括していた。そのほとんどが応用研究であり、構造と強度を高める結着剤、剥離せずに水分と酸素の侵入を妨げる食用コーティング剤、水分と似た働きをしてバーをいくらかでも食べやすくする添加物などの開発を行なっていた。一九六〇年代の中盤以降、こうした研究の成果として企業は多くの特許を取得した。一方、MITに委託した研究では、「フリーズドライ食品はなぜおいしくないのか」という重要な問いに取り組む基礎研究が行なわれていた。この難問を解かせるのにネイティック研究所が選んだのは、マーカス・カレルという新進気鋭の若手教授だった。

水分活性とマーカス・カレル

マーカス・カレルはまさに、蓄音機と同じくすっかり過去の遺物となった二〇世紀のすぐれた価値観を体現する人物だ。謙虚で勤勉、非常に人道主義的で、一〇代でシオニストの秘密組織のメンバーとなり、第二次世界大戦後に故国ポーランドを脱出するユダヤ人を支援した。その後、自身もポーランドを離れ、やがてMITの包装実験室で助手の仕事に就くとともに博士課程に進んで食品技術を研究した。一九五〇年代の終わりには博士課程を修了し、さまざまなプラスチックフィルムにおける水分や風味の透過性の研究に着手して、ライフワークとなるテーマも見つけた。食品において水と酸素が化学反応に与える影響を解明しようと決めたのだ。一九六〇年に博士論文の口頭試問をパスすると、栄養・食品科学・技術学科の教員のポストをオファーされた。

「水分活性」という概念が、カレルの研究（および食品科学全般）にとってきわめて重要な意味をもっていた。これは水分子が物質中で示すふるまいを理解する新しい方法だった。ほとんどの食品において、水は主要な成分となる。私たち生物は体内に大量の水を保持していて、動物はおよそ七割、植物は八割から九割ほどを水分が占めるので、当然のこととして食品にも大量の水分が含まれる。水分の割合が高いおかげで、目がくらむほど多数の化学反応や生体内作用が容易に起こる。生物が死ぬと、組織は化学反応性の高い状態が続くが、細胞呼吸が行なわれなくなるので、機能は徐々に停止していく（酵素反応だけは別で、基質さえ存在すれば酵素反応は起きる）。バリアと免疫という二種類の防御機構が働かなくなると、栄養の豊富な有機物は磁石のごとく細菌や真菌を引きつけるようになる。しかし腐敗に水分が関係することは間違いないが、食品が腐敗するかどうかが必ずしも食品中の水分量から予想できるわけではない。

この難題を解決したのが、オーストラリアの科学産業研究協議会に所属する細菌学者、ウィリアム・ジェイムズ・スコットだった。彼は第二次世界大戦前にオーストラリアの牛肉輸出業者のために冷蔵牛肉の腐敗について研究し、戦争中にはオーストラリアが連合国軍に供給する食品の安全性を確保する仕事をしていた。一九五三年からは、栄養豊富な培地にさまざまな量の溶質を加えて一定の時間が経過してから、人類に身近な二種の細菌、黄色ブドウ球菌とサルモネラ菌の数を記録する実験を行なった。溶質を加えると、培地の水蒸気圧（化学測定の基準として用いられる）の比率が下がった（純水の水蒸気圧は、ある温度において水分子が周囲の空気に与える圧力の強さを表す。温度が同じなら、食品の水蒸気圧は純水の水蒸気圧よりも低くなる。これは水分子の一部が食品の成分と結合しているからだ。ある温度での食品の水蒸気圧を同じ温度での純水の水蒸気圧で割ったときの比率を、食品科学者は水分活性［aw］と呼ぶ。水分子と食品との結合が強いほど、水分活性は低くなる）。スコットが発見したのは、水分活性がある一定の値（黄色ブドウ球菌では〇・八五、サルモネラ菌およびそれ以外のほとんどの菌では〇・九〇）を下回ると、細菌の増殖がほぼゼロになるということだった（酵母とカビはこの値が〇・六〇以上なら生存できる）。一九五七年の初めごろ、スコットは新たな説を発表した。微生物による腐敗は食品中の水分の絶対量ではなく、微生物が生存に不可欠な機能（栄養分の摂取、呼吸、増殖、排泄）を遂行するのに利用できる水分の量（つまり食品と結合していない水分の量）と関係するという考えだった。

カレルはスコットの水分活性説をいち早く支持した。博士課程で彼の指導を受けたテッド・ラビュザは、ＭＩＴの栄養・食品科学・技術学科の学部生としての最終学年のことをこう語る。「私はカレル先生のクラスを受講した。そこで先生は水分活性の概念を紹介し、反応速度論が食品保存の安定性に応用できることを説明した。当時、そんな考え方を書いた教科書はどこにもなかったが。……先生はちょうど陸軍ネイティック研究所と空軍から、レーションと宇宙食の安定性について研究するための助成金をもらったところだった」。カレルの手がけた最初の宇宙食研究では、食品を徹底的に乾燥させても失敗につながる要因を列挙している(8)。調べてみると、そのような要因がたくさん見つかったのだ。

まず、酵素があった。酵素はあらゆる動物、ほとんどの植物、多くの微生物、そしてこれらを原材料とする非加熱食品に存在し、フリーズドライ加工をしても不活性化されなかった。熱か酸で変性させない限り、特殊なタンパク質である酵素は化学反応の触媒として働き続ける。濃い色素を生成して、食べ物の外観を損ねることもある。一方、糖とアミノ酸の分解と再結合によって食品が褐色に変わる「非酵素的褐変」または「メイラード褐変」と呼ばれる変色は、フリーズドライではわずかしか起こらない。意外だったのは脂肪で、高温で乾燥した状態で放置すると酸素と反応し、不快な味になった。「カレル研究室は、反応速度論、水分活性、包装技術を真っ先に組み合わせたグループで、マーカスはそれを率いるオーケストラマスターだった」と、乾燥食品の品質劣化反応に関するカレルのプロジェクトに何度か参加したラビュザは言う。「オーケストラの演奏者にあたるカレルの〝サイエンス・チルドレン〟は、どこかの大学の教員として、カレルから教わったことの影響を拡大しながら食品工学の研究を続けた」。一九六五年、師弟は食品の水分活性をテーマとした初の国際会議に出席した。ラビュザにとって、これが人生の転換点となった。「ネイティック研究所が参加していてね。代表のハロルド・ソルウィンはさまざまな相対湿度でクッキーを保管する実験をやって、湿度が低いほうが脂質酸化のせいで品質保持期間が短くなることを発見していた。私はこの実験に強い関心をもち、それをもとにして博士論文を書いたんだ」

ＭＩＴの二人の研究者は、多額の研究費の獲得にも成功した。カレルがやっていたフリーズドライ食品の風味劣化の研究を続けられるようにＮＡＳＡから契約を勝ち取り、さらに「アメリカ空軍と契約を結び、『スカイラブ』と呼ばれる機密扱いの研究プログラムで宇宙計画用の食品を設計することになった。「バー状の食品をつくって、その保存可能期間を調べることが目的だった」とラビュザは説明する。その後、彼らの勢いはとどまるところを知らなかった。ほんの数年間で、ネイティック研究所、空軍、ＮＡＳＡに提出した技術報告書に加えて、関連したテーマで「食品科学ジャーナル」をはじめとする数々の学術誌に共同で論文を発表した。一九六九年には、ラビュザ、同僚のスティーヴン・タネンバウム、カレルの三人が画期的なブレークスルーをなし遂げ、そのおかげで食品技術者は一九五七年のスコットの説を応用することができるようになった。ラビュザらは、水分活性、温度、さまざまな変質をもたらす反応の関係を表す数理モデルを考案したのだ[9]。各種の条件のもとで食品の水分活性を観察したデータにもとづき作成された水分収着等温線のグラフを利用して、企業はようやく自社製品の品質保持期間を正確に予測できるようになった。ラビュザによれば、「ネイティックは金をもっているという点で重要だった。ネイティックから資金を出してもらった研究が、まさに基本原理を確立したのだから」

宇宙飛行士と中間水分食品

初期の宇宙飛行士が限られた選択肢しか与えられなかったのに対して、アポロ計画の有人飛行（一九六八〜七二年）では、ベーコンやチキンサンドウィッチからポテトサラダ、パイナップルケーキに至るまで、ごちそうの並ぶ豪華客船のビュッフェに匹敵する食事を飛行士たちは堪能した。ただし問題が一つだけあった。ほとんどのアイテムが依然としてフリーズドライで、水で戻すためのパッケージに入っているか、または一口サイズでそのまま食べるようになっていたのだ。バラエティーは大きく増えたものの、食べた人の反応は一九六二年とほとんど変わらなかった。「飛行中に吐き気や食欲不振や望ましくない生理反応をきたした乗員がおり、その原因の一部は食事にあると考えられた」とNASAの生物医学報告書に記されている（水で戻す料理はベトナム戦争の際にも試されたが、結果はさらにひどかった。戻すのにジャングルの水を使うのは、どう考えてもよくない）。この段階で、陸軍はいくらか懸念を抱くべきだった。二〇年近くが経過しても、おいしいフリーズドライ・レーションをつくることには成功していなかった。それでも陸軍は、「この開発には可塑剤の使用が不可欠と思われる」ことは認めながらも粘り続けた。それに伴って民間企業への研究委託も続けられた。

しかし念のための備えとして、ネイティック研究所はフリーズドライほど大がかりで高額な設備を必要としない、水分を含んだ食品の研究も行なっていた。その食べ物とはドッグフードだ。一九六〇年代の初期、ゼネラルフーズ社はスコットの提唱した水分活性の原理を比較的リスクの低い市場分野であるドッグフードに応用し、動物性と植物性のタンパク質を押出成形した常温保存可能な犬用パティを発売した。陸軍はこの〈ゲインズ・バーガー〉をそのままレーションに加えるつもりはなかったが、この犬用パティの技術の一部を人間の食品に応用したらどうなるかと考えた。一九六五年、軍人物資配給諮問委員会の動物用製品委員会はすでに、「水分量が『中程度』の食品の保存に関する研究にもっと着目する」ようにと指示していた。ゼネラルフーズ社との最初の委託契約は一九六八年に満了していたが、「緊密な協力体制は研究の調整に大きく役立つので」、ネイティック研究所、空軍、NASAは協調して作業を進めていた。NASAが次に委託契約を結んだのは中間水分食品の変質に関する研究で、MITで頭角を現していた若手教授のテッド・ラビュザを責任者に指名した。

中間水分食品が登場するまで、食品保存は童話『三匹の熊』から「ちょうどいい」選択肢を除いたようなものだった。缶詰食品は、味は悪くないが水分が多いので重たい。乾燥食品は、一般にあまりおいしくないが水分が少ないので軽い。中間水分食品は、一般に通常の食品より水分が少ないので重量も少しは軽くなる。しかしもっと大事なのは、中間水分食品は水分活性が著しく低下してだいたい〇・六から〇・九の範囲となっている（ちなみに、乾燥食品の水分活性は〇・二以下）ので、腐敗や病気を引き起こすレベルまで細菌が増殖できないということだ。つまり、軟らかくて水分はあるが、通常の包装材料を使って長期にわたって常温で保存できる。この進展に、軍は――そして食品業界の仲間たちも――大満足したのだった。

師弟関係というものは、往々にしてありがちな道筋をたどる。まず、畏敬の念に打たれた弟子が師をあがめる。やがて対等な者として友好的な関係を築く。そして最後には対決し、弟子が師を打ち負かして自らの価値を証明することになる。一九七一年、MITで終身在職権が得られなかったラビュザはミネソタ大学に移ったが、その際にMITがNASAと結んでいた特権的な研究委託契約をいくつか持ち去った。移籍交渉の際に、彼がその契約を得意げにちらつかせたことは想像に難くない。正々堂々と手にした勝利ではなかった。ラビュザは中間水分食品の新技術を開発するための投資をただちにNASAから引き出そうとしたが、二年前に締結したまま成果の上がっていないフリーズドライのレーションに関する研究開発契約の話を持ち出されてしまった。(10) ともあれ、NASAが資金提供する最先端の食品保存技術研究の中枢は、アメリカで最も華やかな私立工科大学であるMITから、地味だが堅実な公立大学に移っていた。そしておそらくこのとき、MITの栄養・食品科学科〔一九六三年に栄養・食品科学・技術学科から改称〕の落日が始まったのだった。

その年の夏、ラビュザは大勝利を収めた。アポロ15号のデイヴィッド・スコット飛行士が宇宙で間食として、ヘルメットの内側にセットしたピルスベリー社製の中間水分食品のアプリコットバーを食べたのだ。

地上管制官　フルーツバーを食べているのですか？
スコット　わかりますか。おいしいですよ。休憩時間はフルーツバーを食べて水を飲むといい。(11)

ミネソタ大学のプレスリリースは、このバーが長期保存できることを強調している。「このバー状食品は、単位重量あたりのカロリーが高く、冷蔵せずに半年ほど保存できます」。ラビュザはこの偉大な成果における自身の貢献についてこう語っている。「水分活性を単に結合水と自由水の比率という観点でとらえるのではなく、熱力学的な観点から考えた点で、マーカス・カレルと私は重要な役割を果たした。……われわれの研究室とダックワース（別の食品科学者）の研究室が、この画期的な成果が生まれるお膳立てをしたのだ。……ソフトでかみごたえのあるバーのほとんどで、われわれの成果が利用されている」。いつもは控えめな評価を下すネイティック戦闘食糧配給プログラムの諮問委員会さえ、その商業的な可能性を見て取ることができた。一九七二年の議事録には「これらの食品は、市販用の食品に求められる多様な条件を満たしているという点でも非常に価値があります。このことを忘れてはなりません」との発言が記録されている。

一九七〇年代のあいだ、ラビュザは日の出の勢いだった。NASAとミネソタ大学とのおよそ一〇年におよぶ契約期間中、彼は中間水分食品の問題点を次々に解決していった。ほとんどの場合、カレルが一〇年前にフリーズドライ食品の開発で用いた方法を踏襲していた。七〇年代が終わりに近づいたころ、ラビュザは食品保存においてきわめて重要な添加物である保水剤の開発に取り組んだ。保水剤として使われる多価アルコールのグリセロールとソルビトールは、どちらも水と結合して水分活性を抑制するとともに、しっとり感やソフト感をもたらすことで食品をおいしくする。「宇宙食用には、甘いものだけをつくることになった」とラビュザは説明する。「糖分を使わずに食品の水分活性を抑えようとすると、はるかに難しくなる。たとえば肉の場合、塩分と糖分を加えれば水分活性は抑えられるが、味が変わってしまう。そして、たいてい味が落ちてしまう」

添加物としての塩と砂糖

食品業界はこうした物質を大量に使っていることでしばしば批判されてきた。特に、化学調味料

（フレーバー・エンハンサー）を巧みに使いこなして消費者をジャンクフード中毒に導こうとしているのではないかと、広範な研究が槍玉に挙げられている。だが、朝食用シリアル、パン、ランチミート、ポテトチップス、スープ、レンジ調理食品、クッキーなどに塩や砂糖を添加することについては、それにまさるとも劣らない重要な理由がもう一つ存在する。食品というのは時間とともに古びるものだが、塩と砂糖というありふれた化合物は、腐敗を防ぎ、食べごろをとっくに過ぎた食べ物に鮮やかな色や張りのある形、柔らかな食感といった偽りの若さを与えるのがじつにうまいのだ。

饗宴のために古代エジプト人がボッタルガ（塩漬けにして乾燥させた魚卵）をつくり、古代ローマ人がヤマネのハチミツ漬けをつくり始めたころから、食品の保存性を高める砂糖と塩の力は科学的に説明されなくても直感的に理解されてきた。塩と砂糖は数千年のあいだに、兵士への給料としたり、王侯の食卓を美味で飾ったり、薬屋が調合したりする貴重な（場合によっては奇跡の）物質から、どこの食料品店でも箱や袋で購入できる身近な品物へと進化した。この二つの化合物は、品質劣化をもたらす化学反応を抑え、微生物の増殖を防ぐ点では同じように作用するが、決定的な違いもいくつかある。塩はミネラルであり、無機化合物である。電解質である。温度変化の影響を受けない。これに対して糖（さまざまな種類がある）は、植物に由来する有機化合物（炭素骨格をもつ分子）であり、非電解質であり、温度が上がると溶解度も上がる（水に溶ける量が増える）。しかし食品においては、どちらもおおむね同じ働きをする。ペーパータオルさながら、水分をぐんぐん吸収するのだ。これによって腐敗菌や病原菌の周囲では自由水の分子の密度が著しく下がって浸透圧が高くなるので、細菌が水や栄養分を取り込むのに使う細胞壁から内部の水分が外にしみ出て、脱水されてしまう。糖と塩は細菌の酵素を変性させることで不活性化し、さらには細菌のＤＮＡを壊すこともできる。

といっても、これはほんの序の口だ。これまでに発見された物質で、糖と塩ほどよく働く多才な物質はほかにない。どちらも食感に大きく影響する。塩は水分を引き出して固体の密度を高めることにより、心地よい歯ごたえをもたらす。ふつうの砂糖（サトウキビかテンサイからつくるショ糖）は、種類や水分活性や加工法によって柔軟性と歯ごたえのいずれもをもたらすことができる（たとえばソフトクッキーとハードクッキー）という二刀流だ。また、液体の粘性を高めてソフトドリンクやシロップにコクや口当たりも与える。糖はいわば超一流のメイクアップアーティストで、パン類に焼き色をつけ、ソースや糖衣《グレーズ》につやを加える。塩と糖は補助的に働くこともできる。糖があの有名なメイラード反応にかかわったり、塩が人工調味料を助ける隠し味としてポテトチップスやナッツ類、プレッツェル、ポップコーン、押出成形で製造されるスナック菓子の中に混ぜ込まれたり表面にまぶされたりする。また、パン生地の発酵、マリネ、ピクルス漬け、冷凍といった重要な加工プロセスの活性化や調節においても、糖と塩は大切な役割を果たす。食品業界が保存料、保水剤、増量剤、膨張剤、分散剤、色調安定剤を必要とする場合、この二つの天然物質を最もよく選ぶのは当然ではないだろうか。なにしろおいしくてとても安価で、キリストやムハンマドなど主要な宗教の創始者たちが生まれる前から安全に使われてきた実績があるのだから。

中間水分食品とフリーズドライのその後

ミネソタに話を戻そう。テッド・ラビュザは、食品業界の仲間が消費者市場向けの中間水分食品を開発し、特許を取得するのを助けた。彼によると、「軍はピルスベリー社に委託してバー状食品をつくらせ、完成するとその情報を公開した」。「食品科学ジャーナル」の元編集長、ダリル・ランドはその理由をこう説明する。「情報がほぼ即座に公開されたのは、ネイティック研究所が長期保存用やレーション用などの中間水分食品に関心をもっていたからだ。また、情報を広めることによって、同様の品質保持期間をもつ食品を誰かに開発してもらいたいという思惑もあった」。ピルスベリー社、クエーカーオーツ社、ゼネラルミルズ社といった企業からの相談に、ラビュザは時間を惜しむことなく応じた（ピルスベリー社が一九七〇年に商標登録した〈スペースフードスティック〉はいささか時代を先取りしすぎていたらしく、大失敗に終わった）。一九七〇年代の半ばから八〇年代の初めにかけて、エナジーバーが続々と市場に登場したが、すべて大手企業の製品で、多くはゼネラルフーズ社、カーネーション社、ケロッグ社、クラフト社、ナビスコ社など、ネイティック研究所と頻繁に提携していた企業によるものだった。ターゲットとした購買層は？「母親たちだ。エナジーバーは甘くて、タンパク質、脂質、糖質、ビタミンがバランスよく含まれているので、菓子の代わりに子どもに与えることができるからね」とラビュザは説明する。

一方、ラビュザの元指導教官のマーカス・カレルは、MITの栄養・食品科学科で研究にいそしみ続けた。この学科は国防総省とNASAから得られる利権が薄れてきたのを見て取ると、栄養学研究に力を入れるようになった。そして国際公衆衛生の分野に乗り出し、国立衛生研究所の委託研究費を獲得しようと、すでにひしめき合っている候補者のあいだに割って入り、多数の医学研究者と競い始めた。しかし研究の重点を変えても、栄養・食品科学科の失速は止められなかった。MITの擁する数々の立派な学科のなかで、年次報告書が栄養・食品科学科にスポットライトを当ててくれることはなくなり、この学科に所属する大学院生と学部生の数も減り始めた。やがてMITはこの学科を廃止することにして、一部の教授を別の学科に異動させ、一部を退職させた。いわば食品科学を厨房に追い払って皿洗いをさせながら、かつては食品科学の仲間だった化学、生物学、工学には食堂でごちそうをふるまったというわけである。

陸軍はフリーズドライに二〇年間で数百万ドルを投資したが、あれは結局どうなったのか。軍はひそかに方針を変更し、乾燥圧縮したさまざまな食品バー一式をすべての兵士のリュックサックに入れるという軍の思い描いた夢が、人々の記憶から消え去ることを期待した。商業市場に目をやれば、かつては輝きに満ちていたこの技術のわびしい名残が、消費者に人気のある朝食アイテムに見つけられる。一つはインスタントコーヒー、もう一つはイチゴやラズベリーやブルーベリーのドライフルーツの混ざったコールドシリアルである。

手づくりで生まれたエナジーバー

タイムトラベルで一九八三年のサンフランシスコへ戻り、アメリカで最も根強い不安の一つ、すなわちスナックの買い置きなしに日々の生活を送ることへの不安をやわらげてくれる人物を選ぶとしても、成績不振または失業中のランナー三人（生物物理学と医学物理学の博士号保持者、クビになったばかりの陸上競技コーチ、栄養学専攻の学生）を選ぶとは思いにくい。この年、六年前のボストンマラソンで三位に入ったブライアン・マックスウェルが、ある小さな大会で低血糖状態を経験した。エネルギー切れの兆候が現れ始める「三〇キロの壁」で失速してしまったのだ。利用できる血糖、グリコーゲン、脂肪はすべて使いつくしてしまった（筋肉が脂肪を代謝するには酸素を大量に取り込まなくてはならないので、激しい運動の最中には脂肪がさらに利用しにくくなる）。彼は苦痛に体を折り曲げながら完走したが、上位に入れなかった。勝気な競技者として、マックスウェルは二度と同じ失敗を繰り返すまいと誓った。そして軽量で栄養バランスにすぐれ、失ったビタミンやミネラルやアミノ酸を補給でき、ゴールするのに最高のエネルギーを与えてくれるスナックの開発に乗り出した。

それから数年間、マックスウェル、ビル・ヴォーン、そしてのちにマックスウェルの妻となる栄養学専攻学生のジェニファー・ビダルフは、一生分の何倍にも相当する未完成のエナジーバーを食べ続けた。そのプロセスは、ほほえましいほど素朴だった。マックスウェルの家のキッチンで、オートブラン、コーンシロップ、マルトデキストリン（甘みのある乾燥粉末増粘剤）、乳タンパク質、ピーナッツバター、セサミバターを混ぜ合わせたものを、次から次へとつくっていったのだ。それから実地テストをした。マックスウェルが走りながらときおりバーを食べ、ヴォーンが自転車で追走した。次に、自分たちのつくったものを〈サランラップ〉で包み、マックスウェルの車のダッシュボードに置いて日光にさらすという方法で放置試験を行なった。結果は思わしくなかった。二週間ほど経つとバーは腐り、鼻をつく堆肥のような臭いを放った。

科学者のヴォーンが救いの手を差し伸べた。彼がマックスウェルと知り合ったのは、栄養補助食品を考案・開発するプロテイン・リサーチ社のコンサルタントの仕事を通じてだった。ヴォーンは二人の関係を「私はシェフで、彼はコックだった」と表現する。しかしヴォーンは博士課程で栄養学を修めたとはいえ、食品技術者ではなかった。悪臭の漂うバー状食品の問題を解決しようと、彼はカリフォルニア大学バークリー校の生物科学天然資源図書館に赴き、そこで博識な司書のノーマ・コブジナ（故人）に手伝ってもらって、水分活性の制御に関する情報を探した。「バークリーではおそらく『食品科学技術抄録（FSTA）』（食品技術研究で最も重要な文献目録）を購読していなかったが、オンライン情報検索サービス『ダイアログ』経由で入手できたのだろう。ノーマが『ダイアログ』で検索したのではないかな」と、同じくカリフォルニア大学のベテラン司書であるアクセル・ボーグは語る。

この検索で、しっとりしてかみごたえのある常温保存可能なバー状食品のつくり方に関するロードマップが手に入ったのだろう。その際に利用した大量の科学文献は、ほとんどが大学の研究者が執筆したもので、その一部は食品会社が新製品を開発する際に利用されていた。一九七〇年から八五年までの期間を指定して多水分食品の水分活性についてFSTAを検索すると、記事、論文、会議録、特許など、一〇一件がヒットする。そして、その七分の一以上に登場する著者が一人いる。「水分活性が食品の変質の反応速度に与える影響」「乾燥食品二種の水分収着等温線および水分活性の変化に対する温度の影響」「高水分活性における食品保水剤の水分活性抑制能の予測」といった重要な論文に至っては、ほとんどにその名が見られる。その人物とはテッド・ラビュザだ。もちろん、なんら不思議ではない。どんな分野にもエキスパートはいるものだ。エキスパートがエキスパートになれるのは、扱うテーマに本質的な価値があり、アイデアが競い合う自由市場ではすぐれたテーマがおのずと高く評価されるからである。

ヴォーンは問題の答えを見つけた。レシピを手直しして果糖を加え、食品中の「自由水」と結合させることにより、水分活性を〇・八五より低くすることに成功した。そのおかげでカビが生えにくく、酵素によるタンパク質の変質も起こりにくくなった。さらに「全身のロイシン代謝に対する最大下運動の影響」という未発表の論文を読んで、分枝鎖アミノ酸（特にロイシン）も加えた。この論文では、持久運動時にはロイシンという重要なアミノ酸の消費量が全身で増加することが示されていた。こうして〈パワーバー〉の最初のレシピが完成し、一九八六年に製造が始まった。ブライアンのレースに対するあくなき執念に支えられて――賛辞とは言えそうにないヴォーンの言葉を借りれば、彼は「努力中毒」だ――また地道な宣伝の効果を直感的に理解して、地元の一〇キロマラソンでサンプルを配るといった取り組みのおかげで、二〇〇〇年までに彼らの会社の売り上げは一億五〇〇〇万ドルに膨れ上がり、その年に同社は三億七五〇〇万ドルでネスレに売却された。今ではエナジーバーは品目が非常に豊富で、スーパーマーケットの棚を一つ独占しているほどだ。〈クリフ・バー〉〈バランス・バー〉〈LUNAバー〉〈アトキンス・バー〉〈オドワラ・バー〉などの商品に加えて、ケロッグ社、ゼネラルミルズ社、ナビスコ社などのシリアルメーカーを中心とした老舗の大手企業も積極的に参戦している。

心の温まる話ではないか。実力本位の資本主義という制度がきちんと機能していることを証明する、私たちの大好きな起業物語を地で行った、金はないがアイデア豊富な二人の男。桁外れの売り上げの伸びで真価が証明された彼らの製品。それを生み出した昔ながらのアメリカ的な創意工夫。おまけに親切な司書の助け。

ヴォーンは〈パワーバー〉が軍の遺産をいっさい受け継いでいないことを力説する。むしろいらだたしげに、陸軍の研究のことを「真っ暗な井戸に放尿する」ようなものだと言い表す。私がたたみかけるように質問しても、彼は軍との結びつきを認めようとしない。

利用した科学技術に関する情報に、軍の研究をもとにしたものはなかったのですか？

「生物科学天然資源図書館は陸軍や海軍の研究関連文書を所蔵していなかった。その手のものは公文書館にあったのだろうが、そこは栄養学に関する最先端の情報を探しに行くような場所ではないからね」

ネイティック研究所のことは知っていましたか？

「いいや、まったく」

軍は一九六〇年代の初めからバー状食品やエナジーバーの研究をしていて、その一環としてシリアルベースのバーなどの開発をピルスベリー社やゼネラルフーズ社に委託していましたが、そのことはご存知でしたか？

「まったく知らなかった」

中間水分食品についてはいかがですか？

「いや、何も」*


自分が商業市場向けに開発した製品が、軍の資金提供または管理のもとで行なわれた研究の影響を受けていることに気づいていないのは、ヴォーンだけではない。多くの食品技術者はネイティック研究所（あるいはその前身組織）のことを知らず、ましてやそれが食品業界の背後にある科学技術の方向性を定めていることなど気づいてもいない。その重要性を理解するには、腰をすえて調べる作業が必要である。軍の研究から直接生まれた成果（論文、特許、製品）を把握するだけでも十分に難しい。

＊ヴォーンが最も自慢にしている〈パワーバー〉のイノベーション、すなわち激しい運動の際に消耗するアミノ酸であるロイシンの添加は、じつは軍の研究成果を利用している。代謝におけるロイシンの役割に関する研究は、一九七〇年代にレターマン陸軍研究所で始まった。ヴォーンは「バーの背後にある科学」を明らかにするために、MITとタフツ大学の科学者らが一九八三年に書いた未発表の論文をメールで送ってくれたが、その論文はネイティックの陸軍環境医学研究所も参加したプロジェクトの副産物だったことがわかる。

というのはほとんどの場合、共同研究者たちが功績を自分のものだと主張するからだ。しかしその先も、その科学技術が特定の方向へ進んだ理由を理解するまでの道のりは長く遠回りで薄暗く、論文の脚注や大昔の会議、専門家間の交流、関係者の経歴書などから情報をかき集めなくてはならない。当然ながら、軍で生まれたことを示す痕跡はしばしば消え失せてしまうのだ。

第8章　成型肉ステーキの焼き加減は？

弁当のアイテム№2――パック入りの加工肉

毎日、同じ儀式を繰り返す。午後六時ごろ、私はそれまでしていた仕事――一九四〇年代の化学業界誌を読むとか、インタビューの録音で聞き取りにくいところを何度も再生するとか、ニュースをチェックしたいという衝動を抑えながら文章をひねり出すとか――をやめて、冷蔵庫を開ける。しばらく冷蔵庫の前に立ったまま、いつもの問いの答えを探す。「晩ごはんは何にしようかしら」

午前のうちに気がついて、パックに入った肉か魚介類を解凍しておいた日には、伝統的な食事がつくれる。マリネ肉のトースター焼き、レモンの皮の千切りと生のタイムを添えたエビのガーリックソテー、アヒアコ・ボゴターノ（鶏肉とケイパーとジャガイモでつくる具だくさんのコロンビア風シチュー）。しかしたいていは、土壇場になってから何を選ぶか迷いながら立ちつくす。チキンナゲットかフィッシュナゲット、ハンバーグ、コロッケの箱を冷凍庫から引っ張り出すか、それとも夫がスライスハムやホットドッグ、チキンソーセージなどの加工肉製品をしまっておくチルドケースから何か探そうか。

加工肉を選ぶと、私は落ち着かない気持ちになるが、子どもたちは大喜びする。私は自分の子どもに加工製品でない昔ながらの肉を好む感覚を教え損ねてしまった。しかし表示ラベルに記された長い原材料リストからわかるとおり、口当たりがよく形の整ったこれらの加工肉は、加工されていない肉と比べると健康的でない。というより、まったく不健康かもしれない。ホルへと私は出会ってすぐに驚くべき共通点に気づいた。二人とも父親が統計学者だったのだ。その後、それぞれの謹厳実直な父親には共通点がもう一つあることがわかった。どちらも急に膵臓がんを発症して死んでしまったことだ。ホルへの父親はヘビースモーカーで、これは膵臓がんの危険因子である。しかし私の父はランニングをしていて、体に余分な脂肪など少しもついてなかった。夜の明けきらぬ朝六時にすばやく出勤できるように、寝る前に翌日の弁当を準備していた父の姿が目に浮かぶ。パックされた加工肉（ターキー、ハム、ローストビーフのいずれか）とチーズをパンにはさんで手早くつくったサンドウィッチ二つだ。最も死亡率の高いこのがんの危険因子はあまり知られていないが、その一つが赤肉〔牛肉や豚肉など、生の状態で赤色の肉〕と加工肉の多い食生活である。[1] 私はその考えを心の奥に押しやって、ホットドッグに手を伸ばす。

解体処理から切り離された現代

肉を食べるアメリカ人は、その頻度にかかわらず、お気に入りの肉料理の原料となった動物をまったく目にすることなく一週間でも一カ月でも一年でも過ごすことができる。筋金入りの肉食派なら、朝はベーコンで始まるかもしれない。ベーコンは、かつてはブタの脇腹肉の塊でできていたが、今では歯ごたえのある縞模様の入った細長い肉片を寄せ集めてできた、アールデコ調のアサンブラージュとでも呼べそうな代物になっている。あるいはもとの動物からさらにかけ離れた朝食用ソーセージを食べる人もいるかもしれない。昼食は、自宅から弁当を持参するにしてもお気に入りのファストフード店からテイクアウトするにしても、成型肉が確実に含まれている。成型肉は一九九〇年代にほかの形態の肉製品をひそかに追い抜き、食されるようになった。夕食には、本物の肉に最も近い加工肉、すなわち牛挽肉、骨と皮を取り除いた鶏胸肉、豚ヒレ肉などが登場する。

アメリカの消費者が食肉の解体処理という現実から切り離されているのは、ばかげた潔癖症のせいだと見る人がほとんどだ。世界の大半の地域では今でも動物の鼻先から尾まで全身を余さず食べる習慣が優勢だが、私たちはそのような習慣を嫌悪しているといって批判されたりする（しかしこの批判は完全に的外れだ。「鳴き声以外のすべてを食べる」例として、つましいホットドッグほどぴったりなものがほかにあるだろうか）。じつは、これは巧妙に都合よく操作された見方である。動物の組織をつくり変えた食べ物を私たちが好んで食べる真の理由は、味覚が子どもっぽいとかいうこととはまったく関係がない。アメリカ陸軍が兵士に配給する肉のコストを削減する方法を執拗に追求し、その方法が見つかったら企業も消費者に売る肉製品の製造・輸送・保存にかかる費用を抑えるために同じ方法を喜々として採用する――この軍と企業の姿勢こそ、真の理由なのだ。

骨つき肉と肉屋

何世紀ものあいだ、骨つきのままで肉を食卓に出すのは、ある種の保険だった。思慮深い神が人間の治める地に与えてくれた獣、鳥、地を這う生き物にいくらかでも接する者——二〇世紀に入ってかなり経つころまでは誰もがそうだった——は、骨というカルシウムでできた細長い強固な結合組織さえ見れば、目の前にある肉がどの動物のどの部位かをすばやく容易に知ることができた。また、望ましくない現象が肉に起きている場合（病気の動物から肉をとったとか、肉が腐っているとか、寄生虫に汚染されているとか）も、肉に骨がついていれば肉屋がそれをごまかすのははるかに難しい（もちろんこれらの問題が起きても、そのせいで肉が売り物にならなくなるとは限らない。一九世紀初期の肉屋向けの手引き書には、昆虫学の解説や、四種ものハエを区別するための方法が記され、さらにハエの卵がびっしりついた「傷んだ肉」の扱いについて、こんな食欲をそそるアドバイスも載っている。「その部分を切り取り、そこにコショウをかけること」）。肉屋の店先でも正餐のテーブルでも、肉を目で見て確かめることができた。地方領主の主催する宴会に招かれた客は、鉤に吊るされた血まみれの胴体や切断された脚が売買されていた。肉屋の店頭では、皿に盛りつけられた肉がほぼ手を加えられずにもとの形を保っているのを見て、料理が上等な材料でつくられていると確信できた。対照的に、貧者は正体不明の動物のくず肉をたいていシチューかスープにして食べていた。

人間どうしの恋愛と同様、肉に対する私たちの感情も複雑だ。これと同じような感情をかき立てるものはほかにない。タンパク質が豊富で、必須アミノ酸が完全に含まれ、とりにくいビタミンB群やミネラルも豊富だ。しかし肉はきわめて脆弱で危険な食品でもある。最初は腐敗菌や病原菌が群がっていなくても、時間とともに迷惑な客が続々と訪れて増殖する。さらに厄介なのは、食べるためには殺さなくてはいけないということだ。肉は聖と俗の境界にまたがる存在である。ポークチョップを食べるたびに、私たちは命の価値をどう思っているのかという問いを突きつけられる。ハンバーガーを食べれば、命のはかなさに思いをいたさずにはいられない。肉が私たちをひどく落ち着かない気分にさせるのは当然ではないだろうか。この相反する複雑な思いは、動物を殺すことを生業として公認されている職業、つまり肉屋に対する心情にもつながっている（人間を殺すことを公認されている兵士や死刑執行人についても同様だ）。

肉屋に対する嫌悪感や肉屋の商う品に対する不信感が生じたのは、肉屋の仕事が伝統的に不浄な混沌の中で行なわれてきたことに一因があった。肉屋が働く場所はまさに修羅場だが、英語で「修羅場」を表す「shambles」は、もともと肉屋の仕事場を指す言葉だった。この特殊な職業は、都市の成立とともに出現した。人口の密集した都市では、草食性の大型の家畜を飼育することができなかった（ただし残飯を食べてくれる小型の家畜を飼うことは可能だった。都市の草創期から、鶏や豚は人家の周辺で飼育されていた）。初期の肉屋は屋外の市場の屋台で仕事をしていた。農民が家畜の群れ（山羊や羊が多かったが牛の場合もあった）を連れてくると、肉屋はその場で血を飛び散らせながら見事な腕前を披露したものだ。あとに残った血まみれの副産物が、すでに糞尿だらけの街路やどぶで腐敗し、そうした街路はスティンキング・レーン（悪臭通り）、ブローブラッダー・ストリート（膨らんだ膀胱通り）などと名づけられ、そんな場所を人々は日常の用事で通りたがらなかった。

この嫌われ者の商売（肉屋は強固なギルドを組織するようになり、なかには独自の警察をもつものさえあった）を規制する取り組みが絶えず試みられていた。一四世紀終盤以降、屠畜業を市外へ追い出し、廃棄物は穴に埋めて処理することを義務づけ、「roten Schep」[2]〔中期英語で「腐った羊」を意味する〕と呼ばれる肉など、傷んだ肉や腐った肉の販売を禁じる法律が成立した。肉屋名誉組合の会員は徐々に市の中心部へ戻り始め、大きなアーチ形の窓ごしに商売のやりとりをし、やがて一八〇〇年代に板ガラスが発明されると（大きな円筒状のガラスを熱しながら圧縮空気で部分的に冷まし、それを切り開いて平らに延ばした）、肉屋はガラスの向こう側に引きこもるようになった。罪深い行為を表す唯一の公然たる証拠は、犠牲となった動物の体のパーツがゆらゆらとぶら下がっている鉤だった。しかし一九世紀末に都市や町の景観の浄化が求められるようになると、この風習もついに途絶えた。それでもなお、骨に密着した肉のほうが上等だとする昔ながらの序列は存続し、プライマル〔解体作業で最初に胴体から切り取られる部分。たとえば、もも肉、あばら肉、腰肉など〕が最高とされ、解体処理が完了したあとに残るくず肉が最低とされた。

筋肉の代謝作用

肉、あるいはそのもととなる筋肉は、私たち人間や、私たちと同じ動物界に属する生き物に特徴的な形質である。動物界を意味する英語のAnimaliaは、「呼吸」を表すラテン語に由来する。動物界に属する生物はみな呼吸しており、少なくとも哺乳類の場合、呼吸は横隔膜の力で行なわれる。横隔膜というのは平たい円形の筋肉で、伸び縮みすることで肺の容量を絶えず変化させて空気を出入りさせる。心筋は（願わくは）長い生涯にわたって日々鼓動を打ち続ける。平滑筋は、血液、リンパ液、食物、尿、便、精液などの物質や赤ん坊を体内で押し動かして、全身に張りめぐらされたさまざまな通路、誘導路、管、トンネルの中を進ませる。しかし私たちが体を自分の意思で動かすときに使われるのは、骨を取り囲んで体に肉づきを与える骨格筋である。この骨格筋のおかげで、私たち動物は好きな場所へ行って好きなことができ、生命の偉大な系統樹に属するほかのどの生物よりも自分の力で自らの運命を支配できるのだ。

筋細胞（筋線維）には基本的に二つの種類がある。迅速に収縮する速筋線維（白筋）は、突き、突進、ジャブ、フェイントなどのすばやい運動を専門に行なう。体内に貯蔵されたブドウ糖か血中のブドウ糖をときおり補給しながら活動するが、たいていの砂糖中毒者と同様、すぐに次の補給が必要となる。一方、緩徐に収縮する遅筋線維（赤筋）は、ゆるやかな運動を長時間にわたって行なうことができる。こちらには、細胞内のミトコンドリアという密室のような小器官に酸素を送り届けるミオグロビンがたくさん含まれている。

もちろん、心臓が止まって体が切り刻まれれば、複雑な細胞機構はすべてすぐに停止する。酸素の運搬が止まると、ミトコンドリアは永久に機能を停止し、残された酵素は精力のはけ口を失ってあてどもなくさまよいながら、残存する糖を食べつくして乳酸を排出する。この乳酸によってpHが徐々に下がり、肉に不快ではないがやや酸っぱい味をもたらす。エネルギー産生酵素が働かなくなると、ATP（アデノシン三リン酸）を失った筋線維はカルシウムで塗り固められ、最後の苦悶の収縮を行なう。死後硬直が始まっているのだ。

ここで、タンパク質を分解するカルパインなどの酵素が、筋肉に付随する構造要素である靭帯、腱、軟骨、そして弾力性を保つ成分のエラスチンなどを分解し始める（激しく働く筋肉ほど多くの結合組織をもつ。あらゆる動物において特に軟らかい筋肉の一つは怠け者の最長筋であり、これは背骨に沿って存在し、背骨をまっすぐに保つことだけを仕事とする）。それからpHがさらに下がると、カテプシンなどの援軍がやってくる。これは酸をこよなく愛する酵素で、通常はある特別な細胞小器官の中に入っているが、pHが低下したせいでこの小器官が破裂したので、外に出てきたのだ。これらの酵素の作用で肉が軟らかくなる。ここへ至るまでに、鳥類の場合はおよそ一日、豚なら一週間、牛なら二週間から一カ月ほどかかる。このように熟成速度に差があるのは、白筋のほうがブドウ糖を多く蓄えているので、赤筋よりも分解が速く進むことに加えて、略奪しようとやってきた微生物にとっても、白筋のほうが食べ物が豊富だからかもしれない。

略奪犯として最もよく疑われるのは、シュードモナス属の数種の細菌である。シュードモナス菌は元気いっぱいの腐敗菌で、低温でも高温でも、酸性、中性、アルカリ性のいずれの環境でも旺盛に増殖する。手に入るものなら何でも喜んで食べるが、ブドウ糖があれば必ず真っ先に食べる。ブドウ糖を食べつくすと次の食べ物を探し、アミノ酸の残骸を食べてエネルギー源とする。残念なことに、アミノ酸を消化するときには、不快なにおいが発生することがある。ファミリーレストラン「シズラー」で一八オンス・ポーターハウスステーキを注文したことのある人ならご存じだろう。これはアミノ酸が分解されて、悪臭を放つアミンになることが原因で起きる。生のポークチョップがにおい始めることもある。

冷蔵技術の誕生

一九世紀の半ばまで、地元で飼育されて解体された新鮮な肉を食べるのは、ぜいたくではなく当たり前のことだった。保存処理をしていない動物肉を長距離輸送したら、それを食べた人間に死をもたらすおそれがあった。ただし例外が一つあった。太古の昔から、理由はわからないにしても、低温が腐敗を遅らせるという事実を人類は知っていた（低温になると、人間と同じ食べ物を好む細菌がとても不活発になるのだ）。このため、饗宴に欠かせない反芻動物か単胃動物を犠牲にする場合を除き、温帯では新鮮な肉の食べられる季節が限られていた。冬が始まるころに動物を殺し、それから寒さが厳しくなる数カ月のあいだはその体から肉片を切り取って食べていく。地軸が再び太陽のほうを向くころには、冬の初めに蓄えておいた肉は食べつくされ、穴蔵や地下貯蔵室にたまたま手に入った肉がときおり置いてあるだけだった。

一九世紀の初期には、ボストンの名門一族の出身で変わり者のフレデリック・テューダーが、マサチューセッツ州ケンブリッジの一般市民、ナサニエル・ワイエスと手を組んである産業を興した。これが当時としてはきわめて儲かる産業となった。その産業とは氷である。ワイエスの発明を利用して除雪車に刃をくくりつけ、冬の湖から切り出したブロック状の氷をおがくず入りのモルタルを使って積み重ね、特別な貯氷庫に入れたうえで、断熱を施した船倉に積み込み、ニューイングランドからアメリカ南部や西インド諸島へ送った。すぐに船員はこの方法を使えば輸送中の酒や食べ物を冷やしておけることに気づき、そこから低温流通というコンセプトが生まれた。一八七〇年代には、氷で冷却するリーファー（冷蔵船を表す業界用語）が次々と〝死んだ肉〟を運ぶ処女航海に出発していった。それから二五年のうちに、固体の水に対する消費者と産業界の需要――とりわけ精肉、乳製品、醸造業での需要――は急増し、氷で得られる儲けも膨れ上がった。のちにコンプレッサー、コンデンサー、コイル、冷媒（揮発性や可燃性の化学物質からなる液体）を装備した現代的な冷蔵装置が登場すると、氷は使われなくなった。一九〇五年までに、アルゼンチン、オーストラリア、ニュージーランド、アメリカから世界へ出荷される数百万個の牛の四分体《クウォーター》〔牛の体を左右に分割し、さらに胸部で前後に分割した各部分〕がアンモニア溶液で冷却された貨物船に積み込まれ、大西洋上を行き交っていた。この溶液（主成分は火薬の原料となる硝酸塩で、動物や鳥の糞からつくられた）に相転移を起こさせて、気体から液体へ、それからまた気体へ、さらに液体へと交互に変化させることにより、余分な熱の吸収と放出を交互に繰り返させた。

軍が箱詰肉を採用する

軍の献立で最も高価な品目は常に肉で、たいてい支出の半分以上を占めていた。その一つ目の理由として、ほとんどの菜食主義者や動物愛護活動家や環境保護主義者が指摘しているとおり、動物の肉の生産にはあきれるほど大量の土地、水、餌となる植物が必要とされる。第二に、二〇世紀に入って高度な訓練を受けた専門家が作業をするようになるまで、肉の〝収獲〟は大がかりなイベントだった。〝収獲物〟をグループ用または個人用に食べやすいサイズに加工するのも、やはり一大イベントだった。第三に、肉は微生物にとって非常に魅力的で、生物学的に複雑でもあるので、死後にもさまざまな変化が生じる（それらの変化については今でも不明な点が多い）。したがって保管と輸送には細心の注意が必要なうえに、多大な費用もかかる。

南北戦争中、官給品のブリキの器に入れて北軍の兵士二一〇万人に配給される肉は昔ながらに生きたまま運ばれて現地で解体されていたが、この輸送方法にはデメリットがあった。人の都合など考えず、途中で動物が死んでしまうことだ。急激にやせることもあり、ひどい場合には移動中に体重が三〇キロ近く減ったりした。輸送中に水と餌を大量に必要とするという厄介な問題もあった。一八九八年の米西戦争までに、鉄道車両や汽船の船倉に冷蔵設備が導入され、解体処理した肉の輸送が可能になった。兵力は三〇万人ほどだったので、この方式がインフラに過剰な負担をかけることはなかった。しかし一九一七年にアメリカがやむをえず第一次世界大戦に参戦すると、食糧の必要量が一〇倍以上に増大した。毎日、四七〇万人の兵士に約束した量の肉をどうしたら確保できるのか。従来の枝肉の輸送方法、すなわち上下左右に揺れても肉どうしがぶつかったりしないように、十分に間隔を空けて冷蔵船倉の天井から鉤でぶら下げるというやり方が、にわかにぜいたくとなった。食糧をなんとか調達しなくてはと、糧食部門責任者のウィリアム・グローヴ大佐が率いる陸軍需品科は熟考を重ねた。正体不明の肉の厚切りや切れ端を樽に詰め込むのは、傷んだ肉が混ざってしまうので昔からいやがられていたが、古くから抱かれてきたこの嫌悪感に逆らうことはできるのか。骨のついていない牛肉を兵士たちに送ることはできるだろうか。

一九一八年、拡張主義を掲げるジェイ・ホーメル中尉の監督下で、陸軍は初の箱詰牛肉加工工場とシカゴに中心を置く流通システムを設けた。これによって、陸軍のお偉方が小躍りするような成果が得られた。骨、脂肪、軟骨を取り除いて二五%軽くなった牛の四分体を長方形に整形して冷凍し、麻布とパラフィン紙で包装したものを積み重ねると、込み合う列車や船で占めるスペースが六割も削減できた。まもなく一〇〇ポンド（約四五キロ）詰めの箱がフランスへ送られるようになった。第一次世界大戦中に消費されたおよそ二〇万トンの牛肉のうち、八%ほどがこの方法で輸送された。ただし、問題点もいくつかあった。あらゆる部位の肉をまとめて冷凍してしまうと、とんでもない面倒が起きるということがわかった。切り身を一つずつ別々に解凍するのは難しいので、なぜ自分はハンバーグなのにあいつは骨つき肉のステーキを食べているのかと、兵員食堂で不満の声が上がったのだ。それに、冷凍した肉は見た目もよくなかった（肉をゆっくり冷凍すると、細胞と細胞内の構造物が破裂して、肉の表面が暗褐色になる）。陸軍の調理係は肉の塊を斧で叩き割るようになったが、その結果としてできあがるのは、歴史記録官の巧妙な言い回しを借りれば「魅力に欠け、しばしばおいしさにも欠ける」料理だった。

骨なし牛肉製品をめぐる最初の試みはあまりうまくいかなかったが、粘り強さが陸軍の取り柄だ。アーマー、スウィフト、モリス、ウィルソン、カダヒーという五大精肉会社のあるシカゴを拠点として、需品科糧食学校（一九三六年以降は後継の糧食研究所）は一九二〇年代から三〇年代にかけてこの問題への取り組みを地道に続けた。ようやく進展が見られたのは、このプロジェクトを率いる海軍獣医部のジェシー・ホワイトが一九三八年にアーマー社とスウィフト社から軍への協力を取りつけたときだった。新しい骨抜き技術が開発され、枝肉からほぼすべての可食部が取れるようになった。部位を特定せずに肉をひとまとめに冷凍するのではなく、等級別に分類し、ローストおよびステーキ用の肉（四〇％）、スープおよびシチュー用の塊肉（三〇％）、そして――これはあまりよく見ないほうがいい――挽肉用の肉（三〇％）を別々に包装してそれぞれの容器に入れた。さらに、箱に詰めた肉を数時間か数日かけて内部まで凍らせるのではなく、急速冷凍を採用した（冷凍した箱詰肉は、ほかの生鮮食品を低温に保つのにも利用できた）。きわめて低い温度を用いるこの技術を発明したのが、「冷凍食品の父」と呼ばれるクラレンス・バーズアイだ。この方法なら細胞壁が破裂せず、形成される氷の結晶も小さいので、肉や野菜の組織は見た目も食感も冷凍していないものとほとんど変わらなかった。

需品科のイノベーションは、ちょうど第二次世界大戦に間に合った。兵士は軍靴のひもを締めて大陸を進み、祖国に残った女性は戦闘機の鋲を締めたり家庭菜園で食料生産に励んだりしていた、あの「最も偉大な世代の人々」が活躍した時代である。第二次世界大戦が終わるまでに、戦死者は想像を絶する数に達し、アメリカだけで四〇万人近い兵士が命を失っていた。あまり知られていないが、アメリカの牛もひそかに甚大な犠牲を払っていた。一九四一年から四五年までに、兵士の食事をまかなうために二九〇〇万頭が命を捧げたのだ。牛たちは、骨を抜かれ、冷凍され、箱詰にされて、海外の戦地に到着した。この処理によって、危険海域を航行しなければならない貨物船の数を半減させ、形の不ぞろいな肉もきっちりと積み重ねたりパレット搬送（運搬用の板に固定して輸送すること）したりできるようになった。このイノベーションは軍で生まれたわけではないが、戦争によって一気に普及した。

カット肉を民間に広める

だが、これは手始めにすぎなかった。箱詰の骨なし牛肉を通じて、陸軍は精肉業界の提携企業に、多様な付加価値をつけて商売する契機を気前よく与えたのだ。精肉業者は作業に余分な時間と手間がかかるという理由で商品価格を引き上げ、獣皮（皮革）、脂肪（石鹸、マーガリン）、骨（スープストック、肥料、飼料用タンパク質補給剤）、くず肉をとっておいて売ることもできるようになった（最初のパック入りフランクフルトソーセージ――オスカー・マイヤー社の〈カートリッジパック〉という商品で、のちにはサランフィルムで包装された――がちょうどこのころにシカゴで誕生したのは、おそらく偶然ではないだろう）。軍にとっても、いろいろとメリットがあった。新しいタイプのカット肉では、調理と給仕に必要な人手と時間が削減できたため、雑談をしたり仲間の兵士とふざけたりするという大事なことにもっと時間が使えるようになった。兵士たちは食事の際に骨つきステーキ肉をめぐって争う必要がなくなったので、以前よりもずっとおだやかな雰囲気になった。そしてきわめつけは、不要な部分のついていない状態で肉が届くおかげで、捨てられた内臓の山の放つ悪臭から解放され、それに伴って長らく基地の兵員食堂の風景につきものだった猥雑な雰囲気も消えたことだ。自分たちの成功を確信した国防総省は得意げにこう述べた。「軍が牛肉の加工技術を進歩させたおかげで、現在世界中に展開している陸軍はどこへ行ってもほぼ確実に牛肉を食べられるようになった。陸軍は骨なし牛肉――生の牛肉を冷凍して梱包してあるので、調理や給仕の際に間違いが起こりえない――をこれ以上の実験がもはや必要のない段階までもってきた。これからは民間でも利用できる(3)」

しかし、そう単純にはいかなかった。

アメリカの主婦たちは店で買う生の肉がどんなものであるべきかについて独自の考えをもっていて、骨を除去したり摂氏零度より低い温度にさらしたりすることは受け入れがたかった。一九四〇年代の終盤から五〇年代にかけて、便利な肉の新製品でがっぽり儲けられると期待したシカゴの精肉業者らは熱心に取り組んだが、試みは失敗に終わった。第二次世界大戦中に軍と提携して冷凍箱詰牛肉を開発し、軍への供給にも携わったスウィフト社は、四角いロースト用牛肉の冷凍品を製造したが、やはり失敗に終わった。一九五九年に全米科学アカデミーと米国学術研究会議の主催により、牛肉の将来をテーマとした特別会議が開かれた。その席で、広告代理店、食品業界、農企業、学術界の面々は、かたくなな消費者に骨なし牛肉（会議の参加者たちから見ても品質は劣っていたが）を受け入れさせる方法をあれこれ考えた。「嗜好を変えることは可能です。難題ではありますが……あきらめてはなりません。なにしろわれわれは消費者の手間を軽減する食品を売り出そうとしていて、この種の製品では一定の妥協が必要なことは間違いありませんから」

五〇年近い時間がかかり、さまざまな段階を経たが、やがて箱詰の骨なし肉（冷凍のものもあり、調味されているものまであった――スーパーマーケットのトレーダー・ジョーズで売っているような肉だ）の経済上および実用上のメリットは無視できないほど大きくなった。生産から販売までを独占する垂直統合ビジネスモデル（家畜飼育場、包装工場、輸送用の鉄道やトラック、倉庫、卸売施設をすべて自社で保有する）に対して政府が一九四八年に反トラスト法（独占禁止法）による攻撃を加えたことと、そのビジネスモデルが戦後の時代には合わなかったことから経営の苦しくなった精肉業界のビッグ・フォー（二社は合併した）は、一九六〇年代までに買収、合併、廃業のいずれかの道をたどった。アイオワ・ビーフ・パッカーズ（現在のアイオワ・ビーフ・プロセッサーズ）、カーギル、タイソン・フーズ、JBSが新たなビッグ・フォーとして不死鳥のごとく現れて、後釜に座った（二〇一〇年には牛肉の解体処理全体のうち八五％をこの四社が扱っていた）。ビッグ・フォーをリードしていたのはアイオワ・ビーフ・パッカーズだった。大規模な飼育場のそばに安い土地を購入して工場を建設し（国のハイウェイ網のおかげで鉄道を使う必要がなくなった）、鉤や台や熟練した職人からなる昔ながらのやり方をやめて、ベルトコンベアと未熟練労働者を採用し、枝肉が通過するときに限られた単純作業をさせる方式を採り入れるなど、革新的な（そしてコスト削減につながる）アイデアを実行に移した。最も重大な点は、枝肉の「骨抜きと切り分け」を最終段階まで行ない、小売り用のカット肉に仕上げる作業まで同じ工場でしたことだ。こうすれば、高級なリブアイ・ステーキ用の肉でも上質なもも肉でも、あるいはチャック〔牛の首から肩までの肉〕でも等級のつかない挽肉でも、一つの箱には一種類の商品だけを詰めて販売することができる。

これでようやく家庭の主婦たち――そう、食料品を買うのは当時も今もたいてい女性なのだ――が心を動かされた。それどころか、電気冷蔵庫を買い、タイピストの仕事に就いた女性たちは、夕食を手早く食卓に並べられる方法を切実に求めていた。一九六三年から二〇〇二年のあいだに、国内最大クラスの食肉処理場から出荷された箱詰牛肉が牛肉の売り上げ全体に占める割合は、一〇％未満から六〇％に跳ね上がった。現在では、スーパーマーケットで販売される牛肉の九割以上を占めるに至っている。

『アイオワ・ビーフ・プロセッサーズ――業界全体の改革』という地味なタイトルをつけた著書で、デイル・ティンストマン元会長は同社の成功を革新的なアイデアの賜物としている。「効率を考えれば、枝肉の出荷から箱詰牛肉の出荷へ移行するのは当然の進歩だった。現代のトラックや鉄道車両に冷蔵枝肉を積むと、無駄なスペースがたくさん生じてしまう。枝肉はいびつな形をしているので、きっちりと詰めることができない。それに、売り場にたどり着くことのない骨や切り落とすべき部分もたくさんついている。だから箱詰牛肉への移行は理にかなっていたのだ」

彼は第二次世界大戦中にB－29爆撃機を操縦していたころ、骨なし肉を食べたはずだ。一九四〇年代の半ばに「ライフ」誌のページをめくれば、アメリカ食肉協会が出した全ページ広告が掲載されていて、陸軍需品科のために開発された箱詰骨なし牛肉は食肉業界が「戦争中に開発した最も価値のある成果」の一つだという文句が躍っていたに違いない。しかし、ティンストマンはこれらについては一言も触れていない。

マックリブを発明したのは誰か？

ジョン・F・ケネディがムッソリーニの義理の息子の言葉を言い換えた言葉をさらに言い換えれば、失敗には親がいないが、成功には一〇〇〇人の親がいる。この親たちは家族写真の中では明るい笑顔を見せているが、写真に写っていない外側では互いに意地悪くひじで小突き合っているのだ。まさにこれと同じ状況が、マクドナルドの（悪評で）名高い〈マックリブ〉をめぐって起きている。〈マックリブ〉というのは、豚のくず肉を洗濯板のような形に成型して、甘ったるいバーベキューソースに浸してピクルスとオニオンを散らし、細長いパンにはさんだものである。

このおなじみのアイテムは、不景気で売り上げ全体が低迷していた一九八一年に、コスト抑制を狙って六都市の六五店舗で発売された。「広報担当者によると、マクドナルドは値上げを回避するために『最大限の努力』をしている」と「クリスチャン・サイエンス・モニター」紙は報じた。当初は関心が集まらなかったため、朝食用に無料でサービスされた。それでも「消費者はそっぽを向いた」が、やがて（二〇年も経ってから）この豚肉をはさんだパンはようやくヒットした。希少性が評価を高めたのかもしれない。初めのころには、マクドナルドのメニューに何度か登場しては消えた。最近では、アメリカでは年に一度、期間限定で販売されている。二〇〇〇年代の初めまでに、放送メディアでの広告に匹敵するほどソーシャルメディアで大きな話題となったおかげで、〈マックリブ〉は市場に一過性でない足場を得て、熱心なファンも獲得した。するとにわかに、これを発明したのは自分だと主張する者が続々と現れた。

その一人目、フランス料理の修業をしたマクドナルドのエグゼクティブシェフ、ルネ・アレンについては、その主張をすぐさま却下できる。彼は、赤ちゃんの背中のようなパンの形や、秘密のスパイスとトッピングを考えただけだ。しかし華やかな仕上げよりも奥に目をやり、成型肉のポークパティが生まれた経緯について考えると話はややこしくなり、対立する人物たちが登場してくる。

二人目のロジャー・マンディゴ博士は野心的な学者で、「食肉業界の殿堂」入りを果たし、ネブラスカ大学の名誉教授でもある。彼はこう述べている。

一九七〇年ごろ、われわれは成型肉の研究に着手した。……全米豚肉協会がファストフード店のメニューに豚肉をもっと使ってもらう方法を探していたからだ。われわれは成型豚肉のアイデアを提案した。これならどんな形にもできる。プロジェクトの資金は全米豚肉協会が豚肉生産者から集める会費でまかなった。会費はブタ一頭につき五セント。……われわれの考案した最初の成型豚肉は、ポークチョップのような形だった。マクドナルドはこれを〈マックリブ〉に採用した。

あるいは三人目のデイル・ハフマン博士の言葉を信じるべきだろうか。彼はゆったりした控えめな研究者で、脂肪分九一％カットのハンバーガーを開発したことで知られ、四〇年間アラバマ州のオーバーン大学に勤めたあと、今は退職している。

発端は、私が一九六九年から七〇年にかけての一年間、アーマー社で特別研究員を務めたときにさかのぼる。そこで肉をフレーク状にして固めた成型肉を開発している人たちと一緒に研究した。その肉は悪くはなかったが、肉らしい特徴が欠けていた。大学に戻ると、ベッチャー社（オハイオ州にある食品・食肉加工装置会社）が装置を提供してくれるというので、われわれはそれをオーバーン大学の試験用工場に搬入した。最もうまくいったのはポークチョップだった。パートナーのジョー・コードレイと私はできたものをトラックに積んで、セントルイスで開かれた全米豚肉協会の年次総会に持っていった。……バーガーキングがわれわれの成型ポークチョップを使ってみたいと関心を示したが、イギリスの親会社に拒否された。この製品の流れをくむもので、今でも市場に出ているのは、マクドナルドの〈マックリブ〉だけなのだ。

しかし、ちょっと待った。また別の候補者が現れた。四番目に登場するのは、ジョン・シークレスト。もう退職しているが、かつては野心的ではないものの仕事熱心な食品技術者としてネイティック研究所で働いていた。肩書よりも実験室で過ごす時間を選んで、昇進を蹴ったことのある人物だ。

軍製品評価委員会から、ステーキとかチョップとかその手のものの価格はどうしたら下げられるかと尋ねられた。……そこで、フレーク製造機を使った業務の拡大を狙っていたベッチャー・インダストリーズというオハイオ州の会社と組んで、フレーク製造プロジェクトに着手した。……どんな肉にでも似せることができた――ポークチョップでもラムチョップでも。……ほとんどの精肉業者が無償で試験生産をやってくれた。というのは、軍を満足させられれば、最初にそれをなし遂げた会社として、同業他社から抜きん出ることができるからね。デニーズはわれわれのつくった成型ビーフステーキを店舗で使い始めた。今でも使っている。そしてマクドナルドの〈マックリブ〉は、われわれの製品に限りなく近いのだ。

くず肉をステーキに変える軍の研究

アメリカ人は、軍の食堂が軍服を着た男女に最高の食事しか出さないという事実にずっと誇りを抱いてきた。なんといっても、アメリカ兵の大半は若く、命を懸けて祖国を守っているのだから、おいしくて栄養豊富で戦士の食べ物として最高のもの、すなわち肉を食べる資格があるはずだ。脂がたっぷりのったピンク色のステーキ、よく焼けて湯気を上げているチョップ、具だくさんのシチュー、グリルで焦げ目をつけたパティ――これらはみな体重が四〇〇キロもある高級牛から切り分けた肉だった。しかし一九六〇年代に入ると、この理想像に変化が起きた。スーパーマーケットがついに抵抗をやめて、牛を絶命させたらそのまま同じ場所で解体から切り分け、箱詰まで行なうという、軍が世界大戦中に導入したイノベーションを受け入れることにしたのだ。箱詰牛肉の需要の拡大により、枝肉よりも箱詰肉のほうが重視されるようになった。そして精肉業者は自分たちの所属する活動団体であるアメリカ食肉協会を通じて政府に働きかけ、この新たなシステムを受け入れてほかの購入者たちと同じように部位や等級で区分された肉を購入するほうがよいということを政府に理解させた（そのころまで、陸軍は大量の肉をかなり短い納期で納入させていたので、枝肉を丸ごと購入するしかなかった）。

絶好の機会が到来した。軍には莫大な資金があるので、今までよりも高級な肉を選んで購入してもらえるはずだ。数百万キロのステーキ肉や骨つきリブロース肉の最低価格については、協会が交渉に応じる。協会がそう提案すると、軍の高官たちはその可能性について一瞬だけ検討したかと思うと、すぐさま首を横に振った。「ようやく好きな部位の肉を選んで買えるようになったのだから、手に入る最も安い肉を買って、兵士に食べさせる方法を考えるほうがよいのではないか」。軍の幹部は、豚のくず肉をポークステーキに変える方法を見つけて肉への支出を六割削減するという目標を定めた。挑戦が始まった。

ネイティック研究所の食品科学者は、自ら実験室であれこれ試すだけでなく、大学や企業にも研究を委託した。実際のところ、くず肉や質の悪い切り身をおいしい食べ物――加工肉《シャルキュトリー》、アメリカ式に言えばコールドカット――に変身させることにかけては長い歴史がある。動物の肉を食するほとんどの地域で何世紀も前から用いられてきた四つの基本技術、すなわち「切り刻む、またはすりつぶす」、「つなぎを加えてまとめる」、「形づくる」、そして最後に「加熱または保存処理する」という技術が、今回の肉製品の開発でも用いられた。サラミ、ソーセージ、ボローニャ、フランクフルトといった人類の食欲をかき立ててきた加工肉と、ネイティック研究所がつくろうとしているものとの違いは、その意図にあった。伝統的な加工肉は、正体を偽ってくずをごちそうに見せかけようとするわけではない。一方、ネイティック研究所の発明は欺くことを意図していた。消費者が目、鼻、舌、歯でその発明品を確かめて、その食べ物が本物だと信じれば、科学者たちはそれだけ満足するのだった。

容易な道のりではなかった。一気に進展したわけではなく、一〇年ほどのあいだに得られたいくつもの発見をつなぎ合わせる作業が続いた。最初の発見は一九五〇年代終盤にオスカー・マイヤー社（このころにはアメリカ有数の規模と業績を誇る加工肉会社となっていた）によるもので、同社はそれで特許を取得した。大きな肉片を塩とともにドラムに入れ、回転させてもむと、粘りのある液体が滲み出てきて、加熱するとこの液体が肉片どうしをつなぎ留める働きをするというものだった。二つ目の大きな進歩は、装置メーカーによってもたらされた。一九六〇年代の初めごろ、オハイオ州のベッチャー・インダストリーズ社が新設計のフレーク製造機を考案した。肉を裁断機の刃に押しつけるという従来の方法では、肉の水分が絞り出されてしまう。代わりに、リング状のフレームの内側に小さな刃がぐるりと並び、これを回転させながら肉に当てて引くことで肉をそぎ切りにする電動式装置を採用した。これによって肉が紙のように薄くスライスでき、表面積を広くしながら肉汁は保持できた。三つ目の進展として、生きた動物と死んだ動物の筋肉で生じる作用が新たに解明されたことにより、食品技術者がそれらの作用を操作し制御することができるようになった。科学者は電子顕微鏡で筋線維を観察することによって、筋線維が筋原線維と呼ばれる細い線維で構成され、この筋原線維はミオシンとアクチンという二種類の線維状のタンパク質でできていることを突き止めた。これらのタンパク質がボートを漕ぐときのオールのように動いて、短時間だけ互いに結合することで筋肉を収縮させる。肉の細胞が破裂するとこれらのタンパク質が流出し、オスカー・マイヤー社の特許に記述された条件のもとでは周囲の水分に溶け込んで〝肉の接着剤〟をつくり出す。そして一九七〇年代の初めに一連の重要な発見の掉尾《ちょうび》を飾ったのは、ネイティックの研究者たちだった。塩に少量のリン酸塩を加えると肉のpHが変わり、それによって肉の分子どうしの間隔が広がって、保持できる水分が増える。その結果として肉のみずみずしさ、食感、風味が向上することが判明したのだ。

一九六〇年代の半ばまでに、成型肉プロジェクトに携わる陸軍の科学者は、熱のこもった内部報告書を上層部に提出していた。一九六六年の発表で、ネイティックの食品技術者らは「柔軟なパウチに入れて熱安定化した肉製品の一つとして、きわめて受容性の高い合成『ビーフステーキ』」を開発したと報告した。「このステーキをつくる特許取得済みの工程は以下のとおり。くず肉に少量の塩を加え、熱凝固性タンパク質で表面全体が覆われるように処理し、型かケーシングに詰めて、タンパク質が固まるのに十分な温度まで加熱し、最後に盛りつけに適したサイズでカットする。……この工程はおそらく豚肉、子牛肉、鳥肉にも応用できる」。軍人物資配給諮問委員会の肉製品小委員会は躍り上がらんばかりに喜び、イタリック体の文字で強調してこう言い切った。「成型肉の将来はきわめて有望なので、この分野の研究を継続すべきである」。一九七二年までに、陸軍の成型肉プロジェクトは数件の試験生産を外部に委託できる段階まで進んだ。機械で成型したグリルステーキ、スイスステーキ、ミニッツステーキ、ブレックファストステーキなどがそこに含まれていた。陸軍では一九七六年に子牛肉の成型肉を使ったカツを兵士の食事に出し始め、それからラムチョップやポークチョップも出し、さらにビーフステーキも出すようになった。このアイデアはどんどん進展していった。一九八〇年にニューヨーク・タイムズ・ニュースサービスからこのネイティック研究所による発明に関する記事が配信され、こんな推測を示していた。「成型肉は一般消費者の食費も削減してくれるかもしれない。というのは、各地のレストラン、カフェテリア、スーパーマーケットの冷凍食品売り場でも成型肉製品の取り扱いが増える可能性があるからだ」。その一例がマクドナルドだったわけである。

成型肉が軍から一般消費者へ

一九八〇年代の初めには、成型肉の開発と宣伝における軍の役割は縮小へ向かっていた。その一方で、実質的に無価値なものに付加価値を与えて商品をつくるという事業に意欲的な民間企業は、役割を拡大していった。まもなく大学や企業の食品科学部門は、枝肉からタンパク質を完全に取ることで製造コストをさらに削減できるようになった。温脱骨（まさに文字どおり、絶命した動物の肉の温度が下がらないうちに肉から骨を取り除くこと）、機械的分離（枝肉をふるい状の機械にかけて骨から肉をこそげ取る）、腱肉除去（機械を使って腱や骨から肉を取るが、機械的分離ほどの圧力はかけないため、肉の繊維が保たれる）、脂肪とくず肉を混ぜ合わせて成型した泥《スラッジ》のような肉の製造などが行なわれ、さらには血漿を回収して増量剤として使ったりもした。商品ラインアップを広げて冷凍食品コーナーから冷蔵ケースへの進出を果たそうと、加熱せずに固められる新しい結着剤がつくられたが、それらは牛や豚の血液凝固因子、細菌酵素、藻類、化学物質など、妙な物質を原料としていた。

成型肉製品の消費は、一九九〇年代から二〇〇〇年代の初頭にかけて急増した。これに伴って、一九九七年には国勢調査局が新たにこの業界の産業コードを設けるに至った。この年、加工肉を製造する食肉加工業（鳥肉を除く）は二四〇億ドルの売り上げを記録した。動物の絶命から解体、流通まで行なう精肉業の売り上げが五四〇億ドルだったので、食肉加工業の売り上げはその半分近くに相当する。二〇〇七年には、食肉加工業の売り上げは三七〇億ドル、精肉業は六九〇億ドルに達し、食肉関連のこの二業界の売り上げは合わせてなんと一〇六〇億ドルとなった。二一世紀になるころにはアメリカ人一人あたりの動物性タンパク質の年間消費量がこれまでになく増えて、一九五〇年の六三・五キロから九〇キロまで膨れ上がったと言われても、誰も驚かないのではないだろうか。

しかし、消費者は自らの食生活に大きな変化が起きていることに気づいていないようだった——お気に入りのファストフードメニューに仲間入りしたアイテム、すなわち何十種類もの添加物が投入されたマックリブ（この商品は豚肉のくず肉が安価なときしか販売されない）が登場したとかまた消えたとかブログやツイッターで報告して悦に入ることはあったが。記事に〝顔〟を求めるジャーナリストたちは、マンディゴ教授——私とのインタビューの際には言わなかったが、別の食肉プロジェクトでネイティック研究所に協力する契約を結んでいた——を誇り高きマックリブの父と呼んだだけでなく、のちに「成型肉の父」という称号も与えた。彼自身は積極的に肯定しないように気を配っているが、はっきりと否定したわけでもない。少なくとも今までは。成型肉を発案したのはアメリカ陸軍かと私が単刀直入に尋ねると、彼はしばし躊躇してから、ぼそぼそとこう答えた。「文献や技術移転を通じて、ネイティックの影響を受けたのは確かだ。政府の生み出した知的財産は特許で押さえられていないので、誰でも使える。技術会議で資料も発表されていた。技術を利用するのはかまわないのだ。

ただし私はちょっと変更を加えた。軍は自分たちのところで開発した製法を私たちに使わせてくれたのだ」

まさにそのとおり。

陸軍の尽力の結果、一〇〇年近くかかってようやく国民は骨つき肉を手放したが、今や肉に対する私たちの感情は以前とは正反対になっている。科学（微生物学）と技術（冷蔵）のおかげで、私たちは食材の起源や安全性について明確な証拠をもはや求めなくなった。そして輸送時に必要なスペースが半減できる骨なし肉や、従来よりも安くカット肉を食べられるようにしてくれる成型肉など、軍の開発した加工肉を好むようにさえなった。私たちが口にする動物性タンパク質の圧倒的大部分は、寄せ集めた材料を機械で成型してつくられている。そして肉売り場以外のさまざまな場所、たとえば惣菜の陳列ケース、冷凍食品コーナー、自動販売機、カフェテリア、ドライブスルーなどで購入できる。ルビー色の宝石に似た肉の並ぶまばゆいカウンターの前に立つ機会はめっきり減った。かつては絶大な力を誇った肉屋も、今では肉を計量し、包装し、料理のアドバイスを与えるだけの愉快な販売員となった。堂々たる子羊肉のクラウンロースト、どっしりしたリブロースト、ジューシーな豚脚のローストといった骨つきの華やかな肉料理は、過越しの祭りや復活祭、節目の誕生日など、特別な儀式の場にしか登場しなくなった。そうした特別な日には、私たちはキャンドルに火をともし、肉料理の鎮座する食卓を囲み、人間と動物との危うい暴力的な関係にふと思いを馳せるのだ。

第9章　長もちするパンとプロセスチーズ

弁当のアイテム№3、4、5――スライスパン、プロセスチーズ、チーズ味のクラッカー

私がパンを心からおいしいと思いながら食べていたのは、一九九〇年代にエクアドルで暮らした四年間だけだ。未来の夫と私は、アパートの近くにあるパン屋で毎日バゲットを買った。毎朝交代で、バゲットを縦方向に切り、地元でつくっているアメリカ式のピーナッツバター（私の故郷の味）とグアバマーマレード（彼の故郷の味）を塗って（私は雑に、彼はていねいに）、カフェ・コン・レチェを添えて、まだベッドにいる相手のもとへ運んだものだ。床に敷いたマットレスがパンくずだらけになったが、甘くもっちりしながらパリパリのパンは昇天しそうなくらいおいしかった。すっかり満足した私たちは、どこかで落ち合ってボリュームたっぷりの昼食《アルムエルソ》をとるか、あるいは編集の仕事（私は英語、彼はスペイン語）で長い一日を過ごしたあと自宅で夕食をとるときまで何も食べなかった。

しかし、この四年間は私の生涯で特別な例外だった。たいていのアメリカ人と同様、私が食べてき

たパンはもっぱら、ふわふわの白または小麦色のスライスされたもので、ビニール袋に入れて針金で口が閉じてあった。私の記憶の中で、いつもパンとはそういうものだった。というより、そもそも記憶があいまいだ。母方の祖母が焼いたバターたっぷりで焦げる寸前のトーストと、ドライブのときに母がつくってくれたふにゃふにゃのアメリカンチーズサンドウィッチを除いて、子どものころにどんなパンを食べていたのかをはっきりと思い出すこともままならない。全粒粉パンにしても、一二穀パンにしても、オートミールパンにしても、あるいは精白パンにしても、今ではうちの定番となって、一九五〇年代につくられた木張りのアルミ製パンケースに収まっている。さすがに二週間もすればカビが生えたりするが、いつまでも腐りそうになく、ただ手入れされていないかかとのように干からびて堅くなるだけだ。子育てをしてきた二〇年近くのあいだ、私は家族の誰かが楽しみのために、あるいは空腹を満たすために、パンをつかんでそのまま食べるところを一度も見たことがない。二人きりで遠出した若いカップルがスライスされた四角いパンを相手に捧げて静かに愛を伝えるところも絶対に想像できない。今やパンの存在を最も意識するのは、パンがなくなったときだ。「買い物に行ったら、ついでにパンを買ってきてくれる？」

パンをつくるイーストと発酵

人類にとってパンが結局のところ恩恵か害悪かという議論は決着していない。ただし、歯科医にとって恩恵であることは間違いない。人類が最初のパン——エンマー小麦（初期の小麦の一種）の種を叩いて砕き、水と混ぜ合わせて焼いたもの——にかじりついて以来、人類の歯の健康状態は悪化の一途をたどってきた。パンを発明した古代エジプト人は、ひどい歯の持ち主だった。職人の挽いた穀類に混ざっていた砂粒のせいで、歯が根元まですり減っていた。細菌の侵入により、虫歯の穴が開いていた。そして歯周病で歯茎の奥に生じた膿瘍が、しばしば骨まで達していた。それでも北アフリカの住民たちは炭水化物を好み、四〇種類以上のパンを日々——あるいは一日に何回も——欠かさなかった。

他の古代文明と同様、古代エジプト文明においても、パンは穀類中心の果てしなく単調な食生活から何かおいしいものをつくろうとした懸命な試みの証だった。そうして童話の『小さな赤いめんどり』のように退屈な作業（種をまいて、育てて、刈り入れて、脱穀して、粉にして、こねて、焼く）を重ねても、できあがるのは薄べったくて硬い食べ物だった。しかしイースト（酵母）が偶然に発見されたことで、この味気ない食べ物が魅力的なものへと変貌した。食物考古学者の多くは、イーストによる膨張効果が発見されたのは、砕いた麦芽と水を混ぜ合わせた麦芽汁（マッシュ）を鉢に入れたまま一晩放置したときだったかもしれないと考えている。あるいは浮かれ騒ぎの好きな人間の習性から考えて、その起源はパンのやんちゃな双子の兄弟、ビールの製造と関係していた可能性もある。

こうしてバゲットの原型が生まれた。調理済みの手軽なコンビニエンスフード（鍋や皿が不要でスプーンやフォークもいらない食べ物）の元祖とも言うべきこの発酵パンが誕生したのは、今からおよそ六〇〇〇年前のことである。今の小麦粉は赤小麦や白小麦、それに硬質品種の小麦を原料としているが、当時はエンマー小麦でつくられており、これはパン生地にしたときの柔軟性が低い。小麦粉には、ひどく悪者扱いされている「グルテン」というきわめて特別なタンパク質に由来する独特の性質がある（人口の二%がかかると推定されるセリアック病〔グルテンに対する免疫反応が原因で起きる自己免疫疾患。小腸から栄養が吸収できなくなる〕は、寄生虫に感染したときに穀類食品から摂取できる栄養分を最大限に増やせるように適応した結果とも考えられている)[1]。グルテンの巨大分子(その構成要素の一つであるグルテニンは、自然界に存在する最大のタンパク質分子である)をかき混ぜてこねると、分子どうしが絡み合って相互に結合した長い鎖を形成し始める。このタンパク質の鎖には、デンプン分子(枝分かれのあるらせん状の長い分子で、中心が空洞になっている)がくっついている。このデンプン分子がすばやく水分を吸収し、粘りのあるゲルとなる。グルテンの働きでパンがスポンジ状の構造となり、デンプンが生地に滑らかさを与える。しかし元気よくガスを吐き出すイーストが存在しなければ、味気なく重たいパンしかできないだろう。

仲間の微生物の多くと同じく、酵母は合図一つで代謝経路を変更するスイッチヒッターだ。酸素とその食物である糖が大量に存在するときには、生産能力は高いが複雑な好気性の経路が選ばれ、エネルギー供与体となるATP分子を一度に三八個も生成する。ぶくぶくと泡立つこの経路の副産物として、二酸化炭素と水が生じる。また、低酸素だが食物源の豊富な環境では、生産能力は低いが簡単な嫌気性の経路もある。この経路では、ATP分子は一度に二個しかできず、副産物として泡立つ二酸化炭素とエタノールが生じる。

後者の経路は発酵と呼ばれる。この現象の価値に気づいた人間は、その作業をさせるために酵母のなかでもひときわ甘党の出芽酵母(サッカロマイセス・セレビシエ)をつかまえて強制労働をさせている。典型的なおべっか使いである出芽酵母は、主人(人間)に対しては満面の笑みを見せる一方で、仲間の微生物に対しては冷徹な殺し屋となる。好気性代謝を利用して急速に増殖してライバルを蹴散らし、さらに嫌気性代謝を用いて排泄物として毒性量のアルコール(ほかの微生物にとっては毒性量だが、少なくともやたらと摂取しない限り人間には毒性量とならない)を産生し、これでライバルを毒殺する。ビールでは両方の副産物が液中に残留するが、パンの場合はまずは生地のパンチングでガス抜きされ、それから焼いているあいだに蒸発することにより、アルコールは消失する。もちろん、この支配戦略は諸刃の剣となる。アルコールが一定の濃度に達すると、酵母自体も死んでしまうのだ。

発酵がどのようにして起きるのか――誰かが魔法を使っているのか、自然発生するのか、それとも空気中の何かが関係するのか――昔の職人たちにはさっぱりわからなかったが、何世紀にもわたって醸造所とパン屋はそれぞれに不可欠な材料を基盤とした共生関係を築き、パン職人は発酵を開始させるスターターとして麦芽のマッシュをビール職人から購入した。一方、ビール職人と科学者は発酵の原理を解明することはできなかったが、このにぎやかな現象を引き起こす要因を取り出すことははるかにうまくできるようになった。一七世紀の終盤、布商人だったアントニ・ファン・レーウェンフックは、布を検分するのに使う拡大鏡を大幅に改良して顕微鏡をつくった。ごく小さなガラスの球体を研磨して高倍率のレンズにする方法を考え出したのだ（ここから現代の複合顕微鏡を開発する道が開けた）。彼はこの顕微鏡を使って、細菌や原生動物のふるまいをひそかに観察することに成功した。そして私たちが「微小生物《アニマルキュール》」に取り囲まれているという発見で世間を驚愕させた。さらに、ビールの中に微小で不活発な丸い物体（酵母）を見出した。一八三八年、道楽好きなフランス人のシャルル・カニャール・ド・ラ・トゥール男爵が、出芽による増殖と二酸化炭素の泡を観察したことから、酵母は植物かもしれないと主張した。しかし、発酵がこれらの小さな球体によって行なわれること、その球体は生きていること、そして酸素によって球体の増殖が促進されるが発酵は阻害されるということを一八五八年にルイ・パスツール（食品の殺菌と予防接種の原理を発見した功績ももつ人物）が明確に示すまで、酵母を使った製造業は本格化しなかった。

ありがちなことだが、酵母への関心は高尚な理由ばかりによるものではなかった。改良型のウィスキー連続蒸留器を発明して一八三〇年に特許を取得したのは、イーニアス・カフェという人物（言うまでもないがアイルランド人）だった。蒸留とは、アルコールの沸点が水より低いことを利用したプロセスである。水とアルコールの混ざった液体を摂氏七八度まで加熱すると、アルコールだけが沸騰するのでその蒸気を集めることができる。だが、混合液は一つの系としてふるまう。そのため双方の沸点が変わり、アルコールの蒸気には水の蒸気もかなり混ざる。連続蒸留器では、蒸気は複数の蒸留室を通過していくが、先へ進むほど温度が低くなっていて、各段階で水が除去されていく。この新発明では、一つではなく二つの背の高い蒸留塔に管を通すことによって工程の途中で液を移す必要がなくなり、最終的に高濃度のアルコールを精製することができた。この発明のおかげで、にわかにかなりの利益が得られるようになった。安価な穀類をすりつぶしたマッシュに、工業生産した酵母を投入すればいいのである（穀類の代わりにジャガイモでもよい。東欧のウォッカベルトに乾杯！）。

数年後、ジャック・ファン・マルケンがオランダのデルフトに初の「酵母および変性アルコール」の工場を建設し、アメリカではフライシュマン兄弟がオハイオ州シンシナティで自分たちの名を冠した圧搾酵母（生イースト）とジンの製造事業を開始した。今でもスーパーマーケットのパン材料コーナーに行けば明るい黄色と赤のパッケージが見られるし、酒店に行けばいささか安っぽいボトル（この銘柄は高価なほうではない）が置いてある。フライシュマンの事業はどちらも成功し、一八八二年にはのちにレッド・スター・イースト&プロダクツ・カンパニーとなるメドー・スプリングス・ディスティラリー社が創業されるなど、ライバル企業も誕生した（ほぼ必ずパンと酒の両方を扱っていた）。二〇世紀の初頭までに、たいていのパン屋がイースト製造と蒸留の両方を行なう業者からイーストを購入するようになっていた。このころのイーストは、遠心分離器にかけただけで湿り気を帯びた塊で売られていた。しかし生イーストは長距離の輸送には耐えられず、冷蔵しても一〇日ともたずに死んでしまった。販売地域を拡大したい企業は、各地に製造施設をつくる必要があった。一九四〇年代の初めまでに、フライシュマンはアメリカ本土に七つ、カナダに二つ、ラテンアメリカに三つの工場を保有していた（当然ながら、安物のジンは常温でまったく問題がなく、あれこれ手をかける必要などなかった）。

製パン隊とイースト研究

イーストの地域配送システムは、円滑ではないにしても平時には十分に機能したかもしれない。しかし、第一次世界大戦の兵士にとってはひどく不十分だった。海外に派遣された兵士たちは、食事の際に陸軍需品科の製パン隊がつくる新鮮な白い〝アメリカふう〟のパンを一日に四五〇グラム配給してもらうことを望んだ。第二次世界大戦の際には、この問題がまさに悪夢となった。食糧を配給すべき兵士の数が空前の規模に増大したからだ（ときおり「よりによってパン生地の中に砲弾の破片が見つかった」のは言うまでもない[2]）。地球のすみずみまで生イーストを送るのはほぼ不可能だった。現地に供給業者が存在しないか、なかなか見つからないこともあった。たとえばヨーロッパの場合、イタリアとベルギーとルクセンブルクでは現地で生イーストを分けてもらえたが、愛するバゲットをつくるためのイーストを渡したくないフランス人はしばらく抵抗した。ここで糧食研究所の出番となった。イーストを休眠状態にする方法を見つけ出し、地球の裏側にいる製パン隊が数カ月後でも、極端な気候条件のもとでも、容易に戻して使えるようにするという奇跡を起こさなくてはならない。

目標は、イーストを乾燥させて、なおかつ使用時に水で戻せば再び活動できるように、細胞壁や細胞小器官、DNAとRNA、酵素といった不可欠な構造物はすべて保つことだ。ドライイーストを製造する会社はノースウェスタン・イースト・カンパニーをはじめとしていくつかあったが、イーストを再活性化するのに一日近くかかるうえに、陸軍の求める六〜八カ月の保存期間は実現できていなかった。もちろんフライシュマン社も、レッド・スター・イースト（このブランドは現在ではルサッフル・イースト・コーポレーションとアーチャー・ダニエルズ・ミッドランド社が保有している）など他のイースト会社や大学とともに、この問題への取り組みを要請された。微生物に無限の休眠状態を誘導する要因については学説がなかったので、研究者らは有効な方法が見つかるまで彼らの尊重する「試行錯誤」というやり方をするしかなかった。「試みた無数の実験すべてを報告するのは不可能だろう」と、一〇年後にこの問題について報告した文書の中で陸軍需品科が述べている。(3) さまざまな株の酵母菌を使って実験が行なわれた。温度を上げて時間を短くしたらどうか、温度を下げて時間を長くしたらどうかなどと、条件をあれこれ変えてみた。そのころ陸軍が開発して大評判となっていたフリーズドライ法も試してみた。しかし達成できたのは、八〇%という酵母菌の死滅率だけだった。それでもやがて答えが見つかった。窒素が少なめの環境でイーストを増殖させて、スパゲッティのように細長く押出成形してから六〜八時間ほど乾燥した温風にさらすと、水分が八%まで下がる（圧搾した生イーストの塊は水分七〇%）ことが判明したのだ。

それからさらに四〇年後、休眠状態をもたらす仕組みがようやく解明された。秘密を握っていたのは、トレハロースという糖分子だった。そのころ、酵母にはこのトレハロースが最大で一八%含まれることが実験で判明したのだ。トレハロースは炭水化物貯蔵分子の一種だと考えられていたが、一九八〇年代の終盤にその保護機能が明らかになり始めた。環境ストレスを受けると、酵母（のみならず多くの生物）はトレハロースの生成量を増やす。特に細胞膜の周囲でトレハロースの量が増え、そこで水分子がトレハロースに結合して絶縁層のようになる。このおかげで、高温や低温、乾燥、その他の攻撃を受けても、細胞膜は柔軟性を保つことができる。ともあれ、一九四四年から一九四五年の戦勝記念日まで、活性を失わずにアルミ箔の包みに入ったドライイースト（イースト自体はトレハロースに守られて長い休眠に入っている）が駐屯地や野戦炊事車に納入され、焼きたてのパンから漂う家庭的な香りと味を数百万人の兵士に届けたのだった。

工場でパンをつくる

その一方で、「自家製」のパンは、まもなくほぼ消滅した。二つの世界大戦がそれに加担した。第一次世界大戦中、それまで工場製のパンをかたくなに拒否してきた消費者も購入を命じられた。大量生産したほうが燃料やその他の資源が節約でき、そのぶんを戦争に回せるからだ。第二次世界大戦の際には、ほかの食べ物が不足していたことに加えて、パンのビタミンが強化され、価格が下がったおかげで、市販のパンの消費が一・五倍近くまで増加した。一九四五年から四六年にかけて兵士が帰還すると、軍に商品を買ってもらえなくなった企業は生産規模を戦前のレベルに戻すのではなく、一般消費者を狙って販売促進に励んだ。忙しい主婦は――そもそも忙しくない主婦などいるだろうか――喜んでその戦略に乗った。

アメリカでは、パンに対する需要――白くてふわふわなパンほどよいとされた――がこれ以上ないほど高まった。一九五〇年代、パンは国民が一日に摂取するカロリーのほぼ三分の一を占めていた。

パン製造の大部分は機械化され、生地の大量生産法が新たに導入されたが、パンの生地は製造ロットごとに準備して工程の途中で長く休ませる必要があるうえに、手荒な扱いや圧力を嫌うため、昔ながらの手作業を完全になくすことはできなかった。これは、現代的な工場と人間味のない生産ラインに対するアンチテーゼとも言える。それでもやがて改善が進み、一九五〇年代半ばにウォレス&ティアナン・ドウ・メーカーという新しい設計の装置が誕生した。この装置では、発酵にかかわる面倒な作業を完全になくし、人が手を出す必要もなくなった。

生地を一回分ずつ器でこねるのではなく、イースト、イーストフード（複合多糖類を分解して単糖にするのを助ける無機塩類に酵素を加えたもの）、水を混合した「パーマイースト」という発酵液をつくって小麦粉に絶え間なく吹きかける。この生地を短時間（三～五分）激しく攪拌し、成形してしばらく寝かせてから焼く。イーストがマジックを演じる時間は全部で五〇分だ。成形した生地をコンベアのベルトに載せてオーブンへ運び込む直前に行なわれる「最終発酵」のあいだに、イーストは仕事を終える。これに対し、従来の工場で採用していた製パン法では発酵に四～六時間かけ、伝統的なパン屋では一二～一六時間かけていた。*

この新しい製パン法では、いくつかの要素が失われた。風味、香り、食感──つまりゆっくりと時間をかけて発酵させることで生じる要素が、ことごとく失われてしまったのだ。こう説明するのは、ほかならぬ陸軍である。「パンに使う通常の材料は……すべて風味がマイルドであり、こねたばかりの生地もやはりマイルドな風味である。発酵中のきわめて複雑な酵素反応により、さまざまな揮発性物質が新たに生成され、嗅覚を刺激する。実際の焼成工程では、摂氏一五〇度ほどでパンの表皮が形成され、内部は水の沸点に達し、さまざまな化学反応によって、風味に大きくかかわる多数の新たな生成物がつくり出される」[4]

機械でつくった生地でさらに問題となるのは食感だった。第一に、攪拌工程で手荒く叩かれるだけではグルテン分子が十分に反応せず、分子の鎖どうしの結合がいくらか壊れてしまい、粘りのある食感が損なわれ、できあがるパンの「かさ高」が十分に出ない。発酵させ、こねて、また発酵させるという伝統的な方法で形成される複雑なタンパク質のネットワークを再現するために、製パン会社はもっと高タンパク質の小麦に切り替え、製粉時にグルテンを追加し、場合によっては生地をつくる工程の最中でもグルテンを加えた（小麦からつくる「活性グルテン」の生産に特化した産業もある。このグルテンはベジタリアン用の代用肉やペットフードなどに使われるほか、さまざまな加工食品の結着剤、増量剤、タンパク質強化剤としての使用も増えている）。第二の問題点として、パンが十分に膨らまない。その一因は発酵時間の大幅な短縮にあった。発酵時間が短いと、天然の酵素がデンプンを分解する時間が足りなくなってしまうのだ。また、小麦粉の成分組成の歴史的な変遷も一因をなしていた。産業革命以前には、刈り取った小麦を束にして、畑で寝かせておいた。麦粒の一部は発芽し、それによって麦粒とそれを挽いた小麦粉に含まれる酵素の量が増えたのだ。酵素の不足への対応として、パンを工業生産する業者は大麦麦芽（乾燥工程の前に発芽させた大麦種子）を加えて、小麦粉に

*イングランドでは一九六一年、同様にスピーディーな「機械による生地形成」を用いたチョーリーウッド製パン法が誕生した。この方法はイギリスと旧イギリス植民地で広く用いられているが、低タンパク小麦を使うので、アメリカやカナダで栽培される高タンパク小麦には適さない（高タンパク質が必要とされるのは、製造過程で機械による虐待に耐えるためにほかならない）。

含まれる酵素の量を増やした。

酵素とは、限られた特定の物質だけを探し回る偏執的なタンパク質である。求めていたものが見つかると、決まった一種類の化学反応を促進して、何度も同じ反応を生じさせる。別に大したことと思われないかもしれないが、じつは酵素の働きによって通常の有機化学反応が数万倍から数億倍、あるいはそれ以上に加速するのだ。生細胞には必ず酵素があり、属する界の違う生物でも同じ（またはよく似た）酵素をもっていることがある。たとえばデンプン分子を分解するアミラーゼは、真菌、細菌、植物、動物、それに人間の口や膵臓に共通して存在する。伝統的なパンの場合、アミラーゼの供給源は小麦である。このアミラーゼがデンプン分子を切断して小さな糖に変える。イーストがこれを食べて二酸化炭素を排出するおかげでパンが膨らむのだ。

アミラーゼは初めて単離された酵素である。一八三三年に大麦麦芽から単離されたのだが、それは偶然ではなかった。この酵素はビール醸造、蒸留酒製造、製パンという三つの大きな産業にとって不可欠な存在だった。それぞれの製品をつくる酵母の餌として糖が必要なのだが、小麦麦芽や大麦麦芽の粉に含まれるアミラーゼは、デンプンを糖に分解する主たる手段だったのだ。日本では、同じ酵素を使って酒を醸造していた。ただし麦ではなく、ニホンコウジカビという麹菌に由来するものを使っていた。麹は二〇〇〇～三〇〇〇年前に中国で生まれたと考えられており、日本では一三世紀ごろから商業的な使用と販売が行なわれている。一八九四年、日本からアメリカへ移住した高峰譲吉《たかみねじょうきち》は、祖国の酒からアイデアを得て、真菌由来のα－アミラーゼの工業生産に成功し、アメリカで初のバイオ特許を取得した。彼はアメリカの蒸留酒製造業者がこの強力なデンプン消化酵素を気に入ってくれることを期待した。その願いはかなわなかったが、その工程の使用をデトロイトの製薬会社パーク・デイヴィス&カンパニーに許可し、同社はこれを使って製造した消化不良治療薬を販売した（高峰はこの特許とのちにアドレナリン関連のベンチャー事業で財をなし、ワシントンDCに桜を植樹する計画が持ち上がった際には苗木の費用を負担した。これがあの有名な桜並木となった）。その後の酵素製造技術の改良、特に多くの時間と場所を要する表面発酵法から深部発酵法への移行により、また繊維産業や製紙産業で製品に残留するデンプンの除去を目的とした細菌由来のアミラーゼ（これは中性とアルカリ性のpHに耐えられる）の使用が普及したことにより、製パン業へ一気に進出する道が開かれた。

パンの老化を防ぐ酵素

パンの保存に関する陸軍の研究が本格的に始まったのは、第二次世界大戦中だった。レーションに入っている堅パンやクラッカーに対して兵士の不満が高まったものの、技術的な困難が大きすぎてまったく対処できずにいたのだ。一九五〇年代の初めまでに、全力の取り組みが進められていた。一九五二〜五三年の「アメリカ合衆国における食品・栄養研究に関する調査」に挙げられた穀類研究プロジェクト四〇件のうち、一一件は常温保存可能なパンをつくるという需品科の目標に関連する研究だった（残りのうち一九件は、乾燥小麦粉、膨張剤、その他の材料を使ったパン用ミックス粉の開発という、陸軍が強い関心を抱いているもう一つの分野に関する研究だった。これらの研究から、クイックブレッド、マフィン、ケーキをつくるための市販用ミックス粉が生まれた）。食品・容器研究所などの政府系研究所、大学、全国の食品会社で働く研究者たちに、パンの風味、焼き色、カビ、老化の研究への協力が要請された。

パンの鮮度を保つ画期的なアイデアが、生化学者ジェイムズ・S・ウォラースタインの創設した小さな研究所から出された。ウォラースタインは戦時中にしばしば需品科に協力しており、二〇世紀初期に設立されたモルトとホップの加工会社を経営する一家の出自だった。「最近、缶詰パンという重大な開発がなされたのに、あまり広く利用されていない。その大きな理由は、缶の中でパンが老化することにある。缶詰パンは、しばらくは鮮度を保つかもしれないが、やがて缶の中で硬くなって老化してしまう。硬化や老化という問題のせいで缶詰パンはこれまで普及してこなかったが、生地に熱安定性のデンプン分解酵素（細菌由来アミラーゼ）を配合する私の製法でつくったパンでは、その問題が起こらない」[5]。一九五〇年代の初めごろにカンザス州立カレッジ（のちに大学となる）の穀類産業学科は、真菌や細菌に由来する酵素をパン類に添加して鮮度の保持期間を延ばす方法を探る実験をさらに行なうようにと要請された（フライシュマン研究所もパン類における細菌由来アミラーゼに関する研究を行ない、一九五三年にそのテーマで論文を発表している）。カンザス州立カレッジのチームには、戦争中にピルスベリー社でレーションの研究に携わったマックス・ミルナー、パン製造技術者のジョン・ジョンソン、第二次世界大戦で従軍した経験をもつ化学者のバイロン・ミラーに加えて、ほかにも数人のメンバーで構成されていた。一九五五年、ジョンソンは「ベイカーズ・ダイジェスト」誌に「パン製造における真菌酵素」という論文を発表した。二年後には、ジョンソンと共同研究者一人が需品科からの委託研究に関する特別報告書を作成した。その報告書「老化しないパン類の製造の実現可能性に関する判断」によると、彼らは脂肪酸（この鎖状分子は天然に存在するが、合成することもできる。脂肪に不可欠な構成要素となる）と細菌由来アミラーゼを使い、製造から三日経っても「中身の白い部分が従来のパンより六〇%柔らかい」パンをつくった。それでも、二週間から四

週間という きわめて長期の保存が可能になるとは思っていなかった。どのタイプのα-アミラーゼも、イーストの発酵に利用できる糖を増やすだけでなく、パンの中身を柔らかくしてパンの体積を増やすのを助ける。真菌由来アミラーゼは、それを産生する真菌と同じく低温を好み、加熱すると不活性化する。一方、細菌に由来するα-アミラーゼは高温に強く、焼成後も一部は働き続けるので、数日から数週間はパンの食感を柔らかく保つことができる。それから五〇年後、カンザス州立大学はこの発見を「穀物科学と穀類加工の分野に大きく貢献した重要な研究である」とたたえている。

一九五三年、B・S・ミラー、J・A・ジョンソン、D・L・パーマーの三人は学術誌に論文を発表し、細菌由来のα-アミラーゼをパン生地に加えると、べたつきが生じるものの、パンの老化を強力に抑制する作用があることを報告した。この研究により、S・S・ジャッケルらが一九五二年のアメリカ穀類化学者協会全国大会で発表した「細菌由来アミラーゼによってパンの老化が遅らせられる」という説が裏づけられた。現在ではパンの硬化を数週間ほど防ぐ目的でマルトース生成α-アミラーゼという酵素が使われており、そのおかげでパンを市場に供給するためのコストが大幅に削減されている。[6]

例によって、科学における大発見が収益性の高い事業となるまでには、数々の技術的な問題をクリアする必要があった。今回の場合は、従来よりもすぐれた新しい装置ではなく、従来よりもすぐれた新しい実験的な工程が求められた。酵素の工業生産には重要な工程が三つあった。一つ目は、一九四〇年代の終盤に開発された精密濾過膜および限外濾過膜だ。陸軍から資金提供を受けて、カリフォルニア工科大学でドイツの技術を模倣するプロジェクトが行なわれ、そこで開発されたフィルターはもともとは飲用水の試験用だったのだが、一九六〇年代から七〇年代にかけてその用途がバイオ技術への応用に広がった。二つ目は、一九六〇年代の初期に考案された細胞固定化と呼ばれる方法で、そのなかでも粘着性のある基質に細胞を埋め込む技術が最も広く使われている。第三のイノベーションは遺伝子工学だった。DNAの組み換えと遺伝子導入生物の作製が初めて成功したのは、一九七〇年代初めのことである。一九八〇年代までにすべてがうまくかみ合い、バイオ産業が本格的に動きだし、それとともに食品・飲料用の酵素の工業生産も本格化した。一九九〇年、アイスランドの温泉から採取したバチルス・ステアロサーモフィルスという好熱性細菌を使った遺伝子組み換え操作によって、パン類の鮮度を長く保ちながらべたつかせずに柔らかさをアップする初の酵素が登場した。

今日では、スーパーマーケットで販売されるパンのほとんどで調整剤として微生物由来の酵素が添加されている。特によく使われる細菌由来酵素は、食感を柔らかくし、かさ高を増やし、焼き色を加え、品質保持期間を一〜二週間ほど延ばすことができる。工場生産する製パン業者にとって、これは大きなメリットとなった。一九六〇年代以降、消費者のあいだで化学添加物に対する不信感が強まり、政府は食品添加物への規制を強化している。酵素は残留物がほとんど生じない加工助剤なので「クリーンラベル」、つまりパッケージの成分表示に記載しなくてよいものと見なされた。酵素の用途はさまざまなパン類製品にとどまらず、ひどく悪者扱いされている高果糖コーンシロップなどの液糖の製造、ジュースの濾過処理、アルコール飲料の清澄化、チーズの熟成促進と風味添加、乳糖除去乳の製造、食肉の柔軟化などにも広がっている。一九九〇年代に入ると、こうしたバイオ技術でつくられた食品添加物の市場が出現した。市場を主導するのは当時も今もスウェーデンの巨大企業、ノボザイムズだ。現在、世界の酵素産業は年間五〇億ドルの収益があり、そのおよそ三分の一が食品・飲料用の添加物によるものである。

工場製のパンと健康問題

こうした変化はすべて健康を損ねる原因となるかもしれない。現代のパンは機械による生地形成に耐えられるようにグルテンが加えられ、発酵時間の不足を補うためにイーストが増量され、昔のパンほど十分に生地を発酵させていない。これらの変化を穴埋めするために酵素が添加されている。近年、クローン病などの自己免疫疾患や、セリアック病などの腸機能障害が急増しているが、これはパンの変化と関係していると思われる。クローン病の世界的な概況を報告した研究者らは、こんな疑問を呈している。「ニュージーランドのカンタベリー、カナダのノヴァスコシアとマニトバ、フランスのアミアン、オランダのマーストリヒト、スウェーデンのストックホルム、アメリカのミネソタを結びつけるものは何か」。おそらく手がかりは、患者にサッカロマイセス・セレビシエという酵母、すなわちイーストに対する抗体があるということだ（ただしこの酵母は加熱によって不活性化する）。手がかりがもう一つある。報告書で挙げられた地域は、市場調査会社のユーロモニター・インターナショナルによると、いずれも工業生産されたパンの消費量が多い場所なのだ。

セリアック病も世界的に急増している。この病気は小麦に対する反応なので、小麦を主食とする国々でこの病気の発生率が高いのは当然である。しかし発生率の上昇は想定外だ。二〇一三年にこの病気の世界的な発生状況に関する調査結果が発表され、「一九八五年から九五年にかけてスウェーデンでセリアック病が『流行した』と報告されているが、これはおそらくそのころベビーフードのグルテン含有量が二倍に増えたことと関係がある」と指摘している。[7] イーストに含まれる天然酵素の一部は小麦粉のタンパク質（特にグリアジン）を分解する。グリアジンはグルテンを構成するタンパク質で、セリアック病の原因となる。パン生地に小麦タンパク質を添加して発酵時間を短くすると、イーストの天然酵素がタンパク質を十分に分解しきれないので、生地に残るグルテンの量が以前よりも多くなり、したがってグリアジンの量も多くなるに違いない。セリアック病の増加は、工業生産されるパンのグルテン含有量が多いことと関係しているのだろうか。

私たちは工業生産されたパンを朝食に食べ、昼食にも食べ、ときには袋から出してそのまま食べる。しかしこんなもの――未熟な生地を空気で膨らませて酵素を添加した製品――が真にパンの名に値するのだろうか。パンというのは、ビールかワイン、チーズとともに発酵食品の聖なる三位一体の一角をなすのではなかったか。この問題については、巧みな言明に長けたフランス人の言葉を借りよう。一九九三年に制定された「デクレ・パン（パン法令）」では、他の布告（冷凍禁止、添加物禁止）とともに、本物のパンとは「イーストを用いて発酵させた」生地でつくられたものでなくてはならないと定めている。この基準に従えば、きれいに包装されてスーパーマーケットに並んでいるパン――「農家の白パン」「一〇〇％全粒小麦」「雑穀パン」などとうたっている――はわずか五〇分しか発酵させていないので、パンとは言えない。パンでないなら何なのか。一九五〇年代に陸軍から資金提供を受けて酵素に関する委託研究を行ない、この種の製品を生み出すのに一役買った研究者らによれば、「非老化性パン様食品」である。

常温保存できるパンの開発

パン屋が疲れ切った顔をしているとすれば、それには理由がある。パン屋の扱う商品は、日々新たにつくる必要がある。昔ながらのパンは、製造と消費の時間がアンバランスだ。生地づくりには数時間、あるいは丸一日もかかるのに、いったん焼きあがったらすぐに食べないと古びてしまうのだ。儲けたければ、製造にかかる時間を短縮して老化までの時間を延長すればよい（これはあくまでも消費者でなく業者の利益であり、売れ残りを減らすことが目的だ）。陸軍がレーションを缶詰からパウチ入りに変更した一九九一年、品質保持期間の延長が必須となった。

あまり人気はなかったが、朝鮮戦争中からベトナム戦争にかけて、ついに需品科はレーションに加えるための缶詰パンを製造した。小さなオーブンのような働きをする硬い金属製の円筒を使うことにより、加工中に生地を膨らませるとともに、あとでつぶれるのを防ぐことができた。一方、プラスチックフィルムとアルミ箔を貼り合わせた積層材料でできた新しいタイプのパウチにはそのような保護機能がなく、外からの圧力が伝わり、二酸化炭素の気泡を抱えたグルテンからなるデリケートな網状構造――パンというのはその構造から言えば「泡」なのだ――が押しつぶされて密度が詰まり、食用に適さない塊となってしまった。缶詰パンの場合は、缶の中で加熱して、新たな細菌が足がかりを得て侵入できるほど冷める前に密封してしまえば、細菌による汚染も排除できた。第二次世界大戦中と戦後にかけておいしいパンをつくろうと陸軍が苦心して開発してきたものが、ここに来て、不意にあっさりとすべて打ち捨てられることになった。

この日を予見して、ネイティック研究所は一九八〇年代の半ばから、長期常温保存が可能なパウチ入りパンの研究を進めていた。そこで採用したハードルテクノロジーと呼ばれる新技術は、もともとはドイツ陸軍が加熱殺菌されていない食品を利用するために開発したものだった。この方法では、水分活性、酸性度、化学反応性といった複数の要素について、細菌増殖を抑制するゆるやかなハードルを設け、それらと冷却、加熱殺菌などの処理を組み合わせる。ネイティック研究所の開発したパンがボツリヌス中毒で兵士を苦しませることはなさそうだったが、古くなったパンにつきものの問題点は残っていた。表皮がへたり、中身が硬くなり、嗅覚への心地よい刺激——きつね色の焼き色を思わせるイーストのかぐわしい香り——が消えてしまうのだ。

パンが老化する際に起きる物理的および化学的な変化を解明するという問題は、一〇〇年以上にわたって科学者たちを悩ませている。一九四〇年の「穀物化学」誌に発表された論文には、こんな一節がある。「老化プロセスの性質に関する知見はまだ不十分であり、これを防ぐ物質を探す前にまずはこのプロセスの性質を明らかにするために、厳密に管理された科学的な研究をさらに行なう必要がある」。同じく「穀物化学」に掲載された一九八一年の総説は、こんなことを述べている。「さまざまな研究者の見解としても、あるいは研究の結果を見ても、パンの硬化で主要な役割を果たすのはデンプンの変化だということで依然として見方は一致しているらしい。しかしパンの老化はきわめて複雑な現象であり、単純な言葉で定義するのは難しい」。二〇〇三年に「食品科学および食品安全の包括的レビュー」誌に発表された概説にはこんな記述がある。「老化の分子的基盤について検討する。……パンの老化は複数のメカニズムが作用する複雑な現象だという結論に達した。……パンの老化防止方法の開発を阻む主たる障害は、老化プロセスの仕組みが解明できていないことにある」

確実な情報の乏しさには驚くばかりだ。パンの老化には、グルテンの網状構造とデンプンとのあいだで生じる水分分布の変化など、さまざまな要因が関係する。しかし、アミロペクチン（小麦デンプンの七〇～八〇％を占める）とアミロース（二〇～三〇％）という二種類のデンプン分子に起きる変化が主因であるという点については、意見がおおむね一致している。未加熱のデンプン粒では、この二種類の分子がらせん構造を形成する。アミロペクチンは反復的なパターンで規則正しく並ぶが、アミロースは無秩序なままだ。パンの焼成中にデンプン粒が水を吸収して膨らみ、らせん構造がゆるむと、一部のアミロースがデンプン粒から流れ出る。しかし焼成が終わって温度が下がり始めるとすぐに、アミロースが近くの水分子を追い出して結晶化し、老化変性と呼ばれるプロセスが起きる。このプロセスにより、パンの内部で水分の分布が変化する。パンの温度が室温付近まで下がるころには、このプロセスはほぼ完了すると考えられている。アミロペクチンの結晶化は数日かけてもっとゆるやかに進行するが、アミロペクチンのほうがアミロースよりも量が多いので、老化がより目立ち、パンが乾燥してパサパサしたようになる。ただし、実際にはパンに含まれる水分の総量は前と変わっていないかもしれない。ともあれ、科学者のあいだでパンの老化について見解が一致するのはこのあたりまでである。

このように不明な点が多いことから、パンの品質保持期間の研究に〝とりあえずやってみよう〟派が生まれた。デンプンの加熱特性および膨張特性に影響する乳化剤を加えたらどうなる？　とりあえずやってみよう。水分浸透と膨張を遅らせる界面活性剤は？　もちろんやってみよう。安定性、柔らかさ、口当たりを改善する増粘剤や親水コロイドは？　やっていけないことはない。それからもちろん、細菌由来アミラーゼがある。効果を発揮する仕組みについて正確なところは誰にもわからないが、とにかく効果があるのだから入れてしまえ。これこそ、ネイティック研究所が新しいパウチ入りパンの老化問題に取り組む際にとったアプローチだ。一九八〇年代の半ばには、ダニエル・バーコウィッツツと、フラミンガム州立大学の食品科学科を卒業したばかりのローレン・オレクシクからなるチームがこの問題に取り組み始めた。「二年間ほど毎日、ダンといっしょにやりました」とオレクシクは語る。「毎朝、出勤するとミーティングをして、前日に試したレシピを検討しました。どれがうまくいって、どれがだめだったか調べます。毎日、材料を少しずつ変えて、新しい試作品をつくって保管します。必ず食感と色と味を確かめました」

やがて、奇跡を起こしてくれそうな技術が見つかった。乳化剤と親水コロイド（液体中で均一に分散する長い鎖状の分子でできた増粘多糖類）を併用するという方法だ。「よそでは試していなかったものを加えました」とオレクシクは説明する。「多くの製品でショ糖エステルが乳化剤として使われることを私たちは知っていました。そこで、ショ糖エステルをPVP（ポリビニルピロリドン）と組み合わせたのです。PVPはGRAS〔generally recognized as safe 一般に安全と認められるという意味〕物質として認定されていますが、商業的な製パンではふつう使わないものなのです（合成ポリマーのPVPは消化されずに体内を通過する。結合剤や錠剤用コーティング剤としての使用が一般的である）。私たちはこれが有効だとは知りませんでした。……まったく予想外の発見がありました。パンの柔らかさと体積です。PVPに保水作用があることはわかっていましたが、非酵素的褐変にあれほど影響するとは思っていませんでした。それにパンの白さもです。配合率を何度も変えて、いろいろな配合を記録したら、ノート一冊が終わってしまいました。一五〇種類以上あったでしょうか。その後、私たちは品質保持期間を確保するのにPVPを配合するのをやめて別の物質を使うようになりましたが、原特許ではPVPを使っていました」

特許明細によると、パンの老化を防ぐためのネイティック研究所の試みは行き当たりばったりだったが、食品のとらえ方に関する新しい理論におおむねもとづいていた。その理論というのは、高分子科学から借用したものだった。かつて食品は温度や時間、水分、酸素に重大な影響を受ける無数の独立した化学反応が集まったものだと考えられていたが、この新しい理論ではそれだけでなく、それ自体の性質や反応を備えた一つのまとまった系としてもとらえられていた。それぞれの分子には、固体から液体へ、あるいは液体から気体へと変化する「相転移温度」と呼ばれる温度があるが、それと同様に、規則的に並んでいないが相互に作用する分子の集合（化学用語では非晶質固体と呼ばれる）には「ガラス転移温度」がある。これは、もろくて壊れやすい状態からゴムのように弾力のあるラバー状態（さらに液体）へと変化する温度を指す。ガラスはまさにそのような系の一つだ（ガラス転移という名称はここからきている）。ガラスの成分は摂氏一三〇〇度付近で融ける。温度を短時間で一〇〇〇度ほど下げるとしだいに粘度が増すが、分子が固定することはない。食品や食品成分もガラス転移温度をもつ系である。この性質は一九六〇年代の中ごろに砂糖菓子の技術者に発見されたが、ほかの食品にこの概念がある程度の頻度で適用されるようになったのは、一九八〇年代になってからだった。

さまざまな大学の科学者がこの概念について研究したが、最も成果を上げた――そして最も声高に主張した――のは、ナビスコ社のルイーズ・スレードとハリー・レヴァインの二人組だった。二人は一〇〇年ほど前に創業された大企業のゼネラルフーズ（一九八九年にクラフトと合併し、一九九五年に両社の食品事業を統合した）で初期の研究生活を送り、スレードは冷凍パン生地、レヴァインは冷凍デザートを扱っていた。どちらの食品も温度の低下によって高分子と同じ変化を示し、まず粘度を増してから硬化し、最後には「崩壊」した（結晶質固体という別のタイプの固体では、分子は繰り返しのパターンをもつ規則的な配置で固定している。分子がすでに最低のエネルギー状態にあるので、冷却してもあまり影響が生じない)。非晶質固体では温度を下げると、ばらばらで無秩序な分子をつなぎ留めるのに利用できるエネルギーが減少し、やがてもっと楽な配置を求めて、分子間のつながりが破綻する。おそらくこの観察によって二人は高分子科学へ導かれ、初期の共著論文「低温安定化技術の実践に対する食品高分子科学的アプローチ」を発表するに至った。それ以来、二人は数百本の論文を着々と発表し、現在ではこの分野の第一人者となっている。

スレードとレヴァインのモデルでは、保存中の食品に時間と温度の関係する物理的および化学的な変質が生じると、ガラス転移温度が変化する可能性があるとされた。ぱりっとした食感をもつ食品の場合、ガラス転移温度が常温以上から常温以下に下がり、その食感が失われたり、へたったりする可能性があるということだ。しっとりした食品の場合にはガラス転移温度がさらに下がって、分子の運動性が高まり、その結果として結晶化が起きるかもしれない。この考え方をパンの老化にあてはめると、老化変性するデンプン分子がパンに含まれる水分の一部をつかまえるので、パン全体としては利用できる水分が少なくなり、ガラス転移温度が上がることにより、パンの内部がぱさついて硬くなる。スレードとレヴァインは、さまざまな添加物を加えた場合のパンのガラス転移温度も調べた。この温度がわかれば、求められる性質に応じた添加物を使用することができる。バーコウィッツとオレクシクは、常温保存が可能なパンのレシピにこの考え方を応用した。

しかしこれはまだ応用というよりもコンセプトにすぎなかったので、実験室ではあてずっぽうに近いかたちで研究を進めるしかなかった。ネイティック研究所はマサチューセッツ大学の食品化学者パヴィニー・チナチョティに研究を依頼した。老化の根本的なメカニズムを解明し、デンプンの糊化と老化変性の測定を可能にし、さまざまな材料の組み合わせが品質保持期間に与える影響を予測できるようにすることを求めたのだ。チナチョティは一〇年以上にわたってネイティック研究所に協力し、最終的にこのテーマの教科書二冊のうちの一冊、『パンの老化』を編集した。この書籍の中でチナチョティとネイティック研究所のリネア・ホールバーグは、MREレーション用の老化しないパンおよび関連した品目全体の研究でネイティックがなし遂げた目覚ましい成果に何度も言及している。その一つが常温保存の可能なサンドウィッチだった。

儲けのにおいをかぎつけて、ナビスコ社が成果の一部を求めてきた。一九九六年、同社はネイティック研究所に共同研究開発契約（CRADA）の締結を要請した。クラッカーとクッキーを主力製品とし、ほかにグラノーラバーなどの中間水分製品をいくつか販売してきた大手優良企業のナビスコは、ネイティック研究所の発明を手に入れるチャンスを狙った。一方、ネイティック研究所は長期保存用のパン類の味を改善する方法についてアドバイスが受けられ、さらには開発した製品を製造してくれるメーカーも確保できるかもしれない。両サイドから多数のメンバーが参加して一大グループが結成された。ナビスコ側からはスレードとレヴァイン、それに微生物学者のマーティン・コール（現在はオーストラリア政府所管の科学研究機関である動物・食品・健康科学局の局長）らが参加した。コールは「常温保存が可能なサンドウィッチの中核には、デンプンの老化変性の解明があった。……CRADAの一部は、ネイティックの研究の背後にあるメカニズムを解明し、デンプンの結晶化を防ぐのにもっと商業的に実用性のある方法を考案することを目的としていた」と述べている。婉曲な言い方をしているが、要するにパンの老化を防ぐ添加物として陸軍が選んだもの——スレードによれば、PVPやショ糖エステルから始まり、のちにキサンタンガムやグアーガム、さらには六％グリセロール溶液――では消費者の気持ちが離れてしまうかもしれないということだ。ナビスコの科学者たちはこれらに代わる添加物を考え出して、実験用厨房に入った。

いくらか調整は必要だったが、常温保存の可能なパン、特に具を入れたものに関するアイデアは、「プラットフォーム」（食品会社は多数のバリエーションのベースとして使える基本レシピをこう呼ぶ）として成功した。コールはこう説明する。「新製品の設計において、彼らのアプローチとデータは非常に役立った。基本的に、彼らの研究のおかげですぐさま作業に着手できたし、このパンの強みがどこにあるのか突き止める作業もずいぶん省けた。これをもとにして、われわれはいくつかの製品をこの枠組みにあてはめることができた。材料の組み合わせを変えたり、水分量を変えたりして。……ネイティックが行なっていた研究のおかげで、二つのことがわかった。老化の機構的な面を解明することができたし、老化を防ぐのに適した要素や材料の組み合わせを特定することもできた」。ナビスコの試作品のなかには、数カ月の保存が可能なだけでなく、「かなりおいしい」と評価できる調理パンや菓子パンなどが幅広く含まれていた。

しかし、発売には至らなかった。二〇〇〇年、タバコ業界で健康被害への批判をかわすための常套手段として、超大手タバコ会社のフィリップ・モリスがナビスコの保有する食品ブランドをすべて買収し、先に買収していたクラフト（現モンデリーズ）やゼネラルフーズのブランドと統合した。ナビスコはかつてタバコ会社のR・J・レイノルズと合併したが、一九九九年に再び分離した。二〇〇〇年にナビスコがフィリップ・モリスに買収された直後、それまでナビスコの親会社だったナビスコグループホールディングスが、タバコ関連のすべての法的責任とともにR・J・レイノルズに買収された。この一連の買収劇で、ナビスコは新たな健康被害への補償請求に応じる企業責任を解消することができたが、それとともに長期保存可能なパン製品に関する研究も立ち消えてしまった。新たに支配的な地位を獲得した企業がよくやるように、クラフトは独自の研究目標を定め、ナビスコの研究所に自社のスタッフを送り込んだ。しかしすぐれたアイデアというのは、いったん世に放たれれば死に絶えることがなく、受け入れてもらえるまで扉を叩き続けるものだ。今日、食品を高分子ととらえて慎重に選んだ添加物によってガラス転移温度を操作するという方法は、製品設計の一環として受け入れられている。そして、カプセル化材料〔食品成分を微細な粉末にして、保護や機能調節を目的とした被覆材でコートしたもの〕、冷凍食品、ベビーフード、パスタ、エナジーバー、スナック食品、パン類、キャンディー、粉類、押出成形法でつくられるシリアル製品など（ここに挙げたものはアメリカ人の食事の七五％を占める）や、さらにはトッピング入りの朝食用シリアルにも、この方法は用いられている。

プロセスチーズとチーズパウダー

世界各地のチーズ純粋主義者は、ミイラ化した乳をあがめたてまつる。つややかなゴーダ、かぐわしいエメンタール。刺激的な香りのフェタ、絶妙な歯ごたえのケソ・フレスコ。カビのちりばめられたロックフォール、とろりとしたカマンベール。これらの円盤状の腐った乳からできた食べ物は、数千年におよぶ実験の末に極められた頂点である。この実験は、牧夫が反芻動物の胃袋に乳を詰めて出かけ、旅路が終わるころに胃袋の中身がカード（凝乳）とホエイ（乳清）に変わっているのに気づいたときに始まった。

現代のチーズ製造はもう少し複雑だが、原理は同じだ。新鮮な乳を野生菌か培養菌（人間にとって善玉菌である乳酸菌がよく使われる）で発酵させる。十分な酸性度に達したら、牛の胃でつくられるレンネットという酵素を添加する（現在では人工的につくった酵素が使われている）。この酵素の作用で、乳タンパク質のおよそ八〇％を占めるカゼインが凝固してゲル状になる。それから裁断、攪拌、加熱などのさまざまな工程を経て、ホエイと呼ばれる液体部分を除去すると、カードという固体部分が残る。このカードを型に入れ、塩漬けか塩水漬けにして、それから圧搾すると、さらにホエイが除去されてチーズが固体の塊となる。この工程の初めか途中でカビを加えることもある。それからチーズの種類によって、二週間から二年間の熟成に入る。このあいだに微生物とレンネットに由来する酵素の働きで、脂肪とタンパク質が風味豊かな別の物質に変わる。

チーズは欧米の食生活を支える基盤の一つである。乳が余ったとき、特に低温の貯蔵室や洞窟が利用できる場合には、チーズは乳を長期保存する手段となる。しかし夏季や暑熱な気候の地域では、あまりよい方法ではない。高温で動物性脂肪が軟化し、場合によっては液状化して滲み出し、脂まみれで食欲をそそらない塊となってしまう。二〇世紀の初期、大西洋の両岸で乳製品販売業者が――スイスでは一九一一年にヴァルター・ゲルバーとフリッツ・シュテットラー、アメリカでは一九一六年にジェイムズ・クラフトが――季節によって生じる脂肪分滲出の解決策を発案して特許を取得した。乳化塩（乳化剤）を使うのだ。乳化塩はナトリウムをカルシウムと置換することで疎水性のカゼインを分散させる。これによってカゼイン粒子が小さくなって拡散し、水分と均一に混ざり合えるようになる。伝統的なチーズを溶かして乳化塩を混ぜ込むと、高温や長期保存に耐えられるプロセスチーズができた。さらに都合のよいことに、この新しい食品にはチーズの外皮や円盤型のチーズを四角く切り分けた際に出る不ぞろいな切れ端を材料の少なくとも一部として使えるので、製造コストと販売価格を大幅に抑えることもできる。材料を溶かすことで低温殺菌ができたので、生菌や酵素が不活性化し、品質保持期間の延長にもつながった。

陸軍は第一次世界大戦中に初めてプロセスチーズを注文し、クラフト社から四分の一ポンド（約一一三グラム）缶を二五〇〇万個購入した。この一回の注文で、食品業界におけるクラフトの一世紀におよぶ（そして今も強力な）覇権が確立したと言えるだろう。第二次世界大戦が始まるころには、軍は熱烈なチーズファンとなり、チーズをそのまま食べたり、サンドウィッチにしたり、野菜やジャガイモやパスタにソースとしてかけたりしていた。一九四四年の一年間だけで、需品科は四万五〇〇〇トン以上をクラフトの親会社ナショナル・デイリー・プロダクツ・コーポレーション（一九六九年にはこの会社がクラフトの社名を引き継ぐことになる）から購入した。ほかにKレーションや一部のCレーションに入れるチーズスプレッド（ベーコンビッツ入りもあった）も二〇〇〇トン以上購入した。戦争中に同社の売り上げはほぼ倍増した。しかし、それでもチーズは足りなかった。軍はチーズを保存し、輸送し、食べるための新たな方法を求めてやまなかった。

開戦当初、陸軍は乾燥と圧搾を追求した。大量の水分を除去して体積を減らせば、一回に輸送できる量が増やせる。食料を必要とする人員が何百万人もいる場合には、これは確実に有効な手だ。青果、小麦粉、ジャガイモ、卵、チーズなど、肉類以外のすべての食品を乾燥室に送り、圧搾してブロック状にした。過去のパターンと同様、軍はさまざまな取り組みを支援し、資金を提供した。ひそかに立ち消えた取り組みもあれば、高く評価されて戦時中の必需食品となり、のちの消費者向け製品の基礎となったものもある。チーズの乾燥技術に関する研究を行なったのは、需品科の糧食研究所だった。また、農務省の研究所を通じて、カリフォルニア大学デイヴィス校などさまざまな大学や、クラフト社を筆頭として企業でも研究が行なわれた。食品が丈夫でしなやかな内部構造——セルロース（長い鎖状に連なった糖分子）が植物細胞に強度を与えているのをイメージしよう——をもたないと、乾燥したときに崩れて、食品技術者が「粉砕」と呼ぶ現象が起きてしまう。誉れ高いウィスコンシン・チェダーの乾燥圧搾実験を初めて行なったときの結果は想像がつくだろう。チーズがぼろぼろに崩れたのだ。このため、乾燥させたスライスや塊のチーズを水で戻してそのまま食べるのは無理だということが明らかになった。しかし調理用に使うなら、粒状はむしろ都合がよい。

最初の本物のチーズパウダーは、農務省の酪農科学者ジョージ・サンダーズが一九四三年に開発した（戦争が始まる前から、農務省の研究施設は軍事目的の研究への協力を要請されていた。農務長官のヘンリー・ウォレスが「防衛計画が『最大限の努力』を払う段階に近づきつつあるなかで、国の必要に対してなしうる貢献をすべきだ」と強く求めたのだ[8]。この関係は現在でも続いており、農務省は化学分析や菌類の採集と分類、ジャガイモ、乳製品といった多様なテーマで陸軍需品科と共同研究をしたあと、ネイティック研究所とも共同研究を行ない、一九八〇年からは陸軍による食品の放射線殺菌に関する研究プログラムの実施にも協力している）。それまでは、熱で脂肪が溶けて分離してしまうので、「脂肪を含有したナチュラルチーズを乾燥させるのは無理だと考えられて」いた[9]。サンダーズは工程を二つの段階に分けるという画期的な方法を考案した。第一の段階で、チーズを細切りかすりおろしにして低温で乾燥させる。これによってチーズ片の表面のタンパク質が硬化し、脂肪のまわりに保護バリアが形成される。水分を十分に蒸発させてから、チーズを粉砕してもっと高い温度で乾燥させる。最後の段階で、特許明細書で「ケーキ」と呼ばれている塊状にする。一九四三年の戦時公債の広告でこの製品はお披露目されたのだが、その際に添えられていた写真の中で、上半身裸の兵士が先のとがった棒にこの「ケーキ」を刺して、パーカを着込んだ別の兵士に食べさせていた。

ジャングル部隊やスキー部隊のために――新しいタイプのチーズです！……でも、味には変わりがなく、どこでもおいしく食べられるものでなくてはいけません。陸軍需品科や、需品科に商品を納入する食品加工業者には、それが大きな問題でした。……極寒地でも熱帯でも緊急時に食べられるようにナショナル・デイリー社の研究所が開発した乾燥圧搾チーズなら、どんな場所でも品質がよく保たれて、輸送時の重量とスペースが節約できます。

一九四五年の夏、原子爆弾のリトルボーイとファットマンが日本に投下されて戦争が終わり、需品科には食料品の詰まった倉庫がいくつも残された。精巧な製造流通システムも兵士数百万人分の食料を生産し続けていた。このシステムを転用するにせよ解体するにせよ、何年もかかりそうだった。大規模な戦時契約を急に中止することによって甚大な影響が生じるのを恐れた政府は、まずは余剰製品を買い取り、ものによってはあとで同じ業者にもっと安値で買い戻させるという方法で、乳製品業界を下支えした（大恐慌のさなかに創設されて今も存続している商品金融公社が、のちにこの余剰チーズを生活保護受給者や高齢者に支給することになり、「政府チーズ」として知られるようになった）。一時的に設けられた余剰物品局という連邦機関が、需品科の蓄えていた食品を破格値で売りさばいた。何かを無償でもらえるとか、本来の三分の一の値段で購入できると言われて、喜ばない人はいないだろう。[10] とはいえ、いくつものフットボール場がいっぱいになるくらいのポテトフレークや、洞窟（四万五〇〇〇トンもの食材を陸軍が保管するには妙な場所だが）いっぱいの乾燥鶏卵、あるいは乾燥チーズの山についてはどう処理したらよいのか。じつは、扱いの難しい生鮮食材のコスト抑制に絶えず関心を向けている集団があった。スウィフト、クエーカーオーツ、ゼネラルフーズ、ゼネラルミルズ、リビー、ボーデン、マコーミック、コルゲート・パーモリーブ、ガーバー、スコットペーパー、ケロッグ、ピルスベリー、クラフトなどの食品メーカーである（アメリカに出現し始めたばかりのスーパーマーケットに並ぶ加工食品を製造する企業で、その多くは軍との結びつきが強かった。その勢力は、次の一世紀にわたって増大の一途をたどった。食品メーカーの業界団体である米国食品製造業者協会も同様であり、現在では食品業界で最も有力なロビイスト団体となっている）。食品メーカーは、本物のチーズの代わりに安価なチーズパウダーを使って食品に風味を加えられるようになった。原料費が節約できるだけでなく、輸送や保管にかかるコストも大幅に削減できた。なにしろそれこそ陸軍が乾燥チーズを開発したそもそもの目的だったのだ。こうしたレーションの転用がきっかけとなって、それまでにない製品が大量に誕生した。とりわけインスタント食品やスナック食品という成長中の新しいジャンルでは、それが顕著だった。

一九四八年、フリトー社（一九六一年にH・W・レー&カンパニーと合併してフリトレー社となった）が、陸軍が乾燥チーズの材料として使ったのと同じウィスコンシン・チェダーを使い、アメリカ初のチーズスナックを発売した。フリトーを創業したチャールズ・ドゥーリンは軍の納入業者だった。軍から受注した業務のために、海軍基地のあるサンディエゴに工場をつくりさえした。娘のカリータ・ドゥーリンによると「戦争中、兵員食堂で出す食事用と駐屯地の売店での販売用に、缶入りのポテトチップスを海外へ出荷しました。この事業のおかげで、会社は全国規模の企業として確固たる地位を築くことができました(11)」。その後、ダラス、ロサンゼルス、ソルトレークシティーにも工場を新設した。そしてすぐに、コーンミールと水を混ぜ合わせた材料を押出成形して膨らませ、油で揚げて、指までなめたくなるようなオレンジ色の乾燥チーズでコーティングした食品をつくり始めた。そう、〈チートス〉だ！　他社もすかさずあとを追い、カール形、ひねり棒形、パフ状などのおいしいスナック菓子の製造を開始した。

今日、チーズパウダーというジャンルは拡大して、さまざまなナチュラルチーズもここに入るようになる一方で、安定剤や乳固形分や乳化塩などの添加物を加えたチーズや、主にフレーバーとして使われる酵素処理で風味を濃縮させたチーズもチーズパウダーとなっている。乾燥チーズは私たちの生活に溶け込み、箱入りのマカロニチーズのような人気のある基本的なアイテムから、子ども時代に欠かせない〈ゴールドフィッシュ〉クラッカーや、フリトレー社などの食品メーカーがさまざまなスナック菓子のコーティングに使い続けている病みつきになる白やオレンジ色の粉末に至るまで、じつに多様な食品をにぎやかに彩っている。第二次世界大戦中に戦場の兵士の栄養補給を目的とした軍の発明は、二〇世紀を代表するスナックとなり、工業生産される食品の原材料となり、二一世紀に入ってもなお勢いを失っていない。

弁当のアイテム№6、7——サランラップとジュースパウチ

「みんな！　九時半よ！　もう寝なさい」。私はワード文書を保存して、こっそり見ていた「デイリー・メール」のサイトを閉じ、明日支払いを忘れないように請求書の束をノートパソコンの横に置く（コンピューター、オレフィン素材のカーペット、ケーブル、電話機が目に入る）。玄関のドアがきしみながら開く。「スモーキー！　猫ちゃん！」。末っ子のエロイザは、猫が帰ってこないと心配で眠れない。二階へ駆け上がって姉のダライラのいるバスルームに行き、二人そろって洗面台の前で歯を磨く（周囲には、歯ブラシ、中身が半分以上空《から》のシャンプーやローションやスプレーのボトル、家屋用のラテックス塗料、塩化ビニルの配管がある）。私は地下の仕事部屋から階段を三階分上がり、最上階の子ども部屋へ向かう。娘たちはハイビスカス柄のキルトにくるまって本を読んでいる。スモーキーはエロイザのベッドの足側で体を伸ばし、のどを鳴らしている。廊下を隔てた部屋では、母

がアームチェアに座って本を読んでいる。キッチンからガタガタと音がする。今夜はゴミを出す日なので、夫が口を結んだ大きなゴミ袋二つと格闘しているのだ。一般ゴミとリサイクル用のゴミが一袋ずつで、中身のほとんどは、静かにわが家を流れるプラスチックの川から生じたゴミだ（ビニール袋、アルミ蒸着フィルムの袋、ラップ、アルミ箔とプラスチックのラミネートフィルムでできたパウチ、ビニールコーティングされた厚紙、プラスチック製のハンバーガー容器、プラスチック製トレイ、ペットボトル）。「おやすみ」。私は一人の娘の柔らかい頬にキスをする。「おやすみ」。それからもう一人にもキスをする。あとで大学生の娘にもメールで同じ言葉を送るつもりだ。階下に降りると、ホルへが戻ってくる。彼が後ろ手にドアを閉めると、カチリと鍵のかかる音がする。また一日が終わった。何事もなく。神様に感謝。

★★★

古代エジプトの葬儀屋かバビロニアの船大工に「二〇世紀と二一世紀の世界は瀝青《れきせい》で形づくられる」と語ったら、きっと鼻で笑われただろう。古代文明の民は、中東地域の岩だらけの土地の露頭から自然に湧き出る粘りけのある黒い瀝青、すなわちアスファルトを集め、道路の舗装や建材の接合用モルタル、接着剤、防水剤として、さらに死体の防腐剤として利用した。しかしこれらの用途を除けば、このどろどろの物質はあまり役に立たなかった。実際、一八七九年にドイツの技術者カール・ベンツが燃焼機関を自動車に搭載するのに成功するまで、石油はさほど注目されていなかった。熱を加えることによって炭鉱の天盤から原油を滲出させられることに気づいたスコットランドの化学者ジェイムズ・ヤングが一八四八年に原油の精製方法を発明していたが、ここにきてにわかに原油の消費が急増した。そして今も増え続けている。アメリカでは二〇世紀の一〇〇年間で原油の消費量は二〇〇倍に増えたのだ。[1] しかし、この貴重な燃料を精製したあとにはスラッジが沈殿するという問題があった。その後、石油会社の技術者たちは、他社より高品質なガソリンを開発して競争に打ち勝とうと、自然発火しやすい高分子の炭化水素を分離することで原油をさらに精製するようになった。これに伴って生じる廃産物は、やがて現代を象徴する物質となった。つまり、プラスチックが誕生したのである。

高分子科学の黎明期

常に危機をうまく切り抜けていくタイプの人がいる。合成高分子《ポリマー》（身近な言葉で言えばプラスチック）を扱う高分子科学の父と称されるオーストリアの化学者、ヘルマン・マルクもそんな一人だ。これは運というより能力の問題である。自分の仕事に絶えず打ち込み、慎重に人脈を築き、人生を変えるほど重大な決断を瞬時に下す――これらの能力を兼ね備えていることが大事なのだ。マルクが秀でていたのはそれだけではなかった。彼はタフで、勇気があり、楽観的で、生涯で何度も試練に直面してはそのたびに勝利を収めた屈強な人物だったのだ。

二〇代に入ってまもなく、彼は兵士として勲章をもらい、博士号も取得することになる。前の晩に仲間と深酒をしていても、翌朝にはちゃんと早起きした。第一次世界大戦中にオーストリア陸軍の若い兵士として従軍して榴散弾で足首を負傷したときには、化学の教科書を読んで回復を待った。戦争の末期には捕虜となったが、半年後に賄賂を使って自由の身となり、病気の父親のもとに帰った。戦争オーストリアに帰国するとウィーン大学に入学し、長く先延ばしにしてきた化学の博士課程を難なく進み、二年もかけずに修了した。すぐにフリッツ・ハーバー——アンモニアの合成方法を発見して農業（肥料として）と戦争（爆薬として）に革命的な変化をもたらし、戦争で使うために致死的な塩素ガスを開発して「化学兵器の父」と呼ばれた人物——から声がかかり、ベルリンに新設されたばかりのカイザー・ヴィルヘルム繊維研究所で働くことになった。そこで若手科学者のマルクは、高エネルギーの電磁波を物質に照射して、その反射によって原子と分子の構造を解明する「X線結晶構造解析（X線回折法）」という新しい技術をすぐに習得した。

マルクはこの覚えたての実験手法によって、自身の専門分野で白熱を極めていた議論に決着をつけることができた。一九世紀から二〇世紀の初めにかけて、化学者は元素を同定し、原子の構造を解明し、分子結合のモデルをつくるという大きな進歩を遂げていた。しかし次の段階、つまりこれらの基本要素が集まってもっと複雑な配置を形成する仕組みの解明については、ノーベル賞受賞者のエミール・フィッシャーのせいで頓挫していた。彼は巨大分子が存在する可能性を一笑に付していたのだ。この論争は最終的に、ドイツのデュッセルドルフで一九二六年に開かれた自然科学医学会の年次大会で決着することとなった。最初に登壇したのは、有機化学者のハンス・プリングスハイムとマックス・ベルクマンだった。二人は、大きな分子のように見えるものがじつはコロイド、つまり浮遊しているだけで結合はしていない粒子の塊だと主張した。次に、巨大分子の概念を最初に提案したヘルマン・シュタウディンガーが登壇し、ゴムと合成ポリマーに関する新しいデータを示して、これらやタンパク質、セルロースはすべて巨大分子だと主張した。聴衆はまだ納得しなかった。決定的な瞬間は、マルクが発表している最中に訪れた。彼は植物に硬さを与えるセルロースの分子構造をX線結晶構造解析で調べており、その構造と、解明されたばかりの黒鉛とダイヤモンドの構造（共有結合により形成される結晶）を比較して示した。そして最後に、セルロースは巨大分子という可能性があると言い切った。「びっくりするようなお話ですね」と司会を務めるリヒャルト・ヴィルシュテッターは言った。「しかし本日の発表から考えると、この見方にだんだんと慣れていく必要がありそうです」[2]。それからまもなく、マルクはカイザー・ヴィルヘルム研究所を退職し、フランクフルトにある大学とドイツの化学工業複合企業I・G・ファルベンで仕事を兼務した。ファルベンでは繊維とフィルムを扱う研究室の責任者となり、合成繊維の開発を統括するとともに、初の合成ゴムとポリ塩化ビニルの研究も手がけた。

実験室で、そしてのちには工場で、合成ポリマーは化学者が天然ポリマーで観察していたことを再現した。つまり、炭素原子からなる骨格に同じ構成単位が繰り返し結合し、きわめて長い鎖を形成していたのだ。自然界では、巨大分子を生成するのは生物である。実験室で使う巨大分子もやはり生物に由来するが、その生物というのは六〇〇〇万年前に生きていたものだ。人工ポリマーのほとんどは炭化水素からつくられる。食物連鎖に取り込まれることなく逃れて海に入った動物や、もともと海で生まれた動植物が死ぬと、その残骸のうち一〇〇〇分の一が最終的に炭化水素となる。動植物の残骸が有機堆積物となって長い時間をかけて徐々に地中の奥深くへ押し込まれ、高温によって分子の運動が活発化し、高圧のおかげで分子が密に詰まった状態となる。こうして生じる新たな物質が炭化水素のモノマー（単量体）であり、これが合成ポリマーの構成単位となる。

現代の石油精製工場は燃料を生産するだけでなく、重要な副産物としてこれらのモノマーも生産する。シューシュー、ゴトゴトと音を上げるタンク、管、バルブ、エンジンからなる謎めいた迷路のような工場は、何平方キロもの敷地を占めていることも少なくない。設備は複雑に見えるかもしれないが、そこで用いられている原理は単純だ。原油を加熱することで——そしてのちに発見されたやり方で加圧して化学触媒を加えることで——原油に含まれる各種の炭化水素が示す沸点の違いを利用して、さまざまな槽で成分を分離する。残った重質油の分子は「粉砕」して低分子にし、再処理する。炭化水素には誇張でなくまさに数千の種類があり、それぞれに固有の分子量と分子構造があり、それゆえ固有の特性がある。合成ポリマー（あるいはほとんどの人の呼び方に従えばプラスチック）は、これらの同一のモノマーを大量に準備して、熱や化学触媒を使って結合させるという方法で製造される。

マルクの亡命とプラスチック研究の発展

一九三二年、マルクはI・G・ファルベン社を急に辞めることになった。ナチスの影響力の増大を懸念した工場長が、ユダヤ人の血が半分流れているマルクに対し、別の仕事を探したほうがよいと助言したのだ。マルクは助言に従ってオーストリアへ戻り、ウィーン大学で研究を再開した。そしてこの大学で初の高分子科学のカリキュラムを設けた。しかし故国での生活は、長くは続かなかった。一九三八年、ナチスに逮捕されたのだ。彼は大胆な作戦で逃亡した。警察に没収されていたパスポートを一年分の給料で取り戻し、残った蓄えをすべてプラチナ製の洋服ハンガーに換えて、家族とともに車でスイスへ「スキー旅行」に行くと言って逃走した。それから、セルロース研究室で雇いたいとの意向を示していたカナダの製紙業者に手紙を書いた。一家はモントリオールから一〇〇キロほど西へ行った工場街で二年を過ごしたが、それからマルクは再び業界の人脈を利用して、デュポン社の顧問とブルックリン工科大学の教職に就いて新たな生活を始める手はずを整えた。

この就職が、のちのプラスチック時代につながることになる。

一九三〇年代の終盤まで、工業材料の世界は危険な場所だった。耐久性のあるものはたいてい重く鋭利で、木材、ガラス、陶器、金属でできていた。一方、数少ない使い捨てのものは、紙、ろう、布でできていた。しかし第二次世界大戦が状況を一変させた。軍は靴の鳩目からタイヤやテントに至るまで、さまざまな物資をつくるために各種材料を大量に必要としたが、天然ゴムなど一部の材料については日本軍によって供給が遮断されていたので、代用品を求めて熾烈な研究競争が繰り広げられた。その一つが合成ゴム開発計画だった。これはマンハッタン計画に次いで二番目に規模の大きな計画で、原子爆弾が発表されるまでは「歴史上最も偉大な技術的成果」と見なされていた。[3]研究を行なったのは、ユナイテッド・ステーツ・ラバー・カンパニー、シカゴ大学、ミネソタ大学、イリノイ大学、コーネル大学、プリンストン大学、ブルックリン工科大学などだった。ヘルマン・マルクはブナNとブナSという二種類の合成ゴムの研究をしていたが、一九三〇年代にドイツでこれらが発明されたときには、彼はプロジェクトの末端にかかわっただけだった。

マルクにはもっと興味を引かれるテーマがあった。日常的なありふれた品物に使われている従来の材料を代替できる人工材料の開発だ。この取り組みによって、のちに彼は「高分子科学の父」と称され、ブルックリン工科大学をアメリカ国内で最高のポリマー研究機関（当時は国内で唯一だった）へと変貌させたのだった。「カナダからアメリカに目をやると、学界でポリマーの研究は行なわれているのだろうかという疑問が浮かんだ」とマルクは語る。「散発的で組織化されていない、というのがその答えだった。シカゴ大学のスピードという研究者が新しいモノマーと新しいポリマーの合成の研究をしていた。……ノースカロライナ大学では、繊維の強度と弾性の研究が行なわれていて、国立標準局ではゴムの研究をしていたが繊維は扱わず、合成もせず、不完全だった。……それで私たちは、ここで組織化された計画を立ち上げようと考えたわけだ」[4]

彼の抱いた壮大な計画は、政府の考えと完璧にかみ合った。戦後に発表された国立標準技術研究所の報告書によると、「一九四一年までに十分な知見が得られていたので、政府が購入する多くの製品について、希少な金属の代わりにプラスチックを利用する緊急の仕様書が準備された。海軍とNACA（NASAの前身にあたるアメリカ航空諮問委員会）が出資して、この強靭で軽量な材料の特性と製造に関する研究が始まった。……試験場に送られた新しいプラスチック製品は、ヘルメットの内張り、鋼鉄製機材の保護に使う樹脂製コーティング剤、銃剣の持ち手、国立標準局が設計した双眼鏡のボディ、軍用らっぱ、水筒、時計のフレーム、方位磁針の文字盤、レインコート、食品包装、ゴーグル、防虫網、ひげそり用ブラシ、航空機の筐体など多岐にわたった」

ブルックリン工科大学でマルクが最初にポストを得たのは、シェラック研究所〔シェラックとはカイガラムシの分泌する樹脂状物質を精製したもの〕だった。そのころは時代から取り残されたように活気のない場所だったが、真珠湾が攻撃されて戦争が始まると、状況が変わった。電気設備の絶縁によく使われるシェラックをそれまではインドやタイから輸入していたのだが、これが日本軍によって止められたからだ。合成の代替品を見つけることが緊急の課題となった。「私たちの地位はすぐさま一気に上がった。私たちの扱っていた物質や問題が、戦争を遂行するうえできわめて重要となったからだ」とマルクは説明する。「フィルムの透過性と不透過性。合成ゴムの合成と特性評価。それとコーデュラ（デュポン社が開発した合成繊維）。この三つについて、私たちは陸軍と政府から非常に大規模な研究計画を委託された。資金は数百万ドルだった」[5]

マルクはすぐに、戦時中にこの大学に委託研究を引き寄せる研究者三人のうちの一人として、大学の中枢部に加わった。ほかの二人は航空学と電子工学の専門家だった。この三人のおかげで、一九四二年から四五年のあいだにブルックリン工科大学の受託した研究プログラムは、ほぼ一〇倍に増えた。委託研究は、科学研究開発局、NACA、海軍研究局、陸軍需品科から依頼され、多くは機密扱いとされた（一九四四年にブルックリン工科大学が需品科から受け取った資金は、シカゴ大学、コロンビア大学、ゼネラル・エレクトリック社、アーサー・D・リトル社、マサチューセッツ工科大学、メロン研究所、モンサント社といった著名な委託先と比べても、どこよりも多かった）[6]。これらの軍と提携した研究機関は、それぞれマルクの――および彼の指導下で急速に増えているポリマー専門家の――科学的知識と技術的ノウハウを切実に求めていた。戦争で利用するために、新しい繊維、フィルム、ゴムの開発や改良を進める必要があったのだ。しかし「マルクが手がけていた中心的なプロジェクトは……フィルムやコーティングに使えるポリマーの研究だった」と、マルクのもとで働いていた化学者の一人、ブルーノ・ジムは語っている[7]。

ポリマーの分子は、水や二酸化炭素などの一般的な分子の数百万倍の大きさになることもある。その大きさのもつ意味は、小石の詰まった段ボール箱とビーチボールの詰まった段ボール箱を揺するとどうなるかを想像すれば理解できる。より動き回るのはどちらだろう。小石である。ポリマーは分子量が大きく、短い側鎖が枝分かれして突き出ているので、もっと分子量の小さな分子と比べて動きにくく、互いに引っかかって流動性を失いやすい。これによって、ポリマーのもつ三つの重要な特性、すなわち粘性、弾性、強度が説明できる。

これらの特性は熱に影響される。その影響のパターンと程度は、ポリマーのタイプによって異なる。たとえば熱硬化性プラスチックは、加熱すると側鎖どうしが不可逆的に結合する架橋反応を起こし、形状が永久に固定されてしまう。一方、熱可塑性プラスチックは、加熱すれば何度でも軟化させて再成形することができる。側鎖があまり引っかからず、分子どうしが互いにすれ違って動けるからだ。ポリマーは単独でも使えるし、別の物質と組み合わせて強度や柔軟性を高めた材料をつくることもできる。ポリマーには可塑剤（石油から得られる、ポリマーよりもはるかに小さな分子）もよく添加される。この可塑剤の分子が先ほどの例で登場した小石だとしよう。小石とビーチボールを混ぜ合わせると、小石がビーチボールのあいだに入り込んでビーチボールどうしの距離が広がるので、ビーチボールは動き回りやすくなる。可塑剤を加えれば、流動性が完全に失われるガラス転移温度が下がるので、ほとんどのポリマーは室温以下でも柔軟性を保つことができる。熱可塑性フィルムの場合、できあがった合成樹脂（プラスチック）をインフレーション、圧延、延伸、共押出（複数のポリマー層を一度に押し出して重ねる）といったさまざまな方法で加工して、望みどおりの硬度、柔軟性、蒸気などに対する耐ガス性、耐用性、透明度、強度のフィルムをつくることができる。

サランフィルムの開発

マルクのチームが扱ったポリマーの一つは、一〇年ほど前にダウ・ケミカル社の実験室で発見された緑色の油性物質だった。塩素からドライクリーニング剤をつくっていた技師が、ビーカーの底に残留物があるのに気づいたのだ。「非常に溶けにくい物質でした」と、偶然にも発明者となったラルフ・ワイリーは言う。彼はすぐさま特許を取得した。「ほかに類を見ない化学物質でした」[8]。塩化ビニリデンと塩化ビニルの共重合体《コポリマー》（二種類のモノマーを混合して一つのポリマーにしたもの）であるサラン（ポリ塩化ビニリデン）は丈夫で、水と酸素に対してきわめて高い遮断性を示す。一九三〇年代の後半に芝生用椅子や電車のシートに使う繊維として発売されたが、一年か二年経ったころ、ウィルバー・スティーヴンソンという別の技師がビニリデンフィルムの製造方法を開発した。

陸軍はすぐさま、屋根のない甲板にエンジンや銃や金属部品を積んで海外へ輸送する際にサランをスプレーしておけば、水や塩による腐食を防ぐ保護バリアになることに気づいた。戦争が終わる前に、セロファン（植物繊維を原料とする光沢と張りのあるフィルム）、ワックスペーパー、アルミ箔をさまざまに組み合わせた包装材ではレーションを湿気から守るのに不十分だということがわかると、需品科は食品に接触するフィルムをサランでつくれないかと検討を始めた。しかしそのためには、この有望な材料に柔軟性をもたせ、時間とともにもろく不透明になるのを防ぐ方法を見つけなくてはならない。

プロジェクトはブルックリン工科大学とダウ・ケミカル社（今日に至るまで塩化ビニリデンと塩化ビニルといういずれのモノマーについても市場を支配している）の二カ所で進められた。ダウ・ケミカルでプロジェクトを統括したのは、物理学研究所のレイモンド・ボイヤーだった。「私がほとんどの時間を費やすもう一つの仕事は、サランの光安定性と熱安定性にかかわるものだった。当時はサランではなく『ベンチロイド』と呼んでいたが」と、物理学研究所の化学者、ルイス・C・ルーベンズは説明する。「ラルフ・ワイリーはそれ以前からサランの研究をしていた。光安定性と熱安定性はすでにこの材料の重大な問題だと認識されていたので、二人の同僚がこの問題に取り組んだ。ローン・A・マシソンとレイ・ボイヤーだ。問題が光劣化によるものだということはわかっていた。しかし防ぐ手立てはまったくわからなかった。……当時、サランに関しては、光分解が重要課題だった。……ボイヤーとマシソンの研究プログラムは、もっぱらエジソン的な、既存の理論では答えが出せなければ試行錯誤に頼るというやり方をしていた[9]」

暗闇を手探りするようなエジソン的な歩みに、ヘルマン・マルクが科学的な足場を与えた。ダウ・ケミカル社の研究開発担当副社長、R・H・バウンディー博士の言葉を借りれば、「彼はわれわれのような業界の人間が試行錯誤でやっていたことに理論的基盤をもたらした[10]」。ブルックリン工科大学で行なわれた機密プロジェクトのなかには、サランと同じタイプのプラスチックであるビニルポリマーやビニルコポリマーに関するさまざまな研究も含まれていた。研究の目標は「ゆくゆくは企業系研究所で実用的に利用できるかもしれない新しい基礎的なアイデアを提供し、それによって刺激をもたらすこと」であり、「研究所では、可塑剤の溶出、日光や空気による劣化、ブロッキング〔フィルムどうしが密着して剥がれなくなること〕など、プラスチックフィルムの経時劣化特性全般について多くの研究を行なってきた[11]」

一九四六年にはバッファロー大学化学科が、戦争中に行なわれたビニルポリマーと可塑剤に関する研究を広めるためのシンポジウムを開催し、ブルックリン工科大学とダウ・ケミカル社の化学者らを招いた。開会のあいさつをしたデュポン社のE・F・アイザードは、戦時の任務に使用するには不適切であったり入手できなかったりしたゴムやセロファンの代わりに、柔軟性のあるシートやフィルムの材料となる新素材の開発を目指した政府の取り組みを称賛した。

軍の示した新素材に不可欠な条件を検討すると、柔軟性のあるシートの代替品としてよさそうなのは、ポリビニルブチラール、ポリ塩化ビニル、サランのような塩化ビニルと他のビニル化合物とのコポリマーだけであることがすぐに明らかとなりました。……この新たな用途に適した化合物はどれか、きわめて広範かつ迅速に評価を行なう必要がありました。そのためには、多数の民間企業、政府系研究所、政府から委託された大学での研究プロジェクトによる協調的な取り組みが求められました。……そうした新しい材料はフィルムとして、戦時下に必要となるさまざまな新しい用途にすばらしく適していたのです[12]。

新しいプラスチックの開発と改良において軍の果たした重要な役割については、需品科自体も認めている。「陸軍は苛酷な条件のもとできわめて多様な食料品を長期にわたって輸送し保管しなくてはならないので、包装用フィルムは相当に厳しい要求を満たす必要がある。……需品総監局のデニー大佐は、要件をもれなく満たす材料は一つもないが、需品科の研究は軍が求めるこれらの特性に適合するものへ向かっていると指摘した。そして、サラン、薄いナイロンフィルム、プラスチックコーティングしたアルミ箔に関する最近の研究には期待できると述べた[13]」

自分たちの権利を明確にしたいと考えたボイヤーとダウ・ケミカル社は、一九四五年五月四日に「光安定性を有する塩化ビニリデンの組成」について特許を申請した[14]。ヒトラーの自殺からわずか四日後のことで、戦争の――そして機密研究プログラムの――終了が迫っていた。一九四九年に〈サランラップ〉が商業市場に登場したときは、施設やレストランの厨房で使う道具として売り出された（結局のところ、熱溶着できる温度の範囲が一〇度ほどときわめて狭いことから、産業使用には限りがあった）。熱や光に対する遮断性を高めながら柔軟性も確保するための最終的な組成は、塩化ビニル一五％に対して塩化ビニリデン八五％の配合で、さらにポリマー二キロにつき三種類の可塑剤を一キロ添加するものとなった。この樹脂を空気で膨らませてから巻き取るインフレーション成型によって〇・〇一ミリメートル以下まで薄くする。

四年後、ダウ・ケミカル社は初めて消費者市場に進出し、新しいフィルムを「こんなに手軽に……こんなに長くこんなになにフレッシュさを保てるのは〈サランラップ〉だけ！　ぴったりと張りつきます。水気を通しません。……透明だから中身が見えます[15]」という宣伝文句とともに売り出した。レイモンド・ボイヤーは発明者としてたたえられ、やがてその「サランの開発に貢献した熱安定性および光安定性の研究」によりプラスチック・アカデミーの殿堂入りを果たし、全米技術アカデミーの略伝に「ボイヤーの可塑剤の研究はサランの開発に貢献した」と記されるに至った。

一方、マルクと彼の率いた化学者たち、そして需品科は、ひそかにこの開発物語から姿を消した。ボイヤーは同僚のマルクについてこんなふうに語っている。「マルク教授は、自分の功績が商業利用にかかわる場合には、ほぼ意図的に前面に出ないようにしている。彼の名前の記された共同特許や共著論文といったものがほとんど存在しないのはそのためなのだ。彼の功績を少しでも取りざたしたら、彼が名を連ねていない既存の特許は正当性が揺らいでしまうだろうね[16]」。ブルーノ・ジムもブルックリン工科大学と需品科が表舞台に出ようとしなかったことを認める。「われわれはプロジェクトの終了時に、発見の研究成果を、公開される論文としてはいっさい発表しなかった。プロジェクトの終了時に、発見事項を事項を記録した長い報告書は書いたが、論文は一つも書かなかった。私たちはたくさんの発見をしたが、その検証はあとで別の者たちがやったのだ[17]」

一九六〇年代から七〇年代には、サランは家庭用ラップのトップに君臨し、〈サランラップ〉という商品名は透明で薄い粘着性のプラスチックラップ全般の代名詞となった。しかし焼却時に塩素ガスが発生することと、可塑剤（特に、最も広く使われ、サランでも配合量が最も多いフタル酸エステル）が食品中へ移行することについて、公衆衛生関係の当局者や活動家が懸念を抱き始めた。フィルムから可塑剤が溶出するというのは、陸軍にとって初めて聞く話ではなかった。一九四九年、需品科のプラスチック類監視委員会は、「可塑剤の移行問題、およびアスファルト包装紙（二枚の紙のあいだに耐水性のアスファルト薄層をはさんだもの）の可塑剤溶出との関連[18]」について議論していたが、中身の食品自体への移行については妙に無関心だったらしく、そのまま話を進めていた。一九九七年、S・C・ジョンソン＆サン社がダウ・ケミカル社からサランの商標を買い取り、安全を期して二〇〇四年に従来よりも分解しにくい直鎖状低密度ポリエチレン（LLDPE）にフィルムの材料を変更した。

レトルトパウチの開発

当時の彼らの――そしてすべての化学者の――プラスチックに関する知見から考えると、一九五〇年代の初期に陸軍の包装専門家たちが加熱殺菌した食品をプラスチック製の包装材に入れて長期保存する方法を見つけようとしたことは愚行だったと思われる。人類がかつて加熱用や保存用の容器をつくるのに使ってきた陶器、金属、ガラスという三つの材料は、極度の高温（およそ摂氏一〇〇〇度以上）にならなければ軟化も融解もしないし、比較的不活性で内容物とあまり反応しないか、あるいは反応しないように表面が被膜で覆われている。ところが、プラスチックは違う。食品包装用に広く使われている合成ポリマーのほとんどは摂氏九〇度から一五〇度くらいで軟化するし、分子レベルで見るとソース（可塑剤）を絡めたスパゲッティ（ポリマー）のように滑りやすいので、可塑剤の溶出が起こりやすい。食品包装へのプラスチックの使用には、当初からこの問題がついて回った。

一九五〇年代の初めごろ、陸軍需品科は包装部門に要望リストを提示した。氷点下でも扱える容器、崩壊しない冷凍食品用包装、水蒸気と酸素を通さない乾燥食品用包装、空中投下して味方に当たっても死傷者を出さないレーションの梱包。しばらくのあいだ、これらの問題は別個に検討されていたのだが、まもなくすべての解決策が一つの言葉に収斂した。「プラスチック」である。缶詰の誕生以来ずっと、水分を含んだ常温保存用食品の加熱と保存のために好んで使われてきた頑丈な金属製の円筒を、柔軟なプラスチックパウチに切り替えることは可能なのか。陸軍はいかにも陸軍らしく、「決して無理と言ってはならぬ」という姿勢でひたすら作業を進めた。

最初のステップは、利用可能な材料をすべて調べて、レトルト加工のレーションに求められる条件を再現し、その状態に置いてみることだった。すなわち、摂氏一二〇度で三分から一五分ほど蒸気加熱し、乱暴に扱ってから何カ月も放置したのである（レトルト処理をするのは産業用の加熱殺菌装置で、食品の入った複数の缶、瓶、パウチをタンクに入れて、高温の湯か熱水スプレーか蒸気で加熱して中身を殺菌する）。フランク・ルービネートが率いる食品・容器研究所の研究チームはすぐに、融けず、硬化せず、変色せず、崩壊しないという最も有望な候補を見出した。ビニールフィルム一層、アルミ箔一層、ポリエステルフィルム一層を重ねた包装材だ。「標準的な包装技術をたくさんつぎ込んだだけのものだったが、以前よりもすぐれた信頼性と完全性をもつに違いないと思われた」と、一九六六年から一九七六年までネイティック研究所でこのプロジェクトに携わった食品科学者のラウノ・ランピが言う。「われわれは缶・瓶詰業界と軟包装材業界から技術を借用したのだ」

だが、陸軍はそこで行き詰まってしまった。新しい技術なので、生産体制を整えるにはその将来性を知ってもらう必要がある。それには会議を開くのが一番だ。政府の研究プログラムのために開発されたすばらしい成果を発表するといって、常に新たな大発明を待ちわびている企業を引きつけるのだ。出席者のリストは、まるでアメリカの食品業界とプラスチック業界の紳士録のようだった。アメリカ・アルミナム、アメリカン・カン、ベアトリス・フーズ、コンチネンタル・カン、ダウ・ケミカル、デュポン、イーストマン・コダック、ガーバー・ベビーフーズ、グッドイヤー・タイヤ&ラバー・カンパニー、カイザー・アルミナム、リビー、モンサント、オスカー・マイヤー、ピルスベリー、プロクター&ギャンブル、クエーカーオーツ、レイノルズ・メタルズ・カンパニー、スウィフト、ユニオン・カーバイド、USインダストリアル・ケミカル・カンパニー、W・R・グレース&カンパニーをはじめとして、六〇社近いそうそうたる大企業が名を連ねた。

「業界が強い関心をもちそうだということがわかれば、国家的責任という観点のみならず、自尊心という点でも、需品科にとって非常に心強いはずです」と、一九六〇年に開かれた「軍用食料品の柔軟包装に関する会議」で発表を行なった機材メーカーはコメントしている。「需品科が要求する食料品、製造工程、材料、装置の多くは、将来的に民間企業でも利用できます。ここで論じられている品々は、軍人だけでなく一般消費者も利用できるものなので、皆さん大いに関心をもつことでしょう」

封が破裂するとか、もともと缶詰用だった加工装置を改造するとか、充填ノズルの勢いが足りないとか、包装材の三層を貼り合わせる接着剤が剥がれて溶出するなど、技術的な問題すべてを陸軍が克服するまでにはプロジェクトの開始から二〇年ほどかかったが、その結果として包装業界に数え切れないほどのイノベーションがもたらされた。そのなかには、あらかじめつくられたパウチを熱で溶着密封する代わりに、超音波（高速で振動する圧力波）を使う方法など、今まさに業界のスタンダードとなりつつある技術もあった。「これは政府の目標と推進力がすべての関係者を動かした事例と言える。……複合材料、コンポーネント、そして充填したパウチを実際に処理して殺菌する装置を開発させるために、ネイティック研究所のグループから民間企業へ研究資金が投入された例もたくさんあった。一つのシステムが丸ごと構想され、それから政府の研究資金によって開発が促進されたのだ」と、軟包装業界で三〇年のキャリアをもつベテランコンサルタントのトム・ダンは語る。

「しかし、全体を完成させるには大事な要素が一つ欠けていた。必要な層を貼り合わせて、一つの包装材料として相乗的な機能をもたせるための接着剤がなかったのだ」とダンは続ける。「その包装材料は、(1)高温に耐え、(2)パウチ内部の圧力に耐えられるという特性をもち、なおかつ戦場で乱暴な扱いを受けても破損しないものでなくてはいけない。さらにあまり知られていない話だが、すべての関係者にかかわる懸念として、貼り合わされたアルミ箔と熱溶着層の接触面から接着剤の成分が溶出して食品自体に移行するという問題もあった」

未結合のモノマーや自由奔放な可塑剤はもともと溶出しやすいが、温度の上昇に伴ってさらに溶出しやすくなる傾向があり、軍の包装専門家はポリマー研究の初期、すなわち第二次世界大戦中から終戦直後には、この問題に気づいていた。柔軟レトルトパウチプロジェクトに関しては、食品・容器研究所で数種類の材料を選択したうえで、安全性試験は外部に委託した。そのなかには、高温加工の工程を経たあとでアルミ箔とプラスチックを貼り合わせたラミネートフィルムから溶出するプラスチックの成分について調べる試験もあった。この研究は一九六三年にMITでマーカス・カレルとジェラルド・ウォーガンによって行なわれ、ポリオレフィン系のラミネートなら食品医薬品局(FDA)の基準はクリアできるが、ビニルポリマー系のラミネートではクリアできないということが突き止められた。さらに、ビニル類から生じる残留物が「アリールエステル類、おそらくはフタル酸エステルらしい」ということも判明した。彼らはまた、どちらのタイプのラミネートフィルムについても「熱溶着フィルムからの抽出成分（溶出した物質）のほうが多い」ということも明らかにした。[19] ラミネートを通して有害物質が食品に移行する問題については、この三年後にもう一つだけ試験が行なわれた。ピルスベリー社が行なったもので、さらに研究が必要だと結論しつつも、基本的にこの新しい包装材が健康に害を与えることはないとした。偶然かどうか定かではないが、ピルスベリー社はスウィフト社が率いるコンソーシアム（共同事業体）に参加していた。このコンソーシアムには、注文設計で三層構造の食品包装材を製造するレイノルズ・メタルズ社とコンチネンタル・カン社も加わっていた。

しかし、プラスチック包装というコンセプトを民間企業で実際に製造できるもの、製造してもらえるものに変えていく際に、ネイティック研究所はほかにもさまざまな技術的困難に直面していたので、プラスチックの成分溶出問題はしばらく脇に追いやられていた。再びこの問題が取りざたされるようになったのは、一九七六年のことだ。この年にようやく陸軍は、レーションにプラスチック製パウチを使用することに対してＦＤＡから承認を得るために、十分な論証ができると踏んだのである。「規則上は、軍用としてネイティック研究所で承認してもよかった」とランピは言う。「しかし、ＦＤＡから承認を受けなければ政治的に意味がなかっただろう。それに、ＦＤＡの承認を受ければ商業化にもプラスになる」。最初の申請は却下された。ＦＤＡは接着剤に含まれるトルエンジイソシアネートという未規制の発がん物質を懸念した。「一九七〇年代の終わりごろ、食品を加熱する際に入れる袋（ボイルインバッグまたはレトルトパウチと呼ばれる）の件で問題にぶつかった」と、のちにＦＤＡの職員が記している。[20]「温度を上げると、ラミネートフィルムの一部がバリアとして十分に機能しなくなった」のだ。一方、ネイティック研究所と研究委託機関は、熱溶着ラミネートフィルムを選ぶことで接着剤の問題を回避した。一九八〇年代以降は、料理をレトルトパウチに入れたＭＲＥレーションが兵士の標準的な食事となった。

レトルトパウチの安全性

近ごろアジアやヨーロッパの市場ではプラスチック製の平たい「柔軟な缶」が広く使われているが、北アメリカではようやく普及し始めたところだ。ランピはこの差について、アメリカでは低温流通がしっかりと確立しているおかげと見ている。工場から家庭の冷蔵庫まで、購入者が車で持ち帰るあいだを除き、途切れることなく冷凍温度をわずかに上回る温度で効率的に食品を運搬することができるのだ。ダンも、アメリカの企業は充実した製造インフラをすでに保有しているので、それを手放すべき切実な理由がない限り、既存の設備を使い続けるだろうと指摘している。しかしダンの予想では、食品加工業者が海外へ移転したら、すぐさま古い缶詰製造設備を捨てて、パウチを採用する。そのほうが缶詰よりコストが抑えられ、すぐれた品質が確保でき、世界市場で販売できる商品が生産できるからだ。これと同じことが常温保存可能なツナ製品の市場ですでに起きている。また、レモンペッパー・ツナ、温めるだけで食べられるファヒータ、冷凍やインスタントの料理に添えられたソースの小袋、ジュースパウチなど、パウチ入り製品をスーパーマーケットの陳列棚で見かける機会はすでに増えてきている。

ＦＤＡから承認をもらい、市場からも受け入れられたのだから、柔軟なレトルトパウチに入れて加熱された保存食品を食べるのは安全だと思っていいはず、ではないのか？　じつはそう簡単にはいかない。発がん物質が包装材から溶出して食品中に移行することは確認されていないかもしれないが、だからといって、それ以外のさまざまな物質、たとえば未結合のモノマーや可塑剤（主としてマーカス・カレルが一九六三年に気づいたフタル酸エステルなど）が食品に入り込まないとは言い切れない。ＦＤＡの旧弊な毒性試験では、今でもがんを判断基準としている。ある物質が、発がん性があると確認されているか、発がん性があると疑われる成分を含んでいるか、あるいは〇・五ｐｐｂを超える濃度で食品中に存在する場合のみ、規制の対象となる。この規則自体は、包装材から溶出する化学物質が常に低濃度で存在することへの対応として採用されたものである（この規則によって、エポキシ樹脂硬化剤や接着剤から抗菌剤、過塩素酸塩に至るまでゆうに一〇〇種類を超える物質について、食品中に存在していても規制濃度に達していなければＦＤＡの承認を受けなくてよいとする除外規定も設けられた[21]）。

二〇〇八年、連邦議会はＤＥＨＰ、ＤＢＰ、ＢＢＰという三種類のフタル酸エステルを子ども用の玩具に使用することを禁じる「消費者製品安全改善法」を可決し、ジョージ・Ｗ・ブッシュ大統領がこれに署名した。この三種類の物質は、いずれも食品包装材に使われている。この問題に関する公聴会で、ＦＤＡの科学担当副長官のノリス・オールダーソンは「ＦＤＡに認可されたフタル酸エステルの用途には、食品用軟包装材が含まれています」と証言し、「潜在的な健康リスク」の存在を認めながらも、「ポリ塩化ビニルポリマーやポリ塩化ビニリデン（サラン）ポリマーを別のポリマーで代替することによって、食品と接触する包装材にこれらを使うケースは大幅に減少したか、あるいは完全になくなっています」と述べて、規制の必要性を否定した。彼は証言の最後にこう言った。「われわれの審査によって、食品に接触する包装材にこれらの物質を使用した場合の安全性が、既存のデータではもはや支持できないことが示された場合、ＦＤＡはしかるべき規制措置をとり、その物質を市場から排除します」。今までのところ、DEHPは医療用のバッグやチューブへの使用が禁じられているが、食品包装材でのフタル酸エステルの使用についてはいかなる措置もとられていない。しかし二〇一二年、私たちを取り巻く大量のフタル酸エステル（食料品以外にも、化粧品、日用品、玩具、家庭のほこり、土壌にも存在する）への警戒を強めた環境保護庁は、「有害物質規制法」のもとで、フタル酸エステルに対するアクションプランを発動した。この化学物質が、アクションプラン発動の根拠とされる「人体内で検出される、PBT（難分解性、生体蓄積性、毒性）という特性をもつ、消費者製品で使用されている、大量生産されている、という要因のうち一つ以上が存在していること」という条件に該当したためである。環境保護庁によれば、フタル酸エステルの最大の曝露源は食品である。

可塑剤に不利な証拠が増え続けている。多数の研究（その多くは、ポリマー素材で包装された常温保存可能な食品の使用が他地域よりも多いアジアで行なわれている）により、フタル酸エステルが高濃度で食品中に移行していることと、フタル酸エステルの代謝産物（フタル酸エステルが体内で分解されて生じる副産物）が血中に高濃度で存在すること、そして子どもにおいてそれが顕著であることが判明している。動物実験ではフタル酸エステルが繁殖障害を引き起こすことが示されており、また、男性の精子損傷[22]といった内分泌攪乱や子どもの低IQとの関連も確認されている[23]。イタリアの研究プロジェクトでは、フタル酸エステルやイソシアン酸エステル（FDAが陸軍の当初のレトルトパウチでの使用を懸念していた物質）などの接着剤成分の溶出がラミネートフィルムのおよそ四分の一で確認され[24]、韓国の研究者らによる最近のメタアナリシス〔過去に行なわれた複数の関連する研究の結果を検討する研究方法〕では、レトルトパウチ入りのインスタントベビーフード（兵士用のMREレーションの弟分のようなものだ）を食べた乳幼児は、体重一キロあたりで換算したフタル酸エステルの推定一日摂取量が被験者全体のうちで最も多いことが判明した（しかもそのベビーフードは一食しか摂取していない）[25]。可塑剤たっぷりの食事は、はち切れそうなリュックサックに柔軟なパッケージを放り込んでおいて、いつでもすぐにかぶりつけることが真のメリットとなる兵士にとっては許容可能なリスクかもしれないが、兵士以外の人、とりわけ自分で食べ物を選ぶことのできない人にとっては、許容可能なリスクとは言えないかもしれない。

ナノテクノロジーと包装材

キャンプ場の掃除をしたことがある人なら誰でも知っているとおり、わずかな人数でも人間は驚くほど大量のゴミを出すことがある。戦場に配置されてレーションばかり食べる兵士の場合、ゴミの量は通常の一〇倍にもなる。MRE一食からはプラスチックと厚紙を中心とした固形ゴミ一五〇グラムが生じ、兵士は一日に三食のMREレーションを消費する。軍の排出するレーションの包装廃棄物は年間三万トンに達する。そのほとんどはリサイクルしたり燃料にしたりできるが、アルミ箔層を含むラミネートパウチはそれができないため、年間一〇〇〇トンを超す包装材料が再使用されずに廃棄されることになる。金属材料はリサイクルできないだけでなく、製造工程を増やし、製造時の扱いが難しく、小さな破損が生じやすく、次世代の加工技術との相性が悪い場合もある。要するに、アルミ箔はコストのかかる厄介の種なのだ。

しかし、アルミ箔層の存在にはそれなりの理由がある。ガラスは別として（ただしガラスにも明らかな欠点がある）、金属は水や酸素やその他の気体（ガス）に対して最も信頼できるバリアとなるのだ。プラスチックの表面は滑らかで光沢があるせいで物質を透過させないような印象を与えるが、じつはポリマーは蒸気を透過させる。透過率は材料のタイプによって異なる。このため、缶を全面的にプラスチックに切り替えることはまったく考えられていなかった――最近までは。一九八〇年代の終盤、ナノテクノロジーのもたらした期待が現実のものとなって実用化され、トヨタの自動車部品でデビューを果たした。それから一〇年後、陸軍はポリマーでつくった骨格構造にナノスケールの粒子を充填した材料（ポリマー系ナノ複合材料）がレトルトパウチのアルミ箔層の代替品として十分な機能をもつか調べることにした。

ナノスケール（一～一〇〇ナノメートル）の世界がどんなものか理解するために、細かすぎる数字は無視して、人間の細胞（一万～三万ナノメートル）を想像してみよう。そのほとんど（ずば抜けて大きな卵子を除く）は肉眼で見ることができない。細胞が一戸建ての家だとしたら、細胞内にあるナノスケールの物体は家電製品かそれより小さいくらいの大きさとなり、リボソーム（二五～三〇ナノメートル）は電子レンジ、タンパク質（五ナノメートル）はスマートフォンに相当する。そして壁は細胞膜だ。これは流動性のある脂質分子の膜にタンパク質分子が入り込んだ脂質二重層でできていて、ある種の疎水性分子に対しては透過性があり、糖（一ナノメートル）、アミノ酸（〇・八ナノメートル）、ヌクレオチド（〇・九ナノメートル）、水（〇・二ナノメートル）、塩、その他の不可欠な物質を輸送するタンパク質でできた特別なチャネルまたはポンプ（家の通気口に相当）が備わっている。もっと大きな分子（最大で五〇〇ナノメートル）は、細胞膜がこれを包んで細胞の内側に陥入することによって、細胞内に入ることができる。この仕組みはドアのようなものだ。細胞膜という透過性のあるバリアシステムは、細菌（五〇〇～五〇〇〇ナノメートルと図体が大きい）は細胞外に締め出しながら、ウイルス（二〇〜四〇〇ナノメートル）の侵入は許す。ナノ粒子はとても小さいので、同じ物質であってももっと大きな粒子よりもすばやく人間の細胞内に入ることができる（この特性のおかげでナノ粒子は、製薬業界で研究テーマとして注目を集め、体内への薬物送達に利用できるのではないかと期待されている）。

食品包装で使われるナノ材料のほとんどは、設計にもとづいて作製されるというより、粉砕、エッチング、燃焼といった昔ながらの工業プロセスで分解されてつくられる。最も広く使われる（そして最も安価なのは偶然ではない）のは粘土《クレイ》で、特にタルク（滑石）の親戚にあたるモンモリロナイトという粘土鉱物がよく使われる。この結晶は微小な板状で、その厚みは毛髪の直径の一万分の一しかない。ナノクレイ粒子は非常に小さいので相対的に表面積が広く、そのおかげで特別な性質をもつ。ナノ複合材料は連結性にすぐれるため通常の材料よりも強固であり、粒子内に入り組んだ通り道（もっともらしい専門用語で言えば「蛇行経路」）が多いので、酸素や湿気などのガスが通過するのにとても時間がかかる。

ネイティックのポリマーフィルム高等研究所は二〇〇二年、サザン・クレイ・プロダクツ社（現在はロックウッド・スペシャルティーズ社の子会社）およびナノコア社（三菱ガス化学株式会社と提携）というナノクレイの主力供給業者二社、さらにいくつかの大学と提携して、さまざまなポリマーとフィラー（プラスチックに充填する粒子）の研究に腰をすえて着手した。「ナノテクノロジーという言葉が陸軍内で頻繁に飛び交っていました」と、ネイティック研究所の先端材料工学チーム（AMET）でリーダーを務めるジョー・アン・ラットーは言う。「ナノテクノロジーや兵士向けのさまざまな応用をテーマとしたワークショップもネイティック研究所でたびたび開かれました。研究計画書を書いたら、九・一一テロのおかげでこの最初の計画書がすぐに承認されました」。AMETの科学者たちは、エチレン－ビニルアルコール共重合体（EVOH）に狙いを定めた。これはすぐれた酸素遮断性をもつ（しかし防湿性は高くない）プラスチックだ。リサイクル可能で、食品に接触した場合でも安全であるとFDAに認められている。

科学者たちはさまざまな配合を試し、ローラーによる圧延成形や熱風によるインフレーション成形など、さまざまなフィルム製造方法を試みた。この新しいプラスチックの構造に関する詳細な研究も行なった。ナノ複合材料は強靭で、酸素と光に対しては高い遮断性を示すが、アルミ箔と比べて水の透過量は五～一〇倍ほどなので、食品パウチやレトルトパウチでアルミ箔の代替品とするにはさしあたって不適切と判断された（さらに昆虫類にとっておいしいごちそうとなることが判明したので、必ず別の材料の層ではさむ必要がある）。それでも、MREのアイテム全体を入れる低密度ポリエチレン製の外袋をこのナノ複合材料の袋に替えれば、プラスチックの使用量を削減することができる。また、外袋が防湿性と酸素遮断性にすぐれたものとなるので、MREに入れる各アイテムの包装を簡素化することもできる。

陸軍ではいつものことだが、挫折によってむしろやる気に火がついた。EVOH系のナノ複合材料は試作段階まで進み、防水性については別のポリマーを少量加えることで改善された。一方、ヴァージニア工科大学とプリントパック社（コカ・コーラ、ドール、フリトレー／ペプシコ、ハーシー・フーズ、クラフトなどを取引先とする大手包装材企業）は、この新しいプラスチックに関するそれまでの研究を見直して、水蒸気透過率をさらに下げてほしいと依頼された（これはうまくいかなかった）。これによってナノテクノロジー関連分野の拡大に拍車がかかり、ネイティック研究所は複数の後続プロジェクトを発足させた。プライアント・コーポレーションは、共押出（すべての層を同時にスリットから押し出して積層させる方法）による五層から七層構造のフィルムの開発を依頼された。製紙会社のアップルトン・コーテッド社とクレムゾン大学は、新しい混合技術を研究した（たとえば「カオス的混合」と呼ばれる技術では、二種類のポリマーをかき混ぜるのではなく重ねて折りたたむことによってバリア特性が強化できる）。ナノ球体《スフェア》の研究に取り組む企業もあった。ナノスフェアは空気を内包しているので、ポリマーの使用量を減らすことができ、フィルムの軽量化にもつながる。デンプン、セルロース、乳酸、細菌の体内貯蔵物質といった材料でつくるバイオナノ複合材料なら堆肥にしたり地中に埋めたりできると考えて、この種の材料に目をつけた企業もあった。また、バリアコーティング剤の研究も進められた。これらの取り組みのなかには、可能性を秘めたものもあるかもしれない。「プロジェクトは二〇一二年に終了しました」とラットーは言う。「当時、われわれはペンネのレトルト包装材として使うための研究しかしませんでしたが、今ではあらゆる食品でポリマー一〇〇%の包装材が使えるように研究しています。……適正で許容可能な機能をもたせることができれば、二、三年後には採用されているかもしれません」

しかしナノ材料にはまだ解明されていない点がたくさんあり、とりわけ安全性と健康への影響については不明な点が多い。産官学が共同研究を行なう食品安全衛生研究所に所属するFDAの化学者ティモシー・ダンカンは、こう説明する。「食品包装をPCNC（ポリマー／クレイ系ナノ複合材料）研究の最終目標の一つと位置づけている研究がたくさんある割には、本物の食品成分を使ってナノ材料の品質保持性能や安全性について試験した研究者は驚くほど少ないのです。……PCNCは食品包装技術において次の革命となるかもしれませんが、この材料がもたらす潜在的な危険から消費者を保護するために、とるべき対策がまだあるのです[26]」

フタル酸エステルの場合と同様、ＦＤＡはナノ複合材料についてまだ判断を下しておらず、代わりにナノスケールの成分や食品接触材料への添加について、事例ごとに個別の承認を受けることを義務づけている。二〇一四年六月の業界向けガイドラインに掲載された三〇件ほどの参考文献のうち、ナノ毒性学を扱ったものは二件しかなかった[27]。ナノ粒子はポリマーからどのくらい出ていくのか。摂取したナノ粒子は生細胞の中に入っていくのか。無機物の場合と同じく、ナノ粒子はその形状と高い表面活性性ゆえに通常よりも影響が何倍にも拡大されるのか。体外に排出されるのか、それとも組織内にとどまるのか。どんな異常や疾患を引き起こす可能性があるのか。こうした重大な疑問は切実さを増しているが、近いうちにＦＤＡがこれらに取り組む見込みは低そうだ。

★★★

第二次世界大戦中、昔ながらの材料を軍で使わざるをえず、身近な品物に使われるそうした材料に代わる安価で大量生産できる代替品を見つけることが求められ、また、さまざまな条件のもとで世界中に輸送されるレーションを保護する必要性が生じた。このためアメリカ陸軍は高分子科学という新興分野を促して、耐熱性が低く成分が不安定という明白な問題があったにもかかわらず、プラスチック製の食品包装材を開発させようとした。ダウ・ケミカル社が食品の鮮度を保つ方法として自社の――そして舞台裏では陸軍需品科の――考案したサランフィルムを世に発表してから半世紀以上のあいだに、スーパーマーケットやキッチンではサラン以外にもたくさんのプラスチックがありふれたものとなった。国防総省は、溶出した可塑剤が食品など近くにある物質の内部に移行することを初めから知っていたが、戦場での利便性がどんな懸念よりも優先されたらしい。一九六〇年代に国防総省が推し進めた方法は、さらに危険性の高いものだった。ポリマー製のパウチに食品を入れて加熱殺菌することによって、品質保持期間を延長しようとしたのだ。一九九〇年代から二〇〇〇年代の初めには、最も広く使われる可塑剤であるフタル酸エステルが内分泌系や血圧やさらにはＩＱにまで有害な影響を及ぼす可能性が表面化し始め、陸軍はレトルトパウチで使うアルミ箔に代わるものとしてナノ材料の使用を検討する新たなプロジェクトを発足させたが、人間の細胞に入って異変を起こすのにぴったりなサイズのナノ粒子が健康に与える影響についての毒性データはほぼ皆無に等しい。食品接触材料としてのプラスチックの使用に対しては、私たち民間人がそのミッションを阻止すべきなのかもしれない。

第11章　夜食には、三年前のピザをどうぞ

一〇代の間食という侵すべからざる儀式

私は夢の中。見覚えのある街を急ぎ足で歩いている。ニューヨークだろうか、それともキトか、ボストンか。私は自由で、満ち足りて、気力がみなぎっている（日々の生活の中で最高の時間が毎晩のレム睡眠というのは、何かよくない兆しだろうか）。においに気づく。煙だ。何かが焦げている。

「アメイリア！」

階下へ駆け降りる。〝手づくり〟のケサディーヤ――ビニール袋に入れて常温保存してあった小麦粉のトルティーヤ二枚のあいだにスライス済みのチェダーチーズをはさんだもの――が、フライパンで楽しげに焦げている。カウンターにはごちそうの残骸が散らかっている。極端な炭水化物補給の訓練でもしたかのようだ。トルティーヤチップスの袋には、ほとんどかけらしか残っていない。容器に入った既製品のワカモレ・ディップは、細く開けたビニールフィルムの下から器用にごっそりとすく

い取られている。〈オレオ〉クッキーのトレイは空っぽ（例によって、アメイリアは妹がこっそり隠していたのを見つけ出した）。そしておまけに、冷たく干からびた食パンが二枚。リビングのカウチにアメイリアがどっかりと座り、テレビから笑い声が流れる。アメイリアはメールを打ちながらフェイスブックに書き込みをして、さらに大画面テレビでビデオを流している。時刻は午前三時。

以前の私なら、娘を叱りつけただろう。キッチンは散らかしっぱなしで、深夜まで起きていて、食べているのは体に悪いものばかりだし、言うまでもなく家を火事にさせかねない。でも、今の私は怒らない。娘はもう一八歳の大学生で、帰省中で、子ども時代の依存から大人としての責任へ進む危うい道をしっかりと歩みだしている。場合によっては、距離を置いてわが子の成長を見守ることが親として最良の務めだ。それに、人の至福の時に水を差す必要などない。こういう時間はたやすく手に入るものではなく、ようやく手に入れてもあっという間に過ぎ去るのが常ではないか。私はため息をついてコンロの火を消す。

常温保存が可能な食品

若者の食欲のすさまじさは誰もが知るとおりである。かつてそれは、食事のときにおかわりをしたり、深夜に食品棚から食べ物を持ち出したりすることを意味していた。しかし、たいていの子どもがデビッドカードをもつ今の時代には、家の中ではなく最寄りのセブン‐イレブンやケイシーズ・ゼネラル・ストアの陳列棚から典型的なジャンクフードを買ってむさぼり続けることも少なくない。ポテトチップス、甘い菓子、冷凍ブリトー、そして時代が変わっても不動の人気を誇る、さまざまな具材がミックスされた大型容器入りアイスクリーム……。だが、これからは一〇代の食欲をもう少し健康的に満たすことができそうだ。陸軍が開発し採用した新しい食品保存法であるハードルテクノロジーと高圧加工のおかげで、親はピザやサンドウィッチ、さらにはワカモレやサルサなどの常温保存可能なインスタント食品を大量に買い込んでおくことができる。そうすれば、子どもがジャンクフードを買いに行くのを阻止できるかもしれない。これらの新しいタイプの食品は保存に必要な条件がとてもゆるいので、クロゼットにしまったり、車庫に山積みにしたり、地下室に何ケースも積み重ねたりして、何カ月も、あるいは何年も保存することができる。冷蔵品もやはり数カ月もち、宝石のようにまばゆい色合いは宝石のようにいつまでも変わらない。

冬に備えて、あるいは陸路や海路を行く長旅の際に、食料の保存方法を人類が初めて考え出して以来、私たちは食品保存が悪魔との取引だということを認めてきた。食品の寿命を延ばすために、風味と食感を犠牲にした。かみごたえのあるビーフジャーキー、みずみずしいハム、酸っぱいピクルス、口当たりのよい果物の砂糖漬けなど、生鮮品の代替として生まれた保存食を美味と感じることもあったのは確かだ。しかし私たちの心の底には、保存食というのはやむをえない手段だという思いが存在した。常温保存可能な食品は、乾燥、塩漬け、砂糖漬け、酢漬け、発酵、燻製などの加工が施されていた。長もちさせるために大量の塩や砂糖や酸に頼らないでみずみずしさを保つという究極の保存法は、一八〇〇年ごろまでは想像もできなかった。しかし一九世紀に入って、ニコラ・アペールが瓶詰や缶詰をつくる技術を発明した。水分の多い食品をガラス瓶やブリキ缶に密封して加熱した保存食が、食品保存に革命を起こした。とはいえ、採れたてやつくりたての食品のもつ鮮やかな色、本来の味わい、歯切れのよさや粘りといった食感を保つことのできる技術が誕生するまでには、さらに二〇〇年近くを要した。この新しい特別な食品ジャンルには、ちょっと頭を惑わせる「生鮮ふう」という形容が用いられることもある（頭を惑わせるというのは、「生鮮」という言葉は「保存処理をしていない」ということを本来は意味するはずだからだ）。

ハードルテクノロジーの開発

一九六〇年代の初め、ドイツ連邦食肉研究所の科学者のロータル・ライストナーは、アイオワ州立大学で数年間を過ごした。そして、食品の腐敗メカニズムの専門家であるジョン・エアーズのもとで、ドイツ陸軍のために「塩漬け肉、特にハムとソーセージの微生物学」を研究した。もう一つの専門分野であるマイコトキシン（カビ毒）についても共同研究していたかもしれない。「憂慮する科学者同盟（ＵＣＳ）」と同じような（ただし人文系のメンバーが多い）ドイツの団体「ヴィッセンシャフト・ウント・フリーデン（科学と平和）」の発行する会誌によると、ライストナーの研究室はのちに真菌の代謝産物のなかで特に致死性の高い四種類の物質を合成する方法を開発するに至ったのだ。そのころ彼が発表した論文は、彼の研究にあると思われる二面性を反映している。ある学術誌で彼は発酵ソーセージにおけるアオカビ属の役割を報告し、別の学術誌ではアオカビ属が産生する猛毒のオクラトキシンの合成について記している（後者の論文は、アメリカ農務省の科学者で陸軍需品科随一の真菌専門家であるドロシー・フェンネルとの共著だった）。知識をよい目的で役立てるか、それとも悪用するかはごく細い境界線でしか隔てられておらず（境界線が存在しないことすらある）、両者には紙一重の差しかないということは、必ずしも驚くに値しない。

よい目的で知識を役立てたという点では、伝統的な保存肉の保存法と腐敗について解明したライストナーの研究を認めてよいだろう。「最初のきっかけが訪れたのは、エイムズにあるアイオワ州立大学で私が研究していた時期（一九六三〜六六年）だったかもしれない。上司にあたるジョン・エアーズ博士が、食品保存における水分活性の重要性を扱った論文がオーストラリアで発表されたと教えてくれたのだ。しかし食品の保存には水分活性値だけでなくいくつかの『ハードル』の影響も関係すると私は考えた。それでハードルテクノロジーという概念が徐々に生まれた」

まさしく「徐々に」である。彼がこの概念をほかの人に明かしたのは、それから一〇年も経ってからだった。その間、ライストナーはエアーズとの共同研究を続けた。エアーズは食品・容器研究所からよく研究を委託され、保存肉に存在する酵母やカビについてしばしば会議で発表していた。一九六六年、ライストナーはドイツに帰国し、「発酵ソーセージにおける酵母に関する研究プロジェクトを開始した。アイオワ州立大学でやっていた研究の延長とも言えるが、これからは水分活性、酸化還元電位（Eh、電子の受け取りやすさや失いやすさを表す）、食肉の風味と酵母の関係についてもっと詳しく調べたいと考えていた」。一九七〇年代には、ドイツ連邦食肉研究所での研究パートナーで微生物学者のヴォルフガング・レーデルとともに、ドイツ軍向けの肉製品の開発に尽力した。「ドイツ陸軍からは、こんな条件を出された。保存加工していないものと変わらない特性を持ち、摂氏三〇度で少なくとも六日間は味と安定性と安全性を保つ肉製品を陸軍での配給用として提案すること。軍事演習の際に使用するレーションなので、冷蔵は不要なものとする」。一九七六年、ライストナーは同僚のレーデルと共同で、ハードル効果の概念を述べた最初の論文を発表した。

古代ローマのハードルテクノロジー

論文に記されていたのは、言われれば自明だがそれまで誰の頭にも浮かんだことのない考えだった。

ライストナーは、豚の後四分体を保存処理する際に伝統的なレシピで用いられる手順はどれも単独では微生物の侵入を阻止するのに十分でないが、組み合わせることでプロシュット・ディ・パルマやハモン・セラーノ、ヴェストフェリシャー・シンケンやスミスフィールド・ハムといった各地名産のハムができるのだと述べて、その相乗効果を説明する一説を提示した。彼の説と特によく用いられる「ハードル」を理解するために、ローマ帝国へ戻ってみよう。ローマ帝国はキリスト教、屋内トイレ、靴下など数々の重大な発明を広めたが、美味なるハムを世に広めたこと――発明したわけではなく、発明者の名誉はケルト族のものだ――もそうした功績の一つだ。では、政治家で農場主だった大カトー（紀元前二三四～一四九年）が著書『農業論』（ラテン語の散文で書かれた現存する最古の書物）で公にした一家伝来のレシピを分析してみよう。

微生物による腐敗を抑える最初の二つのハードルは――もちろん、微生物が発見されたのはこの時代から二〇〇〇年近くあとだが――カトーには自明と思われたらしく、著書では言及されていない。一つ目は低温である。農耕社会では伝統的に、ハムは晩秋から冬にかけてつくられる。低温だが凍結には至らないこの時期の気温が、微生物の増殖を抑えてくれるからだ。殺した豚を湯通ししてから一晩ぶら下げる。これによって血液や体液が排出され、それから死後硬直が始まる。これに続く第二のハードルは、pHの低下だ。pHが下がるのは、酸素を必要とする代謝（好気性代謝）が停止する一方で酸素を必要としない代謝（嫌気性代謝）がしばらく続き、乳酸が蓄積する（生体の組織では、乳酸は絶えず除去される）ためである。こうして酸性度が強まると、pHが四・五～五・六まで下がり、タンパク質が水分と結合しにくくなるので、除去すべき「自由水」が増える。いよいよここでカトーのレシピに入る。

豚のもも肉を塩漬けにするには、広口瓶か大きな甕《かめ》を用いて以下の手順で行なうこと。脚から切り取ったもも肉を購入する。もも肉一つにつき挽いたローマ産塩を半モディウス〔約四・四リットル〕用意する。広口瓶または甕の底に塩を敷く。皮の面を下にして肉を置き、全体を塩で覆う。この上に次の肉を置き、同様に塩で覆う。肉が互いに触れ合わぬように注意する。同じ手順を繰り返し、すべての肉を塩で覆う。肉をすべて器に収めたら、肉が露出しないように塩を行き渡らせて全体をならす。塩漬けにして五日経ったら、塩とともに肉をすべて取り出す。今まで上に置かれていた肉を今度は下にして、前と同じ処理をする。

第三と第四のハードルは、要するに化学的方法と物理的方法により水分活性を下げることだ。塩が肉の細胞間液に拡散し、水分子と結合する。また、浸透圧が上がるので、平衡状態を保つために細胞から水が引き出され、最終的に肉から水分が出ていく。肉を積み重ねることによって下のほうの肉に圧力がかかり、組織が圧迫されて水分がさらに押し出される。途中で上下を入れ替えることですべての肉が同じ作用を受けて、さらに水分が除かれる。およそ二週間後、カトーは第五から第七のハードルとなる処理を続けざまにやってのける。

一二日経ったら肉を取り出して塩をすべて払い落とし、風通しのよい場所に二日間ぶら下げる。三日目に海綿で表面をしっかりと拭い、油をすり込む。

肉の表面をぬぐって油を塗るというハードルによって、カビが除去されるとともに新たなカビの発生が防げる。

二日間、煙の中に吊るし――

煙には殺菌作用がある。木材を燃やすと微粒子状の物質が発生して高温の雲のように漂う。この雲にはフェノール、カルボニル、有機酸が含まれるが、これらはいずれも肉の表面に変化を起こし、微生物の増殖をさらに難しくする。

――三日目に肉を下ろし、油と酢を合わせた液をすり込み――

酢にも殺菌作用がある。酢に含まれる酢酸が細菌や真菌を死滅させるのだ。油は脂質のバリアとなって、新たな微生物の侵入を阻止する。

――貯蔵小屋にぶら下げる。蛾やウジ虫が触れぬようにする。(1)

そして最後のハードルとは？　時間である。ハムのことは忘れるのだ――数カ月後まで。特に湿度の低い寒冷な時期に自然乾燥を行なうと、水分がさらに抜けるので味が濃縮され、表面が硬化して保護層となる。

微生物を制御する技術

カトーがこのレシピをしたためてからおよそ二〇〇〇年後、ライストナーは穏やかに作用する食品保存法を多数組み合わせることによって食品の安全性と常温での長期保存が実現できることに気づいた。伝統的な保存食品製法に関する知識からヒントを得ていたのかもしれない。しかしハードルの作用に関する彼の理論は、最新の微生物学にもとづくものだった。レーウェンフックが一六七五年に自作のレンズの下で何かがうごめいているのを初めて見つけて以来、顕微鏡の改良に伴って、細胞(および細胞で構成される生物)に関する私たちの知識は、いわば遠写しのロングショットから至近距離のクローズアップへと進歩してきた。この間、食品に生息する細菌たちは、人間と旅路をともにしてきた。パスツールがワインで大発見をした瞬間——「わかったぞ! 私のシャトーヌフ・デュ・パプを金属磨き液みたいな代物に変えているのはこの小さな生き物だ!」——から始まり、何百人もの細菌学者があたかも犯人の似顔絵を描く警察官のごとく、細菌というこのうえもなく厄介な生き物の細かな特徴を寄せ集めて検討した数十年の苦難の時代を経て、微生物学者がのぞき見犯さながらに細胞をのぞき込んで細胞小器官の活動を分子レベルで解明する現在へと至る旅路である。こうした先達の成果を足がかりにして、ライストナーは微生物を死滅させるのにもっと巧妙な方法を新たにまとめ上げた。敵に見破られない訓練を受けたCIAの暗殺者のように、食品技術者はたやすく気づかれてしまう凶器一つに頼るのではなく、低レベルの環境ストレスをいくつも用意して、それを細かく操作できるようにしたのだ。

ハードルテクノロジーの効果は、恒常性(ホメオスタシス)と関係している。細胞は細胞内で行なわれる活動のために、細胞内の環境を一定に保つ必要がある。この性質を恒常性という。たとえば、人間の細胞にとって温度はきわめて重要である。ほんの一、二度の変化で生死が分かれる。人間と比べれば細菌は温度については許容性が高いが、多く（すべてではないが）はpHと浸透圧への感受性がきわめて高い。この二つの要素は、細胞内外への物質の輸送に影響する。細胞膜が損傷すると、平衡状態を維持するポンプ機構に変化が起き、細胞がしぼんだり膨張したりする可能性がある。不可逆的な損害をもたらす変化としては、微生物のＤＮＡや酵素の変化もある。ハードルテクノロジーの中核をなす概念は、亜致死損傷と呼ばれるものだ。損傷した細胞は、機能を維持しつつ損傷から回復しようと努める。これによって貯蔵エネルギーが枯渇し、次の攻撃に対して脆弱になる「代謝性消耗」という現象が生じる。これは人里離れた場所で敵の膝を銃で撃ち抜くようなものと考えるとわかりやすい。失血死することはないが、助けを求めて這い回るうちに空腹と疲労で死んでしまう。

細菌の芽胞は生物がとる形態として地球有数の頑強さを誇るが、ハードルテクノロジーはこれも巧妙な方法で死滅させる。芽胞にとって最適な水準をやや下回る環境をつくり出し、発芽しても長く生存できないようにするのだ。そうすると、室内ガーデニング用キットを買ってきたときと同じような結果となる。つまり、種をまいて芽が出るまでは世話を怠らないが、それきり水やりを忘れてしまい、最後には巻きひげ状の茶色いごわごわした物体が鉢に残る——ハードルテクノロジーはこれと同じ状況をつくり出すのだ。もちろん細菌は悪知恵が働くので、ストレスの強い環境に置かれると、多くは有毒なタンパク質を生成するなど特殊な生存メカニズムを発動させるか、あるいは別種の攻撃に対する耐性をさらに強める。それでもなおハードルテクノロジーの原理を適正に用いれば、こうした細菌の悪だくみに対抗することができる。ライストナーはこんなふうに述べている。

食品に設けた複数のハードルが微生物細胞内の異なる標的（細胞膜、DNA、pHや水分活性や酸化還元電位に関係する酵素系など）を同時に攻撃し、いくつかの部分で微生物の恒常性を乱すことができれば、相乗効果が期待できる。その場合、ストレスを受けた微生物による「ストレスショックタンパク質」の活性化や恒常性の回復はもっと難しくなる。したがって、特定の食品の保存において同時に複数のハードルを用いることで、最適な安定性が実現できるはずである。[2]

ネイティック研究所とハードルテクノロジー

ネイティック研究所がハードルテクノロジーをどうやって知ったのかは定かでない。ロータル・ライストナーと接触があったか、あるいは彼のアイデアに触れる機会があったかもしれない主要な科学者のうち、アーウィン・タウブとダニエル・バーコウィッツはすでにこの世を去っているので、周囲の者たちが憶測するしかない。「タウブ博士がライストナーを知っていたのは間違いないだろう。直接連絡をとるような知り合いだったかはわからないが」と、ネイティック研究所を退職した元上席科学者のパトリック・ダンは言う。食品加工製造技術チームのリーダーを務めるローレン・オレクシクは、自分の上司だったバーコウィッツの口からライストナーの名を聞いたことはなく、「ハードルテクノロジーという呼び方もしていませんでした」と言う。この技術自体は古くから存在している。ハードルを利用した食品を扱った経験が最も豊富なネイティックの食品科学者、ミシェル・リチャードソンの言葉を借りれば、「たとえば昔の人はミイラをつくるときに遺体の防腐処理をしていましたが、これはハードルテクノロジーです。遺体を保存するのに薬品を使い、酸を使い、さまざまな方法が用いられました」。ハードルテクノロジーが生まれてからすでに長い年月が経っているので、この技術の昔ながらの使い方と、この技術の根底にある生化学的作用を理解して操作するという意図的な応用とを区別するのが難しい場合もある。ともあれ一九九〇年代の初めごろには、ネイティック研究所では微生物学的に安全で常温保存可能な食品をつくる計画の中にハードルテクノロジーを採り入れていた。

ライストナーはネイティック研究所で一九九三年に開かれた「食品保存2000」という会議に招待された。食品保存に関する数々の新しいアイデアについて発表する演者が結集したが、その方法は熱を使うものがある一方で、熱を利用しないものも増えていた。それからまもなく、自己PRの得意なライストナーは「加工度を極力抑えて常温保存が可能な、すぐに食べられる陸軍配給用肉製品」に関する自身の研究成果を記した冊子をドイツ陸軍に作成させ、「このデータを広く利用してもらう」ために世界中の食品科学者と食品技術者、合わせて五〇〇〇人に送付した。しかし、問題があった。冊子はドイツ語で書かれていたのだ。ライストナーは「多数のカラー写真」を掲載しているから支障はないと、高をくくっていた。彼はこの技術を広めようと組織的な活動も始めて、一九九〇年代前半にはハードルテクノロジーの概念を扱った論文を数々の学術誌に発表した。

ネイティック研究所はハードルテクノロジーを早期に採用した機関の一つであり、現在もきわめて積極的に利用している。戦闘食糧配給プログラムに携わる科学者と技術者は、ハードルテクノロジーを使えば、水分を含む食品を大量の保存料なしで常温保存できるということをたちどころに理解した。ハードルテクノロジーを用いた最初の試みはパウンドケーキだったが、その後すぐに三年間の常温保存が可能なサンドウィッチに着手した。サンドウィッチの場合、食材ごとに水分含有量が異なるので、食材間で水分が移動して食欲のわかないぐちゃぐちゃの物体になりやすい。したがって、この挑戦は容易ではなかった。「うちでつくった常温保存可能なサンドウィッチを見てください。……一つはペパロニサンドです。発酵食品なので、pHは意図的に低くしてあります」とリチャードソンは説明する。「パンに使うイーストが発酵することによってpHが下がりますが、われわれの採用している配合のなかには、pHをさらに下げるために酸をパンに加えるレシピもあります。大事なのは水分活性だけでなく、水分活性とpHの兼ね合いなのです。ほかにもいろいろな添加物を加えます。亜硝酸塩で保存加工したイーストを使うこともありますが、亜硝酸塩には抗菌作用もあるのです。包装自体もハードルとなります。水分やガスがパッケージ内に入るのを防ぎますから。パッケージには、内部の酸素を減らす脱酸素剤を入れます。生物には酸素が必要ですから、この脱酸素剤もハードルになります。われわれはこれらをトータルに考えているのです」

常温保存可能なサンドウィッチは、開発を始めてから一七年後の二〇〇七年、ようやくイラクとアフガニスタンでレーションに使われた。国防総省戦闘食糧配給局の元局長、ジェリー・ダーシュはこう説明する。「われわれはハードルテクノロジーというコンセプトを取り上げて、その領域を押し広げ……この技術にじっくりと取り組んだ。この技術には食品のバラエティーと質を拡充し、複雑な食材の組み合わせもコントロールする力がある、と理解していたからね。……レーションのメイン料理のほとんどは、水分を含んだ食品がレトルトパウチに入っているウェットパックだが、常温保存の可能なポケットサンドでは全種類でハードルテクノロジーを使っている。……ハードルテクノロジーが与えてくれる可能性に変更や拡張を加えることで、どんな食品もレーションに入れられるようになったのだ」

ハードルテクノロジーはあらゆる一般的な食品や加工プロセスに適用できるが、真に大きな効果が得られるのは非加熱食品を常温保存する場合だ。とりわけ陸軍が開発したサンドウィッチ、ポケットサンド、ピザのように、水分量の異なる複数の材料——ピザの場合には、乾燥したクラスト、水分たっぷりのトマトソース、しっとりしたチーズ——でできているものには有効である。実際に陸軍は、クラストとソースを隔てるためにバジル風味のナノフィルムをあいだにはさんだ常温保存可能なピザをすでに開発している。以前からピザは最も要望の多い品目だったので、兵士たちは大喜びするに違いない。スーパーマーケットに行けば、ハードルテクノロジーがいたるところで使われている。とはいえ、気づかれることはない。たいていの食品技術者はその原理を用いても、わざわざ言い立てたりしないからだ。食品業界コンサルタントのキャスリン・コトゥラによると、「ライストナー博士の成果は非常に広範に利用されている。若い世代にはおそらくその起源がわからないほど広範に」

高圧加工と食品保存

真空の空間では、叫んでもその声は誰にも届かない（議論の都合上、酸素は静脈内投与されていることにする）。空気の波状の乱れである音を伝える分子が存在しないので、叫ぶ人は孤独で、ただムンクの絵の人物のように顔をゆがめ、果てしない静寂に包まれる。しかしこの真空の空間から離れれば、状況はまったく違う。温度、密度、混合比率、体積の微細な変化に反応して、あらゆるところで分子が跳ね回っている。分子が運動によって生み出したり、周囲の分子から受け取ったりする力は、圧力と呼ばれる。圧力には、音の揺らぎのようにナノパスカル単位でないと測定できないほど小さいものがある（パスカルは天才的な哲学者、数学者、科学者で、真空の存在も主張した）。一方、デシリオンパスカルからアンデシリオンパスカル（一〇の三三～三六乗パスカル）と推定される崩壊した中性子星の中心部のように、巨大な圧力も存在する。また、これらの中間の圧力もある。たとえば高圧加工と呼ばれる新しい食品保存技術では、一般に三億パスカルから八億パスカル（一セント硬貨の上にミニバンを二〇台積み重ねたくらい）の圧力を用いて、食品中の微生物を死滅させる。

食品自体が押しつぶされて食用に適さない物体になることはない。これは液状の水がもたらすマジックのおかげだ。大気圧下では、液体状態の水の分子は非常に密集している（氷になると分子間の距離はもっと広がる。ワインを急いで冷やそうとして、ボトルごと冷凍庫に入れたまま忘れてしまってはいけないのはこのせいである）。こうした性質を活かし、高圧加工装置を使って以下のような処理をする。食品を軟包装に入れて密封し、圧力容器に入れる。圧力容器を閉じて、目的の圧力に達するまで水を注入する。数分間（通常は五分程度）この圧力を維持し、それから圧力容器を減圧して開く（外圧が上昇すれば液状の水の体積はいくらか変化する。高水分の食品も同様の反応を示し、最大で一五～二〇％ほど圧縮される。しかし処理が終われば食品は通常の体積に戻る）。この過程で、比較的弱い結合（水素結合やイオン結合など）の一部が壊れ、大きな分子（タンパク質やデンプンなど）がほどけたり分離したりする。この変化は食品を加熱した場合にも起きる。一方、これらより何倍も強力な共有結合は持ちこたえるので、ビタミン、風味成分、色素といった小さめの重要な分子は変化せずに残る。これらの変化は、食品については問題がないが、食品の内部にひそむ細菌にとっては命取りだ。細菌の細胞壁からにわかに中身が流れ出し、細菌自身の取扱説明書である遺伝子がばらばらに壊れ、酵素などのタンパク質が凝固してしまうかもしれない。

食品保存技術として、高圧加工は遅咲きと言える。その原理が発見されたのは二〇世紀に入る直前だった。一八九五年にフランス人科学者のH・ロジェが、大腸菌、黄色ブドウ球菌、炭疽菌は高圧を加えると死滅するということを発見したのである（ただし、それでもなお芽胞は発芽するらしいということにロジェは気づいていた。この問題は今もまだ解決されていない）[3]。それから四年後、今度はウェストヴァージニア大学農業試験場のバート・ハイトが、生乳を高圧加工すると未加工の生乳と比べて最大で四日間長く鮮度が保たれることを示した。この技術は有望と思われたが、二〇年ほどで研究は中止された。クラレンス・バーズアイが急速冷凍技術を発明し、一九三〇年代にフロンガスのおかげで冷蔵庫の価格が下がったのに伴って、冷凍技術が広く使われるようになったのだ。一方、現代の食品庫の一角を固守している缶詰製品も改良が続いたが、缶詰のシーチキンを焼きたてのツナステーキだと思ってもらえるレベルにはとうてい至らなかった。レトルト加工に関する知識と装置は徐々に進歩したが、質の高い生鮮食品も徐々に入手しやすくなった。消費者の要求水準が上がり、ぐちゃぐちゃの食感や加熱しすぎた風味やくすんだ色合いの缶詰食品は受け入れられなくなっていった。

世界を一変させたアペールの発明に代わるものが必要なのは明らかだった。では、缶詰に代わるものとは？ まずはシカゴの食品・容器研究所の監督下で、のちにはネイティック研究所の監督下で、陸軍は大きな賭けに出たが失敗に終わった。第二次世界大戦後、政府は数百万ドルというとてつもない巨額の資金を放射線殺菌技術に投入したのだが、これはおそらく食品研究における空前絶後の大失策となった。MIT出身の食品科学者で、一九五〇年代から六〇年代にかけて民間機関でこのプロジェクトの受託研究をしたダン・ファーカスによれば、「食品への放射線照射は、一般社会に移転すべきでない技術の完璧な好例となった。いたるところで問題が起こった。消費者から拒絶され、FDAは毒性を懸念した。包装にもいろいろと問題があった」。やがてネイティック研究所のコバルト60

照射装置は使われなくなり、この技術は結局、日の目を見ることなく終わった。そんな研究にキャリアの一〇年以上を費やしてしまった科学者と技術者は、ただちに次の職場を見つける必要に迫られた。そんなわけで、ファーカスはデラウェア大学に移った。

これからどうしたものかと途方に暮れたファーカスは、極度のストレスにさらされたときに技術者が必ず打つ手に出た。表をつくったのだ。表の上辺に主要な食品保存技術をすべて列挙し、左辺には食品が腐敗したり毒を帯びたり劣化したりするさまざまなパターンを書き込んだ。そしてじっくりと検討した。これだ！　高温、低温、化学物質、水分活性といったほかの要素が次々に注目を集める一方で、ほこりをかぶってひそかに出番を待っている処理法があった。ファーカスは前に研究が中断したところ（物理学者で高圧の専門家だったパーシー・ブリッジマンが一九一四年に高圧加工で卵白を凝固させ、一九六〇年代の終盤と七〇年代の初頭にも二件の小規模なプロジェクトが行なわれていた）から続きをやり直して、さらにずっと先まで進みたいと思った。彼は高圧加工を商業的に実用化する方法を考えるつもりだった。適切な装置を用意して、まともな事業としてスタートさせたかった。高圧技術を実験室の華々しい見世物から熱処理に代わる現実的な食品保存技術へと移行させる際に、最大の障害となったのが装置の問題である。ファーカスはそのときのことをこう語っている。

デラウェア大学で、私はディートリヒ・クノールと一緒だった。彼は八〇年代の初めにドイツから渡米して、ダラス・フーヴァーとともにこの大学の教員となった。われわれ三人は研究資金が必要だったので、高圧加工をやることにした。……必要なのは高圧装置だけだ。ペンシルヴェニア州エリーにあるパーカー・オートクレーヴ・エンジニアズ社に管やらバルブやら全部つくってもらった。今のところは金属の高圧加工に大きな関心が集まっているが、景気には波があるからね。景気のいいときにはジェットエンジンを大量につくったりもするだろうが、それが終わったら？　われわれはそう言って売り込みを図った。食品業界こそ高圧装置の真のユーザーになると言ったら、装置を貸してくれた。われわれにとって最初の装置だった。それを実験室に運び込み、設置して、食品の高圧加工ができるようになったというわけだ。

さまざまな食品でさまざまな細菌を死滅させるのに必要な圧力や時間といった詳細を突き止めるのに数年かかった。一九八七年にファーカスは大学を離れてキャンベルスープカンパニーに三年間在籍し、それからオレゴン州立大学に移った。立派な試験工場と学科長のポストに惹かれたのだ。それでも、デラウェア大学で同僚だったフーヴァー（アメリカにいた）とクノール（ドイツに帰国していた）との共同研究は続けた。

そろそろ準備が整ったと感じると、ファーカスはすぐさま行動に出た。当時ネイティック研究所のプログラムマネジャーだったパトリック・ダンに連絡したのだ。ダンとは受託研究をしていたころからの知り合いで、予備兵としてネイティックの食品実験室に毎年二週間の勤務をした際や、ネイティック研究所の諮問委員会に出席したときにも顔を合わせていた。「デラウェア大学でやった微生物試験で非常によい結果が出たので、ダラス・フーヴァーと私はすぐさまネイティック研究所に出向いた。高圧技術でどんなことができるか伝えるべきだと思って。ダンのほうは、もっと高品質の食品がつくれる新しい技術を手がけたいと考えていた。われわれの提案を聞いて、ダンが中心となって研究プログラムを設けてくれた。それが高圧加工レーションの開発につながったのだ」

なじみのない技術は認められず受け入れられないという教訓を放射線照射プログラムで学んでいたダンは、その教訓を念頭に置いてただちに動き始めた。熱を使わない新規の加工技術のためにとってあった予算を使って、ネイティック研究所が汎用研究の委託先を決める際に用いる広範囲提案公募（ＢＡＡ）で研究提案書を募集し、二件のプロジェクトを委託した。デラウェア大学でのさらなる微生物学試験と、ファーカスが参加するオレゴン州立大学での製品開発だった。一九九八年までに、ネイティック研究所は高圧加工食品だけを使った立派な食事を完成させた。シーフードのクレオール、トマトソースのベジタリアンパスタ、ブルーベリー入りヨーグルトというメニューだった。これらの食品はすべて酸性となるように、レシピが入念に考えられていた。酸性であれば、死滅させるのが難しいボツリヌス菌など、芽胞を形成する病原菌のほとんどの生存に適さないうえに、ＦＤＡの承認を受ける必要がなかった（ＦＤＡの承認が必要なのは、低酸性食品および酸性化食品の「缶詰」だけである）。同じころ、ネイティック研究所では装置についても進展があった。そのころの装置は一〇〇サイクルほど使うと破損していたが、もっと耐久性の高い装置を設計させるために、スウェーデンとスイスの企業が合併した動力機械・産業用機械メーカーＡＢＢから独立したスピンオフ企業のアヴュア・テクノロジーズと、エンジニアリング会社のエルムハースト・リサーチという二つの小さな会社と契約を結んだ。利益率の高い金属加工品（ジェットエンジンなど）を少量製造するために高圧加工技術を用いる場合には、装置の耐久性は重視されない。しかし薄利多売の食品業界では、耐久性はきわめて重要な問題となる。

陸軍では、酸性食品に存在する増殖期の細菌はすべて死滅させられるようになり、頑丈な加工装置も確保できた（エルムハースト社の装置は、強力な爆薬にも耐えられる古い六インチ砲の砲身をリサイクルして圧力容器にしていた）。しかし、それだけでは満足しなかった。「高圧加工技術はかなり成熟したので、そろそろ次の目標に向けて拡張できるとわれわれは考えた」とダンは言う。その目標とは、意外に手ごわい家庭料理、具体的に言えばマッシュポテトだった。各地の軍人がこれを要求していたが、ネイティック研究所ではまだ少なくとも兵士がちゃんと満足するようなものをつくることはできずにいた。マッシュポテトは酸性度が低いので、保存中に発芽するおそれのある細菌芽胞をすべて死滅させるにはごく長時間にわたって高温に保つ必要があり、ひどく加熱しすぎた状態となってしまう。しかし加熱殺菌以外の方法では、どれも規制当局の承認が必要となる。

FDAによる承認

ネイティック研究所の食品放射線照射プログラムのときには、FDAから承認を得るのに困難を極めたが、今回は、ダンは楽観していた。「すべきことは、プログラムを設けて、常温保存が可能な低酸性食品をつくり、FDAに加工技術の承認を申請して実際に認可してもらうことだった」。連邦議会で新たに承認された国防総省の共同研究手段で、政府と民間企業でコストを分担できる「デュアルユース科学技術（DUST）コンソーシアム」を利用して、ダンは強力なチームを結成した。主契約業者はアヴュア社で、ほかにホーメル、ユニリーバ、ベーシック・アメリカン・フーズ、コナグラ、バクスター・インターナショナル、ゼネラルミルズ、マース／マスターフーズの各社にも参加してもらった。さらに国立食品安全技術研究所（現在の食品安全衛生研究所）も参加した。この研究所は、イリノイ工科大学と食品会社になんとFDAも加わった、産官学の共同事業だった。

第一歩は、短時間だけ高温と高圧を用いる（のちにこの方法は圧力補助熱殺菌法［PATS］と呼ばれるようになる）実証実験用の圧力容器をつくって、従来の加熱殺菌法に劣らない安全性を示すことだった。凶器にもなりうる圧力鍋を使いこなすおばあちゃんのいる人なら誰でも知るとおり、高圧と高温が結びつくと調理時間が大幅に短縮される。たとえば従来の方法でレトルト加工装置を使って陸軍用のマッシュポテトをつくるとすると、摂氏一二〇度で八〇分の加熱を要する。ＰＡＴＳで殺菌および保存処理をすれば、わずか一二分で完了する。アヴュア社は数年かけて新たな加工装置の開発に成功した。その容量は三五リットルで、当時としては最大の装置となった。

それからダンの率いるコンソーシアムは、彼の慎重な言い方を借りれば「イリノイ工科大学と実証実験の下請け契約を結んだ。じつは、この大学はＦＤＡの食品加工研究施設として運営されている。新規の加工技術について判断を下す規制当局者が同じ場所にいるわけだから、この研究をするのにうってつけの場所だった。……当局者は情報源として、意見交換や突っ込んだ議論の相手となってくれる。ＦＤＡに分厚い申請書をただ提出するのではなく、事前に研究計画を当局者に検討してもらうのは大事だからね」

それでも、高圧加工には実績がなく、理論的な裏づけも少なく、安全性試験もわずかしか行なわれていなかった。安全性の基準としてＦＤＡが最も信頼しているのはボツリヌス菌殺菌能だが、高圧加工にこの基準を適用することはできなかった。低酸性食品について承認を得るには、陸軍と提携機関は高圧加工と圧力補助熱殺菌が加熱殺菌と同等に有効であることを示す必要があり、ＦＤＡは従来にない殺菌法に対応できる食品安全の評価基準を用いてその申請を評価する必要があった。一九九八年、ＦＤＡはさまざまな新規食品加工技術の科学的根拠と安全性を精査する業務を食品技術者協会に委託した。高圧加工に関する調査は、ネイティック研究所の研究受託者であるファーカス、フーヴァー、ジョゼフ・コキーニ（ラトガース大学で長く陸軍に協力していた）からなる物理的加工技術小委員会が行ない、ダン、国立食品安全技術研究所のスタッフ、そしてＦＤＡへの申請を取りまとめたコンサルタントのラリー・キーナーを含むプロジェクト関係者などが審査を行なった。

一方、冷蔵された酸性食品または酸性化食品の高圧加工は、民間企業で本格的に採用されつつあった。「ネイティックの研究に刺激されて、食品会社が高圧加工を利用し始めた」とファーカスは言う。高圧加工食品としてアメリカの市場に初めて登場したのは、おいしいがこのうえもなくデリケートな生鮮品であるワカモレ・ディップだった。一九八〇年代の後半から一九九〇年代の前半にかけて、テキサス州でいくつかのメキシコ料理店チェーンを経営していたドン・ボーデンは、店で出すワカモレのコストを削減して賞味期間を延ばす方法を探していた。ワカモレの材料であるアボカドは、輸送中に傷みやすいうえに、切ると天然の酵素の作用でたちまち果肉が鮮緑色から茶色に変わってしまう。彼は、食品包装・加工の大手企業テトラパック社でリサーチマネジャーをしていたチャック・サイザーに接触した（サイザーはのちに、国立食品安全技術研究所が高圧加工の研究にかかわっていた初期に同研究所の所長となった）。高温殺菌を試したら、「エンドウ豆のスープみたいになって戻ってきた」とサイザーは言う。「色が変で、食感も変だった。そしておいしくなかった」。やがて二人はＡＢＢ社のオハイオ支社で見本装置を試してみることにした。

ファーカス、フーヴァー、クノールが一九八〇年代の初めに行なった研究は、科学者のサイザーと経営者のボーデンに確信を与えた。「あのころ文献は十分にあったので、この方法が微生物に有効で、病原菌の対数減少値（初期菌数に対する処理後菌数の割合を常用対数で表した値）にも有効だということはわかっていた」とサイザーは語る。高圧加工を試した結果、「奇跡のような」効果が得られ、アボカドは一カ月にわたって緑色でクリーミーで新鮮な状態を保った。この新しい保存技術はボーデンの事業に大きな変化をもたらし、製造工程全体をメキシコにアウトソースすることができ、〈ホーリー・ワカモレ〉の商標でスーパーマーケットに商品を供給して大きな収益を上げるに至った。ファーカスは言う。「これは理想的な製品で、数年のあいだ高圧加工のシンボル的存在となった。ボーデンの会社は工場を次々に建てた。メキシコにも、ペルーにも、チリにも……」

まもなくライバルが現れた。新たな高圧加工製品も登場した。〈ホーリー・ワカモレ〉を製造するフレッシャライズド・フーズ社は、アボカドスムージー、サルサ、ミールキット〔食事の調理に必要な食材一式をセットにしたもの〕も品ぞろえに加えた。トロピカーナ社も参戦し、アヴュア社がDUSTコンソーシアムのために開発していた新しい高圧加工装置の独占購入権に一〇〇万ドルを投資したが、性能の問題と、スーパーマーケット用のオレンジジュースを製造するには費用対効果がよくないとの当初見込みにより、のちに撤退した。しかし同じジュース市場でも対極に位置する、一杯四ドルか五ドルもするような高級フレッシュジュースの分野では、味を損ねる加熱殺菌をせずに危険な微生物を死滅させられることから、数社がこの技術の実験を始めた。

食の安全を管理するシステム

ありがちな話だが、実用的な食品殺菌技術としての高圧加工が受け入れられるに至ったターニングポイントは、危機のあとに訪れた。一九九六年、オドワラ社のリンゴジュースを感染源とする病原性大腸菌O157：H7の集団感染が発生した。一四人の子どもが溶血性尿毒症症候群〔赤血球が破壊される病気〕を発症し、一歳四カ月の女児が死亡した。FDAが刑事訴訟を起こし、被害者のために複数の製造物責任訴訟も起こされた（何よりも決定的な証拠となったのは、衛生管理に問題があるとしてオドワラ社製品の納入を断る陸軍の通知だった）[4]。五年後（FDAではこのくらい時間がかかることなど珍しくない）、FDAは未加工のフレッシュジュースに対する加熱殺菌の全面的な義務づけを検討したが却下した。その代わりに、「危害要因分析重要管理点（HACCP）」方式に基づく安全管理計画の策定をメーカーに義務づけることにした。これはネイティック研究所、ピルスベリー社、NASAが宇宙食の開発計画のために考案した工程管理システムで、安全性が確保される限り加工方法については柔軟な姿勢をとる。

FDAの決定は、ネイティック研究所と提携機関にとって快挙だった。この決定の一部が根拠としていたのが、国立食品安全技術研究所で行なわれていたデュアルユース研究（いくつかの新規の殺菌方法が従来の方法と同じくらい効果的に細菌を不活性化できることを示した）と、「食品加工の代替技術における微生物不活性化の反応速度」という公式報告書（ネイティック研究所が主導する食品技術者協会の委員会がFDAのために作成したもので、高圧加工の仕組みを説明している）だったからである。フレッシュジュースに関するFDAの決定は、互いに関係する二つの重要な展開につながった。規制当局による食品安全管理において、検査を主体とする従来の事後対応的な手法から、品質保証を重視する予防的な手法へと、パラダイムシフトが促進された（これは二〇一〇年に成立したFDAの「食品安全強化法」で成文化された）。その一方で、陸軍が従来とは異なる方法で加工した新しい低酸性食品の承認に対し、FDAが前向きであることが示された。

その決定はまた、加熱せずに搾りたての味わいを保ちたいと考えるさらに多くのジュースメーカーに対し、新しい非加熱殺菌法の採用を決断させることにもなった。しかし、細い流れが大きなうねりとなったのは二〇〇六年だった。食肉会社のホーメル社が、同社の〈ナチュラル・チョイス〉シリーズの第一弾としてプロシュートハムを発売したときのことである。この「一〇〇％ナチュラル・保存料無添加」シリーズはすぐに品数を増やし、ランチミート、ベーコン、ソーセージ、チキンストリップも登場した。そして今では同社でトップクラスの収益源となっている（冷蔵陳列ケースは収益性の点でうまみのある場所で、商品一つあたりの利幅がほかよりはるかに大きい）。オスカー・マイヤー社やタイソン社といったほかの加工食品メーカーもすぐに追随した。アメリカ経済を支える一致団結した強固な集団である食肉業界および食肉製品業界の投資に支えられて、高圧加工の将来はほぼ確実に安泰だ。

一方、ＰＡＴＳ（圧力補助熱殺菌法）の開発に取り組むコンソーシアムは、ＦＤＡへの申請書を完成させようとしていた（「食品加工技術の権威」と称される博識な微生物学者、ラリー・キーナーが作業にあたった）。また、妥当性試験（ある加工法がさまざまな条件のもとで期待どおりの結果をもたらすか確認するための詳細な実験）も完了に向かっていた。二〇〇八年九月、コンソーシアムがついに申請書を提出した。ＦＤＡの承認には何年もかかることが多いのだが、このときはわずか五カ月で承認された。

このように異例のスピードで承認されたのは、微生物の不活性化のメカニズムに関する解明が進み続けていたおかげであり、またこの技術の安全性と有効性を示す科学的研究がたくさん行なわれたおかげでもあったかもしれない。だが、高圧加工と圧力補助熱殺菌が審査機関のＦＤＡと同じく連邦機関であるネイティック研究所の重要プロジェクトだったという事実（ネイティック研究所はレーション開発で生まれた有用な技術を消費者市場に移転することが求められている）と、ＦＤＡも研究開発チームに加わっていたという事実が、何らかの影響を及ぼしたのではないかと疑わずにいるのは難しい。あたかも予言するかのごとく、FDAの科学委員会がまさにこの種の協力体制の倫理性に懸念を抱き、一九九八年一〇月の会合で議論していた。

キプニス博士（内分泌学教授）　あなたとこのグループとの関係について、法的な制約はあるのですか。

シュウェッツ博士（FDA職員）　いいえ。たとえば、今ここで論じられている二つのテーマは、特定の製品自体とは関係がありません。新しい技術なのです。ですからこの場合、特に大きな問題が生じることなく、承認制度を通過するはずです。

キプニス博士　しかし、新しい技術というのは新しい製品でもありますね。

シュウェッツ博士　その技術が新製品と関係していて、その製品がFDAの承認を求めることになって、医療機器・放射線保健センター（CDRH）などで審査を受けることになれば、問題となります。ここは技術の審査も行なうところですから。われわれがある企業のある技術開発を支援し、われわれが発明者に名を連ねたうえで、CDRHに承認を求めるならば、確かに問題ですね。ですから、おっしゃるとおりです。われわれの関与については、重大な制約があります。

ネスル博士（栄養学教授）　今お考えのパートナーシップについて、もう少し聞かせていただけますか。利益相反の可能性が非常に気がかりなのです。利益相反にならないはずがないと思うのですが。[5]

すべてが規則に従って進められたかのようだが、この決着にはその正当性に疑念を投げかける矛盾が存在する。今までのところ、消費者の健康がリスクにさらされたという証拠はない。しかし、この新しい食品加工技術が人間に与える影響についての安全性試験はまだ十分に行なわれていないのだ。いずれにしても、農務省の管轄内の肉類や鶏卵を含めて、ほとんどの食品が今では高圧加工できるようになった。ジェリー・ダーシュはこんなふうにまとめている。「民間企業を巻き込まない限り、とりわけどちらかというと斬新なことをやろうとする場合には、どこへもたどり着くことができない。われわれは、軍でしか使えないものを望んでいるわけではないのだ」。この成果を生み出したのはいったい誰なのかという疑念を消せない人もいるかもしれないが、ネイティック研究所を最近退職したパトリック・ダンは明快だ。「私自身がいちから開発して市場を生み出した製品がある。長期保存可能な冷蔵食品だ」

第12章　スーパーマーケットのツアー

ネイティック研究所の触手がつかむのは、ここまでに見てきたような子どもの弁当に入れるものばかりではない。アメリカの食料供給システムのいたるところにその触手は伸びている。そこで、スーパーマーケットに行ってみよう。私の家の近くにあるスター・マーケットはぱっとしない店で、一・五キロの範囲内にあるトレーダー・ジョーやホールフーズといったスーパーのチェーン店に押されている。それでも駐車場はたいてい満車だ。買い物客は一セントたりとも無駄にしたくないという空気を放っている。ふだん私がこの店に来るのは、一番下の娘を体操教室に車で送ったあとだ。だから安価な包装食品やインスタント食品を大量に買い込むことができる。だが、今日は違う。*家族のための買い物をするのではなく、軍から生まれたものや軍の影響を受けたものだと私にわかる商品をすべてカートに詰め込むつもりだ。

青果売り場とジュースコーナー

まず、入口を入ってすぐのところで足を止める。青果売り場だ。フロアの中央に大きな陳列容器がたくさん置かれ、そこで山積みになっている色とりどりの果物や野菜は、自然の状態に近い。しかし周囲を歩いてみると、軍とつながりのある商品がたくさん見つかる。私はいつも袋入りの洗浄済みサラダ用野菜を一つか二つ買う。袋を開けて中身にドレッシングをかけるだけで食べられる、じつに手軽な食材だ。これに使われているガス置換包装は、輸送中または保存中にFF&V（「フレッシュ・フルーツ&ベジタブル」を略した業界用語）をよい状態に保つ方法を探った陸軍の研究から生まれたものだ。一九五〇年代、アメリカ海軍は青果の品質保持期間を延ばすためにポリエチレン製の袋をいち早く採用した。これで酸素と二酸化炭素の濃度を調節することによって野菜や果物の呼吸作用を抑制し、成熟と腐敗を遅らせることができた。一九六〇年代になると、需品科は家電メーカーのワールプール社と共同で、ガス置換容器の実験に乗り出した。生鮮食品の入っている容器の中の空気を、鮮度が長もちするように組成したガスと置き換えるのだ。初期の実験では、ベトナム戦争中に新鮮なレタスとセロリをベトナムに輸送した。一九八〇年代にはこの賞味期間を延ばす手段がさまざまな消費者用製品に広く使われるようになり、現在では、包装のエキスパートであるアーロン・ブローディーによれば、食品分野に何よりも大きなインパクトをもたらしたイノベーションとなっている。少なくとも、鮮度を保つためにこの技術を採用しているスーパーマーケットの生鮮食品の数を見る限りはそう言える。二〇〇五年には、ワールプール社の最初のプロジェクトから生まれた副産物で、今やサラダ用の袋入り野菜市場の四〇%を占める〈フレッシュ・エクスプレス〉ブランドが、八億五五〇〇万ドルでチキータ・ブランズ・インターナショナル社に買収された。

近くには、フレッシュジュースとスムージーの冷蔵陳列ケースが二つ。商品の多くは、陸軍が主導して開発した新しい殺菌技術の一つである高圧加工で非加熱殺菌されている。他社に先駆けて高圧加工を採用したオドワラ社は、ネイキッド・ジュース（ペプシコの子会社）、スジャ、エヴォリューション・フレッシュ（スターバックス）、ブループリント（ヘイン・セレスティアル・グループ）といった新規参入してきたジュースブランドの襲撃と戦っている。高価な大型のボトルには、〈イージー・グリーンズ〉〈ディフェンス・アップ〉〈グリーン・マシーン〉〈プロテイン・ゾーン〉などの商品名が記され、体によいといううたい文句（有効性は未証明）が躍っている。ワカモレやサルサの調理済み冷蔵品コーナーも同様だ。そのまま食べられるカット済みの野菜や果物が一食分ずつ入った袋の並ぶ地味な小さいコーナーさえ、この新しい加工技術の恩恵を受けている。リンゴやニンジンをカットして袋詰めにしたチキータ社の〈バイツ〉や、リンゴ約半個分のスライスや一つかみのキャロットスティックを容器に入れたレイチェル・フーズ社の〈ディッピン・スティックス〉といった製品には、高圧加工されたカラメルソースかランチドレッシングの入った小さなトレイが同封されている。しかし、この売り場には客がいない。まだそんなに人気ではないのだろう。

＊私の気づかないものもたくさんあるはずだ。これらの食品を生み出した科学技術的背景をリサーチし、またちょっと見た限りではアメリカ陸軍との結びつきのなさそうな食品についてもリサーチすれば、軍の影響はさらに広範囲で見出せるに違いない。

調理済み食品と食肉コーナー

隣の調理済み食品コーナーは、「晩ごはんは何にする?」という毎日の悩みに対する暗黙の答えのように感じられる。〝自分で〟ピザをつくるというのはどうだろう。赤と緑のプラスチック容器に入ってラックに並んだ〈ボボリ〉ピザクラストは、ハードルテクノロジーのおかげでいつまでも古びない。フラットブレッドや常温保存可能なソフトタイプのトルティーヤも、やはりいつまでもフレッシュなままだ。ちょっと視線を動かすと、電子レンジで温めるだけの食事——ショートリブ、チキンパルメザン、マカロニチーズ——もある。言うまでもなく、電子レンジも軍から生まれたものだ。

電子レンジはマグネトロンの子孫である。マグネトロンというのは電磁波発振器の一種で、このおかげでレーダー装置が小型化して効率が格段に向上し、船や潜水艦に搭載できるようになった。マグネトロンを製造していたのは、軍と提携契約を結んでいる軍事製品メーカー、レイセオン社である。電子レンジの発明をめぐっては、まことしやかな逸話が流布している。一九四五年のある日、マグネトロンをテストしていた技師が、自分のチョコレートバーが溶けてしまったのに気づいた。陸軍需品科は「調理済みの食事を一分間で解凍して温める」方法になりそうだと、すぐさまこの話に飛びついた。「一万マイル（一万六〇〇〇キロメートル）もの距離を飛行することもある重爆撃機の乗員に食糧を供給するという問題が最重要課題である」[1]と考えていた需品科が、電子レンジの開発資金を援助した。一〇年後にこの技術のライセンス供与を受けたレンジメーカーのタッパン社（現在はエレクトロラックス傘下）と家電大手のウェスティングハウス社は、二〇〇〇ドルから三〇〇〇ドル（一九五〇年代の価格）というとんでもなく高価で図体の大きな壁付け型の電子レンジを初めて製造した。やがて価格の低下とサイズの縮小に伴って電子レンジが消費者に受け入れられるようになり、キッチンの標準装備となっていった。

今度は食肉コーナーだ。私はふだん、マイルドな味つけで手早く調理できるものを二パックほど買う。鶏胸肉、サーロインストリップ、たまにはポークテンダーロインを買ってオーブントースターで焼くこともある。ネイティック研究所は、このコーナーも支配している。しかしネイティックの残した痕跡があまりにも多すぎて、どこから話を始めたらよいか迷ってしまう。箱詰で出荷された骨なし肉や成型肉製品が、惣菜ケースや冷凍ケースにも、(さらにちょっと店から出てみると)ファストフード店の倉庫にも並んでいる。みんなの好きなフライ、ハンバーグ、ナゲットに使う鶏肉の解体工程の開発にも、陸軍は一役買っていた。それから、高圧加工を忘れてはいけない。これを使えば加熱ゼロかわずかな加熱で殺菌できるので、電子レンジで温めるだけの魚や鶏肉や牛肉の料理や、添加物なしの冷製肉製品が楽しめる。

乳製品コーナーとパン売り場

店内をもう少し進むと、冷蔵庫が壁をなし、その中には乳製品が勢ぞろいしている。伝統的なチーズや低温殺菌乳は無視してよいが、プロセスチーズが広く受け入れられて使われるようになったのは、軍が長く提携関係にあるクラフト社から支援を得て普及を促進したおかげだと感謝してもいい。農務省と協力して無乳糖の粉ミルクを開発したのも、鶏卵製品の殺菌と安定化と賞味期間の延長を実現する方法を考えたのも、やはり軍だ。ともあれ、私はまだスーパーマーケットの端のほうにいる。栄養士が言うところの健康的な〝未加工〟食品が並ぶエリアだ。そろそろ奥へ進もう。常温保存可能な加工食品でいっぱいの通路が一〇本以上あり、商品の多くは、さまざまな気候条件のもとで何年間も冷蔵せずに保存できる耐久性のあるレーションを求める果てしない探索のなかで、ネイティック研究所から資金や支援の提供を受けた食品科学研究のおかげで誕生したものだ。

では、パン売り場を見てみよう。この分野ではずいぶん昔に陸軍が活性を失わないドライイーストの開発を支援した。それから細菌由来酵素でソフトな食感を与えたパンの試験製造にも資金を出した。もっと最近では、保水剤とデンプン再結晶阻害剤を使ってパンの老化を防ぐ方法を考案している。スーパーマーケット用のパンに対する戦争関連の大きな貢献としては、栄養強化もある。これが行なわれた一九四〇年代初期には、甲状腺腫、ペラグラ、脚気、貧血など、劣悪な食料事情によって生じる病気が頻発していた。各地の軍の支部では、栄養不良や劣悪な医療事情に伴う健康上の理由によって、最初に徴兵した二〇〇万人の候補者のうち約半数を不合格にせざるをえなかった。このショッキングな問題への対策として、ルーズヴェルト大統領は「国防のための全米栄養会議」を開催した。一九四一年五月の会合には八〇〇人以上が参加し、熱量、主要栄養素、ビタミン、ミネラルの一日必要量について普遍的な基準を設けることが決まった。その任務を与えられた食品栄養委員会の働きによってパンの栄養強化プログラムが創設され、市販されるすべてのパンにビタミンB類を添加することが義務づけられるに至った。

自家製のパンや焼き菓子を食べたくてもつくる時間がない人——時間のある人などどれくらいいるだろう——には、食品・容器研究所が一九五〇年代に開発したケーキ用からクイックブレッド用に至るまでさまざまなミックス粉がある。たとえば家庭料理のイメージが強い〈ベティー・クロッカー〉ブランドは、軍の技術から大きな恩恵を受けている。カルネアサーダ、ガーリックチキン、豆料理など、最近の製品ラインアップに含まれる手軽な料理はレトルトパウチに入っている。常温保存可能なマッシュポテトも発売したが、これはまさに圧力補助熱殺菌（ＰＡＴＳ）加工をした低酸性食品として陸軍が最初につくったものだ。軍の影響を特に受けているのは寮やオフィスに蓄えられているインスタント食品で、最近では〝超多忙〟な人の自宅の食品庫にもこれらの食品が買い置きされていることが増えている。朝食用菓子パン、エナジーバー、食べごたえのある大きなチョコチップクッキー。これらはみな中間水分食品であり、包装された焼き菓子、あるいはソフトでもっちりとした食感をもつパンなどの焼成製品であることが多い。

缶詰とレトルト食品コーナー

店舗の中央付近の通路を端まで歩いた私は、そこでしばし足を止めて、まるで昔のＣレーションをたたえる記念ディスプレイのような光景に視線を注ぐ。あたかも意図的に集めたかのように、第二次世界大戦中に兵士が食べた食料品の一般消費者用バージョンが並んでいる。アンダーウッド社の〈デビルドハム・スプレッド〉、ホーメル社の〈ディンティー・ムーア・ビーフシチュー〉と〈スパム〉、スウィフト社の〈ウィンナーソーセージ〉と薄切り乾燥牛肉など、缶詰や瓶詰が華々しく陳列されている。私はちょっと立ち止まり、これらを生み出すもととなった技術に敬意を表する。この技術はナポレオンが最初に広め、一九世紀の終盤から二〇世紀にかけてアメリカがかかわった戦争のほとんどで利用されたものだ（別のとき、私はリサーチの一環としていくつか買ってみた。家族の反応はいろいろだった。子どもたちは〈デビルドハム〉がキャットフードみたいだと言って、叫びながら部屋から逃げ出した。夫に〈ウィンナーソーセージ〉を出したら、「キューバでときどき食べさせられた」といって食べようとしなかった。一方、母は薄切り乾燥牛肉のクリームソース和えを載せたトーストを平らげた。ただしクリームソースについては「私の母さんのつくるのは、もっとこってりしていたわ」と、ため息交じりに言った）。通路をさらに進んでいくと、食品のタイプ別に配置された缶詰がずらりと並んでいる。スープ、果物、野菜、豆類。やがてまばゆい円筒の群れが途切れ、今度はプラスチックフィルムとアルミ箔のラミネート材を使ったレトルトパウチの列が目の前に広がる。ネイティック研究所、レイノルズ・メタルズ社、コンチネンタル・カン社が共同研究して食品技術者協会から賞を受けるに至ったプロジェクトを含む、二〇年近くにわたる陸軍と委託契約業者による研究の成果だ。ここにはツナ、ペットフード、米料理、電子レンジで温めるだけでいい調理済みの主菜とサイドディッシュ、小袋入りのソース、パウチ入りのジュース、チューブ式のヨーグルトなどがある。レトルトパウチ入りの〈ゴー・スープ〉という新製品を売り出したキャンベルは、明らかに従来よりも若くて流行に敏感な世代を狙っている。〝リアルな人物〟の白黒の顔写真が、〈チキン&キノア・ウィズ・ポブラノ・チリズ〉や〈モロッカン・スタイル・チキン・ウィズ・チックピーズ〉のパッケージを飾っている。

放射線殺菌と消費者の反応

ふと目を閉じると、シナモン、コショウ、マジョラムの入った小さなガラス瓶やプラスチック瓶のディスプレイが懐かしく思い出される。原子を引き裂いて原子爆弾を生み出す莫大なエネルギーを操るという科学史上最大の発明が、スパイスラックを追い払ってしまったのだ。二〇億ドル（現在の金額で二六〇億ドルに相当）を投資して四年間で一三万人を雇用したマンハッタン計画が一九四六年の終わりに終了すると、アメリカには原子炉のネットワークが残された。そこで、陸軍と原子力委員会はガンマ線（原子の直径よりもかなり短い波長の電磁波）を食品の殺菌に応用する実験を始めた。このきわめて短い波長を逃れられるものはほとんどないので、どんな対象でもガンマ線を照射すれば内部にひそむものを確実に死滅させることができる。細菌も、あるいはほぼ破壊不能とされるその芽胞も、例外ではない。マンハッタン計画の使用済み核燃料は、原子力委員会のチャールズ・ホーナーによるとまだ「かなり有害な」ガンマ線を放出しており[2]、ユタ州ダグウェイを皮切りとして各地に建設された食品への放射線照射施設でリサイクルされた。

陸軍需品科の放射線殺菌プロジェクトは、発足から数年後には原子力平和利用計画の一環としてアイゼンハワー大統領から確固たる支持を受けるようになり、総額で八〇〇〇万ドルの税金が投入された。一九五〇年代の半ばまでに、産官学から多数の人材がこのプロジェクトに参加した。原子力委員会、農務省、スウィフト社、ゼネラル・エレクトリック社、アメリカ食肉協会、それに数十の大学など、参加機関は最終的に一二〇を上回った[3]。MITの参加を主導したのは、第二次世界大戦中に糧食研究所の外部委託研究プログラムを統括したバーナード・プロクターである。

プロジェクトには、最初から問題が山積していた。照射後には、放射線に由来するエネルギーによってさまざまな化学反応が生じた。その反応の多くは、食品の風味、食感、栄養価を損ねるものだった。特異的放射線分解生成物と呼ばれる新たな物質を生み出すものもあったが、この物質についてはほとんど何もわかっていなかった。ネイティック研究所は「放射線照射によって食品にバックグラウンドレベル以上の放射能を誘導するおそれはないと思われる[4]」と明言したが、市民の警戒心は消えなかった。核爆発が人間の生命や健康にあれほど甚大な被害をもたらすというのに、なぜ原子力を食品に用いようとするのか。陸軍は健康と安全性に関する膨大な調査を余儀なくされた。食品に対する放射線照射の影響は、食品技術の中で最も詳細に調べられていると言われる。「食品・医薬品・化粧品法」の改正法として一九五八年に成立した「食品添加物改正法」で、放射線照射を施すことが食品添加物と定められたのを受けて、FDAによる規制が始まった。

一九六〇年代の初頭までに、ネイティック研究所はおいしさを保つ二つの方法（食品の周囲から酸素を排除すること、加工前に熱を加えて酵素を不活性化すること）を解明して大きく前進したが、陸軍は食品の放射線殺菌について、費用対効果に疑問をもち、考え直そうとしていた。同じころ、コーネル大学の科学者三人が栄養源——ニンジンの栄養源としてココナッツミルク（組織培養する際にはきわめてすぐれた成長培地となる）、ショウジョウバエの栄養源として砂糖——に放射線を照射する実験を行ない、遺伝子の突然変異が誘発されることを明らかにした。この二つの展開がマスコミの注目を集め、放射線殺菌食品の摂取による影響を取り上げた記事が続々と発表されるようになった。それにもかかわらず、FDAは少なくとも低線量の照射は安全だと確信し、小麦の殺菌とジャガイモの発芽抑制を目的とした放射線照射を承認した。アレン・プロダクツ・カンパニー（光学装置メーカー）、マーティン・マリエッタ（重建材メーカー）、ユニロイアル（タイヤメーカー）は、まもなく食肉への照射も承認されるのは確実と見て、軍の需要と（願わくは）新たな商業市場を充足させるのに十分な規模の放射線殺菌施設の建設計画に着手した。

しかし一九六八年、期待は打ち砕かれた。FDAからの要請にもとづいて国防総省が外部に委託した追加の試験において、放射線を照射した肉をラットと犬に与えたところ、繁殖力の低下と死産の増加を示すと思われる結果が出た。この試験を審査したFDAは、ハムを放射線殺菌したいとする国防総省の申請を却下したのだ。同じころ、FDAは一九六三年に承認していた缶詰ベーコンへの放射線照射の認可も取り消した。それでも陸軍は引き下がらなかった。「『放射線照射による食品保存委員会』の幹部会議が開かれ、陸軍食品放射線照射プログラムを継続し、少なくとも四種類の食品……すなわちハム、鶏肉、牛肉、豚肉に関する規則を制定するのに必要な額の研究資金を提供し続けるべきだと、全会一致で強硬に勧告した」[5]。プログラムの継続を助けるために、委員会は全米科学アカデミー・米国学術研究会議に放射線照射食品の安全性試験すべての見直しを依頼し、その健全性に関する基準を定めてもらうことを提案した。「アメリカや他国で放射線照射食品の食用使用を承認する責務を負う規制機関を支援するため」というのがその目的だった。

その監督のもとでネイティック研究所は「FDAと緊密に協力して」新たな研究を行ない、一九七〇年代の初めから半ばにかけて発表した報告書において、放射線照射食品は「毒性学的に安全」であると明言した。一九八四年、FDAは野菜と果物を対象とする低線量の放射線殺菌（これによって輸入業者は時間と費用のかかる検疫を省くことができる）と香辛料を対象とする高線量の放射線殺菌を承認した。それから一三年後、FDAはようやく食肉の放射線殺菌（これにはガンマ線だけでなく電子線やX線も使える）やその他のさまざまな食品の放射線殺菌を承認した。しかし、一九九七年に市場に登場した放射線殺菌食品を消費者が広く受け入れるには至らなかった。

フリーズドライ製品と冷凍食品コーナー

先ほどと同じ通路の先には、放射線照射よりはいくらか人気のあった（といっても大したことはない）軍事技術を用いたおなじみの食品が並んでいる。インスタントコーヒー、インスタントスープ、粉末飲料、シリアルにミックスされた小さな果実片、米料理やピラフの味つけに使う調味料の小袋に入った野菜やハーブなどは、第二次世界大戦中に戦場の衛生兵のもとへ届けられた凍結乾燥の血液製剤やワクチンの末裔と言える。しかし、「愛国者としての義務か冒険的な投機に刺激されてほぼ自然発生的に成長した」産業も、一九五〇年代には行き詰まりを迎え、企業の大半は倒産した。[6] 軍はしばらく粘ったが、やがて何十年も取り組んできたフリーズドライの研究に幕を下ろし、極限状況に限ってこの技術を利用することにした。北極遠征や長距離の偵察といった極限状況では、貨物の軽量化が不可欠なうえに、激務と欠乏感によって食欲が強まるからだ。それでもなお、ネイティック研究所から資金を提供されてこのプロジェクトに携わった科学者たちによる数々の重要な成果は、食品科学の他領域に大きく貢献しており、たとえば水分活性、非酵素的褐変、脂質酸化の予測と制御などがその恩恵にあずかっている。

食品庫の常備品の通路を離れる前に、パーボイルドライスの箱を一つ取る。米を蒸してデンプンにさまざまなビタミンやミネラルを吸収させてから、食べやすいように外皮を除いたものだ。これは第二次世界大戦中に初めて兵士に配給されたもので、イギリスの化学者エリック・ヒューゼンローブが一〇年かけて製造工程を完成させたが（インドでは何世紀も前から用いられていた）、市場に送り出すことはできなかった。立ち枯れの危機にあったこの発明に、野心的なアメリカ人実業家のゴードン・ハーウェルが勇敢にも手を差し伸べた。彼はなりふりかまわず陸軍需品科の幹部につきまとい、パーボイルドライスが栄養素を保持することを示したアーカンソー大学の研究論文を振りかざして、チャンスをくれと懇願した。終戦時には、需品科とハーウェルが手を組んでテキサス州ヒューストンに設けた工場が活発に稼働し、南部でも四つの工場が稼働していた。「この新しい米のことを、需品科の研究統括責任者のローランド・イスカー大佐は、第二次世界大戦で生まれたきわめて重要な科学の成果の一つと称した」[7]

回り道して冷凍コーナーへ行き、腕いっぱいに冷凍ピザを取る。最近では、私がこれを買って帰ると子どもたちは不満をあらわにしてこちらをにらんでくる。電子レンジで温めるだけですぐ食べられる「TVディナー」の売り場は素通りする。スワンソン社はTVディナーメーカーとして二番目に誕生した。最初のメーカーは陸軍の契約業者だったマクソン・フード・システムズ社である。この会社は海外へ飛行機で移動中の兵士に出す食事として、一つのトレイに肉と野菜とジャガイモを入れて冷凍した〈ストラト・プレート〉を考案した。TVディナーのコーナーから何歩か進むと、今度は濃縮オレンジジュースの缶が陳列されている。兵士にビタミンCを十分に摂取させるため、一九四二年からフロリダ州で農務省の食品科学者のチームが、オレンジジュースの水分を減らしながらも搾りたての果実の味わいは保てる方法を見つけようと懸命の努力を続けていた。一九四五年、まさに戦争が終わるころに、水分を八〇％減らすことのできる低温蒸発製法が完成した。終戦間際、陸軍需品科があるメーカーに最初の注文を出したものの、結局キャンセルした。メーカーはすぐにこれを消費者向けのインスタント食品に手直しした。こうして水を加えればすぐにジュースとして飲める凍結濃縮果汁〈ミニッツメイド〉が生まれた。

食品以外の品々

私はウェートトレーニングをしているのだが、ここでそれが役に立つ。すでに買い物カートはすごく重たくなっているが、洗濯用品、紙製品、洗剤の売り場にも寄らなくてはいけない。現在の一般消費者が家庭で食品を保存し、調理し、片づける方法にも陸軍が非常に大きな影響を与えているのだが、そのことはおそらく知られていないだろう。たとえば、現代の家庭のキッチンにある家電製品のほとんどは、軍に起源をもつ。電子レンジについてはすでに触れたが、冷蔵庫用の安全な冷媒の開発にも陸軍がかかわっている。といっても、陸軍の関心は主に航空機のエンジンの火災防止にあった。クロロフルオロカーボン（CFC）、すなわちフロンは当初、爆発しやすいアンモニア系冷却システムに代わるものとして歓迎された。オゾン層を破壊するという影響が発見されたのは、ずっとあとのことだ（そしてエアゾールスプレーも、もともとはチーズソースやホイップクリームをスプレーするためではなく、フロンを使って防虫剤を噴霧するために陸軍省が発明したという事実に触れないのは不注意というものだろう）。食器洗浄機は社交界の名士だったジョゼフィーン・コクランが一九世紀の終わりごろに発明したものだが、初期の装置は手回しクランク式で、家庭のキッチンではなくレストランや食堂の厨房で使われるものだった。しかし第二次世界大戦の戦中から戦後にかけて、需品科が設計を改めてもっと安価で効率のよいものをつくり、兵員食堂での食品媒介性疾患の伝染が予防できるようになると、状況は変わった。さらに、軍はすすぎ不要の洗剤や他の調理器具用洗剤の研究と改良を外部に委託した。あるいは、食器洗いをするよりピクニック式の食事のほうがいいという人は、ラミネート加工の紙皿やプラスチック製のフォークやスプーンやナイフが使えるのも軍のおかげだということに感謝してほしい。食事が終わったら、残り物をラップで包んで保存する。このラップは現在、開発当初のサランのような塩化ビニリデンではなく、直鎖状低密度ポリエチレンでできているものがほとんどである。残り物を包むのにアルミホイルを使うこともあるが、これは第二次世界大戦で残った一五万機の戦闘機（現在就航しているアメリカの民間航空機の一五倍以上にあたる）(8)を融かしてアルミの塊にしたものを余剰戦争資産局が「再利用」したため、消費者市場に登場することとなった。

この安価な原料を、レイノルズ社などの金属加工会社が初めて家庭用のアルミホイルに変えたのだった。

最後に、箱やボトルや袋に印刷することが法律で定められているもの、つまり栄養成分表示を忘れてはいけない。第二次世界大戦は、戦地の兵士の食事が一般市民と著しく異なり、食べるものはほぼすべて加工食品からなるレーションだったという点で、過去に例のない戦争だった。陸軍は、兵士の摂取熱量に大きく影響する味やバラエティーの問題に苦慮しただけでなく、さまざまな問いについて考える必要にも迫られた。この食事は手づくりの家庭料理に匹敵するか？　万全な健康状態に必要な栄養が、種類も量もきちんととれるか？　それまで、レーションの中身については陸軍の軍医総監が指示していた。健康的と思われる食事にもとづいて指針を定め、生または塩漬けの肉、豆類、青果の生鮮品と乾燥品、穀類、堅パンまたは焼きたてのパンをいろいろと採り入れて、一人分の献立が作られていた。しかし缶やパックに入った新しいレーションであるC、D、Kレーションについては、これはもはや実現不可能だった。戦時中の広範な研究開発プログラムの一環として、陸軍はまず入手できる文献を調査し、軍の施設か委託契約を結んだ大学や企業の実験室で実験を行ない、それから栄養素リストを細かく特定した。つまり、健康維持に必要なタンパク質、脂質、炭水化物、ミネラル、ビタミンといった化学物質の量を特定したのだ。その後、政府機関、医学研究者、栄養学者から新たな情報が提供されるのに伴って、リストは何度も改訂された。この変化は小さなもののように思われるが、じつはきわめて重大な結果をもたらしている。食品ではなく栄養素という観点で考えることにより、体によい食事とは自然な状態の食材を食べることだという固定観念から解放され、加工食品からでも定められた一日所要量の栄養素を摂取すれば、少なくとも理屈のうえでは健康的な食生活が送れると考えられるようになったのだ。

山盛りのカートを押して、七番レジに行く。レジ係は、真っ青なシャツに黒のベストという派手な制服を着た年配の男性だ。バーコード読み取り機に鼻がぶつかりそうなほど腰が曲がっている。レジの脇にあるラックには、衝動買いを誘う品々が並んでいる。おなじみのマース社の〈M&M〉チョコレートは、第二次世界大戦の終戦間際にアメリカ軍との独占契約に辛うじて間に合うタイミングで発明された。帰還した一六〇〇万人の兵士が「お口で溶けて手で溶けないチョコレート」を食べたがってくれたので、宣伝する必要がなかった。同じく一九四〇年代のレーションに入っていたリグレー社のガムも、市場での地位は上がる一方だった。塩辛いものが好きな人の気持ちをつかむには、フリトレー社の〈チートス〉など、余剰品のチーズパウダーを使ってつくり出されたチーズ味の袋入りスナック菓子がある。きれいに整った形をして缶に入った〈プリングルズ〉チップスは、一九五〇年代に陸軍が農務省と共同で開発した乾燥ジャガイモを原料としている。

ピッ、ピッ、ピッ。レジ係はゆっくりだが一定のペースで、品物をバーコード読み取り機に通していく。一瞬、彼の手が止まる。何か問いたげな顔で白い眉を寄せ、老眼鏡の奥で拡大された灰色の眼が不意に鋭くなる。トウェンティー・ファースト・アメンドメント・ブリュワリー社の〈ビター・アメリカン〉ビールの六缶パックをこちらに見せて、外箱に描かれた宇宙服姿のチンパンジーを指さす。「このサル、ご存知ですか?」と尋ねてくるが、答えを言いたくてたまらないということがありありとわかる。

「ええ。〝ハム〟ですね。一九六一年にマーキュリー計画で初の有人宇宙飛行が行なわれる直前に、宇宙飛行をしたんでしたよね」。レジ係は驚いた顔をしたが、それから感心したらしい。私ののど元まで出かかっている言葉がある。「じつは、このカートにはレーションと宇宙食がたくさん入っているんですよ。レーションや宇宙食をつくるのに使われた技術が、このインスタントコーヒーにも、グラノーラバーにも、この最小限の加工しかしていない『一〇〇％ナチュラル』なパストラミのパックにも使われているんです」と頭では考えているが、代わりに口をきつく閉ざす。近ごろの私は、おもしろいネタをたくさん知っている愉快な人物になったかと思うと、食べ物の知識をひけらかす嫌味な人物になったりしている。怒りをコントロールするアンガーマネジメントの講座を修了した人のように、私は自分を嫌味な人物に変えてしまう引き金に気をつける必要があった。そんな引き金の一つが、人の誤りを正そうとする「じつは」という危険な一言なのだ。

輸送と安全管理に対する軍の影響

あふれんばかりのカートには軍の影響を受けた食品がいろいろと入っているが、もちろんその影響は見たり触れたり味わったりできるものばかりだ。しかしほかにも、輸送や保管、政府の政策や計画、食品研究やマーケティングなど、さまざまな分野にたくさんの影響が及んでいる。

現代の流通システムをつくり出したイノベーションの多くについても、軍は決定的な役割を果たしてきた。今や世界中で商品の輸送に使われているＩＳＯ（国際標準化機構）規格のコンテナを発明したわけではないが、貨物の積み替えなしでトラックの荷台から列車や船に移せるスチール製の箱という、当時としては画期的なコンセプトが市場に参入して支配権を握れるように、強力に後押ししたのは間違いない。一九七〇年代の初期から国防総省の貨物すべてにこのコンテナを採用したのだ。コンテナを利用することで効率が上がり、輸送コストが九〇％も削減できた。コンテナ内には標準サイズの四方差しパレットがフォークリフトで搬入されるが、これもまた第二次世界大戦中の軍の発案のおかげで誕生したものだ。大幅に改良された段ボール箱も物流現場の必需品だが、これは陸軍需品科と林産物研究所（ウィスコンシンに拠点を置き、木材の新たな工業的用途の開発や改良を研究する農務省の研究所）との長期にわたる共同プロジェクトだった。高圧、ひずみ、湿気に耐えられる箱の設計は一九五〇年代に公開され、誰でも無償で利用することができた。

軍による貢献として、目にはつかないがきわめて重大なものの一つが、「危害要因分析重要管理点（HACCP）」方式にもとづく食品の安全管理である。HACCPというのは食品加工の工程における汚染のリスクを減らすためのプロトコルで、国際的に認められている。この手法が生まれたのは宇宙開発競争のさなかだった。小さなカプセルにほかの二人の人間とともに乗り込んで、時速二万八〇〇〇キロメートルで宇宙を突進しているときに、胃痙攣や吐き気、嘔吐、下痢、あるいはもっとひどい病気に襲われるのは絶対にまずいからだ。NASAは宇宙飛行士の食事に関して高い基準を定め、欠陥をいっさい許容しない「ゼロ・ディフェクト」の方針を打ち出した。NASAでプロジェクトリーダーを務めた生物学者で栄養学者のポール・ラチャンスは、そのころのことをこんなふうに語っている。「アメリカ陸軍はすでにこの分野に手を出し、実際に文書を作成していました。何という名前の文書だったかは知りませんが、とにかく陸軍は軍で配給する食糧の汚染を最小限に抑えるための手順を定めた文書を用意していたのです」[9]。これはネイティック研究所が導入していた「故障モード」解析という方法で、医療用品の安全性を確保するための分析方法だった。この陸軍のアプローチをモデルとし、さらに陸軍の研究所で定められた安全性基準も用いて、需品科の契約業者ピルスベリー社（微生物学者のハワード・ボーマンが研究チームを率いていた）と、ネイティック研究所、NASA

がＨＡＣＣＰを策定した。これは七項目からなる手順であり、まずは原料から最終製品に至るまでの食品製造工程を列挙し、微生物汚染が発生しうる箇所をすべて特定する。それからプロトコルを定めて、製造工程における重要な管理点や、是正措置が必要になる限界点すべてについて確認し、その結果を細かく記録する。このデータを長期にわたって自主的に監視することにより、製造管理者は製品の品質を管理することができ、政府当局者は手順が適正に機能しているかどうか確認することができる。

ピルスベリー社など、宇宙食開発計画に携わる食品納入業者は、宇宙飛行士用の食料品を製造する際に、この管理方式を用いることが義務づけられた。その後、一九七〇年代の初めにピルスベリー社のベビー用シリアルに混入したガラス片が発見された。別の会社もヴィシソワーズスープのボツリヌス菌汚染を起こして大騒ぎになった。そのころ、ＨＡＣＣＰの原則を自主的に遵守する企業が現れ始めた。ファストフード大手のバーガーキングもその一つだった。大腸菌に汚染されたハンバーグ肉が販売されたことに消費者が憤慨したことを受けて、一九九〇年代にようやく、農務省は食肉会社にＨＡＣＣＰの手順の遵守を義務づけるようになった。その後、二〇〇〇年代に入ってまもなく、フレッシュジュース、貝類、新規の方法で加工された食品に対して、ＦＤＡが同様の規則を設けた。二〇一一年には、オバマ大統領が「食品安全強化法」に署名した。この法律によって、すべての食品工場でＨＡＣＣＰの手順に従って製造工程を管理することが初めて義務づけられた。

食べ物の味を評価する受容性研究

戦場では、どれほどおいしいレーションを用意しても、体重減少や脱水状態が起こりやすい。陸軍の七五年におよぶ研究をもってしても、その正確な理由はまだ明らかでないが、兵士に十分なカロリーと栄養を摂取させて脱水状態を予防することに関しては、軍は以前と比べて格段に成果を上げている。人に食べ物の好き嫌いがある理由を解明しようとするなかで、軍は「食品の受容性研究」というまったく新しい研究分野を生み出した。この研究で用いられる概念の枠組みやツールは、今日の食品業界で標準となっている。

研究は第二次世界大戦中に、米国学術研究会議の食習慣委員会による調査とともに始まった。この委員会は戦時組織で、なんと伝説的な文化人類学者のマーガレット・ミードが指揮していた。委員会の目的は、国民に食生活を変更させる方法を見出すことだった。これは、食べ慣れた食品が配給制のせいで手に入らず、なじみのない食品をその代わりとせざるをえない消費者には大事なことであり、また、母国で親しんでいたのとは違う食べ物を受け入れざるをえない兵士にとってもやはり重大な問題だった。ミードの説明によると、「食習慣の変更をどう表現すれば受け入れられて歓迎されるか、あるいは不安や一時だけの服従や本物の抵抗を引き起こしてしまうので避けるべき表現とはどんなものか……これらを知ることも必要である」[10]（委員会に託された任務は、アメリカ国民に臓物を食べさせることだった）。食習慣委員会は五年間存続し、そのあいだに二〇〇件以上の研究を自ら行なったり、資金提供したり、あるいは支持したりした。一九四五年、食習慣委員会の業務は食品・容器研究所に吸収され、同時に人の嗜好に関する研究をしてきた生物学者のW・フランクリン・ダヴの指揮下で食品受容性研究所が創設された。その初期の取り組みの一つは、提携した大学を通じて地域ごとの好き嫌いに関するデータを集め、国民に好まれる食べ物のマスターリストを作成することだった（一見したところ、ハンバーガーが驚くほど盤石な成績を示した。初期のファストフード店の創業者たちは、この結果からヒントを得たのかもしれない）。調査は二つの食べ物のうち好きなほうを選ぶという二者択一方式で行なわれ、それ以降も陸軍が食品研究を行なう際にはこの方式が用いられるようになった。

食品受容性研究所の果たした貢献のなかでもとりわけ有意義で影響が長く続いているものの一つとして、食品に対する消費者の反応を測定できる九段階の嗜好尺度をシカゴ大学と共同で考案したことが挙げられる。この尺度では、一から九までの数字が「大嫌い」から「大好き」までの反応に対応する。尺度を長くするほど、消費者全般への訴求力に関して小さいけれども重要な違いを見つけ出しやすくなることがわかった。この尺度はとても使いやすく、解釈するのも簡単なので、今では世界のスタンダードとなっている。コカ・コーラ、ピルスベリー、リプトン、コナグラ、ハント・ウェッソン、オーシャン・スプレー、ピザハットなどの民間企業で食品の受容性研究を指揮しているOBの数や、ネイティック研究所からほかの政府機関や大学に移籍した研究者の数を見れば、需品科の食品受容性研究がどれほど重要なものだったかわかる。

★★★

店内を振り返ってみよう。陸軍に起源をもつ商品や陸軍の影響を受けている商品をすべて撤去したら、スーパーマーケットの棚の少なくとも半分は空っぽになってしまうだろう。* 食品科学と食品技術

＊私は本書の取材でインタビューをするたびに、スーパーマーケットで売られている商品のうち、軍に起源をもつもの、または軍の影響を受けたものの割合がどのくらいかを最後に相手に考えてもらった。どの相手も、自分がこの問いについて数字を出せるほどの専門家ではないと考えていたが、彼らの答えの範囲は三〇％から七〇％だった。

に関する基礎研究を軍が支配しているということは、兵士に配給するレーションについて戦闘食糧配給プログラムの下す決定が、一般市民の食べるものに関する事実上の決定となることを意味する。そのことがおわかりいただけただろうか。

第13章　アメリカ軍から生まれる次の注目株

研究開発とベンチャーキャピタル

整った顎、鋭い目、輝く歯、完璧に決まった髪形。専門とする分野によって、特注のスーツをまとう者もいれば、ボタンダウンのシャツとカーキパンツを身に着ける者もいて、あるいは流行のTシャツにジーンズというスーパーカジュアルなファッションに身を包む者もいる。彼らの口からは、IPO、シリーズA、バーンレート、M&Aといった用語が飛び出てくる。彼らの総資産は……健全とだけ言っておこう。ベンチャー投資家はマッチョとマネーの交錯する場所で暮らし、彼らの必需品であるポルシェと同じように自分の会社がスピーディーでリスキーであるのを好む。

企業経営者はしばしば、政府がイノベーションに出資するという考え方に最大の軽侮を抱く。的外れ。鈍重。無駄。「市場に選択させよ！」と経営者らは言う。しかしこう言うことで、じつは自らの血筋を攻撃している。第二次世界大戦の直後に登場したベンチャーキャピタルは、すぐれたアイデアをもつ起業家や、トレンドを一変させるような発明をもつ新興企業を探し求める。これはと思える対象が見つかったら、投資家は株式と引き換えに、その会社の商品が（願わくは）市場で支持を獲得するまでの困難な時期を乗り越えるのに十分な資金を提供する。そして最後に、この成功した企業をもっと大きな企業に売却するか、あるいは株式を公開する。このプロセスで、関係するすべての人に儲けが転がり込む。このやり方は、「ベンチャーキャピタルの父」ことジョージ・ドリオからダイレクトに受け継がれたものだ。ドリオは陸軍需品科のためによりよい装備や食料品を開発しながら、大胆な金儲けの才覚を磨いた。それから投資会社のアメリカン・リサーチ&ディベロップメント（ARD）を創業した。この会社の業績で特筆すべきものとしては、当時、新興企業だったコンピューターメーカーのデジタル・イクイップメント・コーポレーション（DEC）をきわめて好調な巨大企業へと育て上げ、初期投資に対して五〇〇倍の収益を回収したことが挙げられる。DEC自体が、陸軍による初期の詳細な情報技術（IT）研究をもとにして創設された会社だった（エレクトロニクスも軍から手厚い支援を受けた分野で、テクノロジー関連の投資会社ARDが利益をむさぼるもう一つの分野となった）。ビジネスジャーナリストのスペンサー・アンティーは、著書『クリエイティブ・キャピタル』でドリオの手法をこんなふうにまとめている。

ドリオは需品総監局の軍事計画局の責任者となったとき、いわば彼にとって最初のベンチャー投資事業に手を出したと言える。軍事計画局の目的は、満たされていない兵士のニーズを見つけて、それを満たす新製品の開発を監督することだった。技術を駆使して奇跡をなし遂げるために、ドリオは人員を適材適所に配置して技術上の課題に取り組ませ、未来の技術を生み出そうというや

る気を引き出した。(1)

ＭＩＴの元工学部長でカーネギー研究所の所長も務めたヴァネヴァー・ブッシュをトップにすえて第二次世界大戦中に発足した科学研究開発局は、困難を極めるさまざまな科学的および技術的な課題に直面した。最初の原子爆弾の製造や合成ゴムの開発から、飢餓がもたらす生理的影響の調査（Ｋレーションを考案したアンセル・キーズが行なった）に至るまで、課題は多岐に渡った。作業の多くは提携した大学や企業、あるいは政府系研究所で行なわれた。初期には必要に駆られて、のちにはおそらくそれがうまくいったために、科学研究開発局は複数の組織に資金を与えて、同一の課題についてまったく同じか密接に関連した部分を研究させ、問題が生じたら解決を助け、最終的に複数の選択肢から一つか少数のアプローチに絞った。科学研究開発局の監督下で需品科の任務にあたっていたドリオは、もちろんこのやり方を踏襲するつもりだった。

ドリオが（自分で思いついたわけではないが）支持したこの方式は、現在のベンチャーキャピタルでも日常的に用いられている。投資する分野を検討し、候補の企業を精査し、有望な投資対象をいくつか選び、その企業に資金や経営や技術の面で支援を提供し、主要関係者を監督または援助し、企業が順調に成長したら売却するか株式公開することで、いよいよ利益を得る――これは科学研究開発局と同じやり方なのだ。この方式はまた、国防総省の研究プロジェクトの標準的な実施手順にもなり、手を加えられることもなく軍の技術官僚に代々そのまま受け継がれている。しかし官民それぞれのやり方には、決定的な違いがいくつかある。政府が重点を置くのは、基礎研究や初期段階の応用研究、あるいは現時点で明確な軍事用途はあるが必ずしも民生用途があるとは限らない技術の開発だ。生まれたばかりの取り組みを最大限に支援すべく、軍は特定の研究やプロジェクトに出資し、市場性はあまり重視せず、長期的な支援もいとわない。目指すのは機能性なのだ。開発という難しくて手間のかかる段階が完了すると、ベンチャーキャピタルがやってきて、製品を仕上げるのに十分な資金を提供し、短中期的な枠組みで事業を行なって製品を市場に送り出す。投資家が目指すのは収益性だ。

じつのところ、軍や政府による研究費の提供と、新興テクノロジー企業へのベンチャーキャピタルによる支援は、大いに互いを補い合う関係にある。イノベーションにおけるこの効果的な連携は、コンピューター、通信、電子機器の分野ですでに実現している。これらの分野では、陸軍が科学技術的な基盤を構築したところで企業が出現して成功を収めているのだ。そのおかげで一般の消費者も、コンピューター、インターネット、ジェット機、無線通信、スマートフォン、GPSなど、さまざまな恩恵を享受している。将来の成長分野を知りたいと考えるベンチャー投資家は、軍が今どこに資金を投入しているか見きわめるべきである。軍が投資しているということは、そこに未開発か開発途上の技術分野が存在している可能性が高いし、軍による開発は成果を上げやすいので、収益も得やすいからだ。ARDでドリオのパートナーを務めた著名な投資家のメリル・グリスウォルドは「ベンチャーキャピタルが最も成功するのは、新たな経済空間が開拓できるときである」と指摘している。[2]

もちろん、戦時の知識と技能を平時の金儲けに応用したのはドリオだけではない。需品科の糧食研究スタッフで、ドリオほど有名ではなかった者たちも、企業オーナーや投資家や企業幹部として第二次世界大戦の経験をビジネスに利用した。ワシントンからマサチューセッツ州ケンブリッジに戻ったMITのバーナード・プロクターは、陸軍の食品放射線照射プログラムを監督した。彼はまた、照射装置の商用化に備えて特許を取得し、乾燥ジャガイモやコンデンスミルク、オレンジジュース、ソーダ水など、軍の食品研究に関連して生まれたさまざまな新興企業の株式を購入した。そればかりか、彼はカントレル&コクラン社の革命的な新製品がトラブルに陥ったところを助けた。その製品とは、スズ製の円筒に腐食性の高い加圧液体を封入したもの、すなわち缶入りソーダである。[3] 陸軍でレーションの研究に携わった経験から利益を得たOBには、食品・容器研究所の初代所長で生化学者のジョージ・ゲルマンもいる。軍を離れてまもなく、彼はカリフォルニアでビタミンB12、殺虫剤、グルタミン酸ナトリウム（化学調味料）を製造するバイオファームという会社をジェリー・スダルスキーとともに共同設立した。この会社はのちにインターナショナル・ミネラルズ&ケミカル社に買収された。「ジョージ・ゲルマンは今や大金持ちだ[4]」と、元同僚のエミール・ムラクは言う。兵士への食糧配給にかかわる科学技術に絡んだビジネスの可能性は、今でも存在している。

次に陸軍から世に送り出されそうなものを以下にいくつか紹介しよう。二〇〇七年（本書で戦闘食糧配給プログラムの活動について詳しく調べた年）に行なわれていたプロジェクトを簡単に紹介するが、そうすると二一世紀の最初の一〇年間に行なわれた重要なプロジェクトのほとんどを網羅することになる。プロジェクトは、輸送、保存、家電、個人用の機器、食品安全、サプリメントなど多岐にわたる。ここでは、おおむね物理的なサイズの小さなものから大きなものへという順番で話を進めていく。

病原体バイオセンサー

少量の細胞を電気信号の発信機として使うバイオセンサーは、超小型のアラームや測定装置となる。かつては特殊な装置や訓練を受けたスタッフを動員して何週間もかかる高額な臨床検査をする必要のあった診断が、バイオセンサーを使えば誰でもその場でできる検査となり、時間も費用もほんのわずかで済む。バイオセンサーのうち、血糖測定器と市販の妊娠検査薬は何年も前から利用されているが、軍がバイオセンサーに関心を抱くようになったのは、一九八〇年代に入ってからだった。このころ、酵素固定化法、クローニング、遺伝子操作を組み合わせて、敵国が生物兵器を大量生産する可能性が出てきたからである。

アメリカにはジュネーヴ議定書による制約があり、さらに一九七二年にニクソン大統領が生物兵器禁止条約に署名したため、生物兵器で攻撃されても同じやり方で報復することができない。しかし、不測の病原体や兵器化された病原体を検知する方法を見つけることで、自分たちを守ることはできる。「化学兵器および生物兵器の脅威に対する防御を向上」させるために、陸軍のエッジウッド化学生物センターがバイオセンサーに関する会議をいち早く開催した。一九八五年の会議に出席したのは二〇人あまりで、ほとんどは陸軍の契約業者だったが、一九八八年の会議にはもっと多数の多様な出席者が集まり、そのなかには学界や産業界の関係者もたくさん含まれていた。二一世紀の初頭までに、この技術は医療、製薬、食品、環境といった分野に応用できる潜在的な可能性があると見て取った民間業界がバトンを引き継いだ。バイオセンサーを扱う専門誌が創刊され、会議が毎年定例で開催され、世界市場の規模は百万ドル単位ではなく十億ドル単位で計算されるようになり、その金額は増大の一途をたどった。

しかし、当時はまだ軍は病原体検出装置を開発できていなかった（現在では、バイオテロ物質の同定に加えて、軍の配給する食糧の検査にもこの装置を使用する計画となっている）。二〇〇〇年代に入っても、軍はさまざまな基礎研究および応用研究の委託契約を結び、装置の研究開発に資金提供を続けた。そうした契約の一つが、ハンスコム空軍基地の電子システムセンターとMITのリンカーン研究所のあいだで結ばれた。これは総額三二億ドルの先進電子機器研究開発契約（主に防空技術、航空管制、通信システム）の一端で、ここから最終的にCANARYと呼ばれる病原体迅速検出システムが生まれた。魚由来の発光タンパクをもつように遺伝子操作した白血球をマイクロチップにコーティングする。病原体を検出すると、発光して光子が放出される。現在までにこのシステムは、メリーランド州に本社を置くパスセンサーズ社の製造する食品病原体検出装置の〈バイオフラッシュAF〉や〈ゼファイア〉など、多数の商用製品で採用されている。ほかにも、国土安全保障省とミシガン州立大学とのあいだに締結されたパートナーシップ契約がある。これにより、病原体を捕捉してその病原体に関する情報を読み取り装置に送ることのできるナノファイバーが開発された。その成果がミシガン州立大学の特許となり、この研究の責任者（かつ特許権者）の立ち上げた新興企業、ナノRETEがライセンスの管理にあたった。同社が初期に契約を結んだ相手の一つは空軍で、この新規技術を結核菌の検出に応用するために中小企業技術革新研究（SBIR）制度による助成金が提供された。食品病原体の検出があとに続くのは間違いない。

パフォーマンス向上成分と斬新な送達システム

最近物忘れが始まったからとイチョウ葉エキスを愛飲し、ホワイトチョコレートラズベリーチーズケーキのおかわりを断ることができるのは緑茶エキスのおかげだと信じ、あるいは矛盾しているように感じられるが夜間のトイレの回数を減らすため夕食時にノコギリヤシ茶を何杯も飲む。誰でも知り合いのなかにそんな人がいるだろう。軍がサプリメント研究に参入したのは遅かったが、参入してからの勢いはすさまじかった。一九九四年に「連邦政府は不当な規制による制約を課して安全な製品の流通を制限または遅延するいかなる措置もとってはならない(5)」と定めた「栄養補助食品健康教育法」が成立すると、サプリメント業界は急速に成長し、四〇億ドルだった年間売り上げが二〇一〇年には二八〇億ドルまで増大した。戦闘食糧配給プログラムは、兵士の栄養について研究する陸軍環境医学研究所と手を組んで、その勢いに乗った。「プロジェクトの目的は、戦場で必要とされる認知能力や身体能力を高める天然の食品成分を調べることだ」と、戦闘食糧配給局の元局長のジェリー・ダーシュは言う。二〇〇〇年代の初めごろから、「パフォーマンス向上および食品安全チーム」という特別チームが多数の研究を自ら実施したり、外部に委託したり、あるいは関与したりして、生物活性物質を同定し、それらの物質の摂取と身体または認知における変化の関連を見出し、作用機序を解明し、用量に関する基準を定め、最適な送達経路を見つけ、品質保持性を調べ、民間人と兵士を被験者として試食試験を実施した。その結果として生まれたのが、空腹を満たすだけでなく、パフォーマンス向上を目的としたエキスや添加物の配合された、まったく新しいタイプのレーションである。

レーションのサプリメントの第一陣は、二〇〇〇年から二〇〇五年にかけて、ネイティック研究所の食品部門と環境医学部門、およびルイジアナ州バトンルージュにあるペニントン生物医学研究所（一九八八年以来、陸軍のさまざまな機関との共同研究の資金として、連邦議会特別関心領域プログラムへの資金を四〇〇〇万ドル以上受け取っている）が開発にあたった。初期のプロジェクトは疲労回復剤に焦点を当てていた。当初は経皮吸収パッチ型にするつもりだったが、体内に送り込みたい物質はタンパク質、炭水化物、脂質で、分子が大きすぎて皮膚を通過できないことがわかると、その方針はすぐに中止された。頬の内側からの口腔吸収へと方向転換すると、今度は口の中にドロップ剤かゲル剤を保持するか、またはガムかキャンディーかバーをかむことで実現できた。ブドウ糖、マルトデキストリン（消化に時間のかかる複合糖質）、少量の脂肪とタンパク質を使って、まず一度血糖を上昇させて、落ち着いたところでもう一度リバウンドさせるという二相性の作用を示すゲル剤を開発することに成功した。完成したものは、市販の製品よりも効果持続時間が長かった。ネイティック研究所は、マルトデキストリンを強化したアップルソースの〈ザップルソース〉と粉末栄養ドリンク〈ＥＲＧＯ〉も開発した。糖質の補給に加えて、パフォーマンス向上および食品安全チームはおなじみのカフェインについても実験を行なった。兵士はしばしば「長時間にわたる覚醒がきわめて重要な状況」に置かれ、「カフェインは睡眠不足による認知能力の低下を改善する」ことから、軍ではカフェインが重要視されている。(6) 向精神薬として働くカフェインを血中へ送り込むのに最も迅速で効率的な方法は口腔吸収であることがわかったので、チームはチューイングガム（現在ではレーションに標準装備されている）や濃密な〈フーア！〉エナジーバーにカフェインを添加した。〈フーア！〉バーは、二〇〇〇年代の初めに菓子メーカーのマース社と共同研究開発契約（ＣＲＡＤＡ）を結んで開発されたものである。

二〇〇五年から現在までに、ネイティック研究所はサプリメント研究を拡大して、タンパク質のカプセル化、プロバイオティクス、アミノ酸、植物栄養素も扱うようになった。二〇〇七年には、カプセル化したタンパク質をファーストストライク・バーに添加するようになった。カプセル化技術を用いると、風味が保たれ変色が防げる。プロバイオティクスの品質保持に関する研究（腸での吸収を推定する初の「消化シミュレーションモデル」の作成など）や、アミノ酸に関する研究も続いている。レーションに入れる食品に微量栄養素を添加するためのナノスケールの担体についても、開発が進められている。実用化して採用されれば、これは食品媒介性疾患を防ぐための重要な添加物となるはずだ。というのも、兵士の七六%は海外に派兵されたときに少なくとも一度は下痢を起こすからだ。しかし消費者市場に対して最も長期的な影響を与えているのは、植物栄養素の研究かもしれない——ただし、思いがけないかたちで。

二〇年ほど前から、植物に含まれるフラボノイドに大きな注目が集まり、これをカプセルやタブレットにして販売する数百万ドル規模の産業が生まれている。ネイティック研究所も関心をもっているが、慎重な姿勢をとっている。研究所によれば、「軍にとって利益となるかもしれない生理的効果をもつとされる製品は、市場に多数出回っている。しかし、そうした製品は一般にサプリメントに分類され、裏づけとなる研究が査読つきの学術誌にほとんど発表されていないか、あるいはまったく発表されていない(7)」。これらのフラボノイドのうち最も広く使われているケルセチンは、多くの野菜や果物、一部の穀類に含まれる成分で、体力を増強するとうたわれている。二〇〇六年、ネイティック研究所はニュージャージーにあるラトガース大学アーネスト・マリオ薬学部の助けを借りて、筋肉疲労の発生を遅らせて疲労からの回復を早めると言われるケルセチンの作用を調べ始めた。「複数の臨床研究で、控えめに言っても興味深い結果が得られていた」とダーシュが言う。「しかし、研究間に一貫性が欠けていると思われた。……そこでわれわれは、ケルセチンの効果を研究しているトップクラスの科学者たちをアメリカ生物科学協会からネイティックに招いた。一部の人は、ケルセチンには細胞内でのミトコンドリアの新生（新しいミトコンドリアをつくり出すこと）を増強する力があると考えていた。ミトコンドリアというのは体内にある小さなエンジン、エネルギー発生装置のようなものだ。われわれはあらゆるデータを調べた。説得力のあるものもあれば、そうでないものもあった。

世界クラスの科学者を招いた結果、集まった全員からそれぞれのもつ情報を提供してもらうことができ、最終的にはケルセチンの効果には個人差があるらしいということがわかった」。その後の研究でネイティック研究所のグループがケルセチンをキャンディー、ファーストストライク・バー、粉末ジュースの〈タング〉に加えると、先の会議での知見を裏づける結果が得られた。ケルセチンは一部の被験者には良好な効果を示したが、配合する食品によってバイオアベイラビリティ（投与された成分が全身循環に到達する割合）が大きく異なり、全体的な吸収率やパフォーマンス向上効果の差も非常に大きかったので、疲労回復効果をもたらす成分としては期待できないということがわかった。陸軍はプロジェクトを中止した。

現在では、陸軍の栄養強化プログラムではおおむね、ビタミン、ミネラル、炭水化物、タンパク質、カフェインなど、古くから頼りにされてきた成分を利用している。ただし、使用量は半端でない。たとえばファーストストライクのようなレーションでは、中身の品目のうち少なくとも半数は栄養強化されている。「メニュー1」を見てみよう。混ぜ物（サプリメント）が添加されていないのは、常温保存可能なポケットサンド、具入りフレンチトースト、プレッツェルスティック、ピーナッツバター味のデザート・バー、甘いバーベキュー風味のビーフスナック、テリヤキ風味のビーフスナックだ。混ぜ物が入っているのは、ハラペーニョチーズスプレッド（ビタミンA、B1、B6、D、カルシウム強化）、小麦スナックパン（カルシウム添加）、チョコレート味のミニ・ファーストストライク・バー（ほぼありとあらゆる成分）、シナモン風味の〈ザップルソース〉（糖質添加）、ミックスナッツ・フルーツ（ビタミンC添加）、糖質強化飲料、チョコレート味のプロテイン飲料、シナモン風味のカフェイン入りガム、無糖飲料（ビタミンC添加）である。

サプリメントに対してネイティック研究所が慎重な姿勢をとっているのはよいことだ。査読を受けた研究論文しか使ってはいけないと定められているので、研究は細心の注意を払って行なわれ、時間のかかることが多い。サプリメント市場で熱狂的な信奉者のいるケルセチンについては、ネイティック研究所で体への作用を評価し、配合した場合に最も効率的な食品を特定し、作用機序を解明してようやく、うたい文句が正当ではないと最終的に判断した。FDAが定めているよりも高い基準でサプリメントを評価することにより、ネイティック研究所は社会に貢献している。市販の「天然成分」サプリメントの世界は危険をはらんでいる。特定のサプリメントの大量消費は、重い疾患や場合によっては死につながることが判明している。緑茶エキスが肝臓病を引き起こすこともあり、興奮剤のゼラニウムエキスは二〇一二年に兵士二人の死亡要因となった可能性がある（このため国防総省はゼラニウムエキスの調査を行ない、基地内の売店での販売を禁止した）。兵士のうちサプリメント使用者の割合は五三％（一般市民より多い）に達することから、陸軍はそれらの物質について慎重に研究し、その結果を公表している。基地内で兵士が死亡したことを受けて、軍はサプリメントの安全キャンペーンを開始した。その一環として、兵士は五万三〇〇〇品目のサプリメントについて安全性試験や有害事象報告を調べられるデータベースへのアクセスが認められている。このデータベースが一般に開放されたらとてもありがたい。しかし今のところ最も安全なのは、ネイティック研究所の例にならって、有効性が証明されているものだけを使うことだ。コーヒーも悪くない！

FF&Vの賞味期間を延ばす

今どきの兵士が自宅で夕食をとるときには、たいていのアメリカ人と同じく、生の材料ですべて手づくりした料理よりも、袋や箱に入ったまま急いで温めた料理やテイクアウトの料理を食べることのほうが圧倒的に多いはずだ。それでも何カ月も戦地で過ごしたあとでは、リンゴやバナナやトマトやキュウリが楽園の味わいとなる。「新鮮な野菜や果物は士気を高める。特に、その種のものを食べるという選択肢がない前進作戦基地にいる兵士の場合はそうなる」とジェリー・ダーシュは言う。このため、国防総省は指定業者《プライムベンダー》との契約を通じて、生鮮食品や必需食品の安定供給を図るために何十億ドルも支出している。これほど費用がかかるのは、これらの食品を第三国から戦争で荒廃した国土を経由して基地や駐屯地まで輸送するのが困難だからという理由ばかりではない。長期の輸送は品質劣化や腐敗の進行を意味し、しばしば食品が食用に適さなくなってしまうのだ。

生鮮青果は食材の中で最もデリケートだ。傷みやすく、収穫した瞬間から品質の低下が始まるし、水蒸気や二酸化炭素とともに「死のホルモン」も吐き出す。「エチレンは野菜や果物から放出される化合物で、成熟プロセスを促進する。うまくコントロールできればとても役に立つ。しかしさまざまなＦＦ&Ｖ（フレッシュ・フルーツ&ベジタブル）の混在する貨物では、エチレンはこのうえもない悪夢となりかねない」とダーシュは説明する。ネイティック研究所が二一世紀最初の一〇年の後半に掲げた目標の一つは、こうした生鮮食品の賞味期間を延長する方法を見つけることだった。

商業用の青果販売業者とは違って、軍では通常、兵員食堂で出すさまざまな青果を一緒に輸送する。野菜や果物は種類によってエチレン生成率が大きく異なるので、生成量の多いものは同じコンテナに積み込まれたほかの野菜や果物の腐敗を促進する可能性がある。たとえばリンゴやバナナなど、収穫後に成熟するクリマクテリック型果実と呼ばれるものはエチレンを大量に放出する。エチレンは一ｐｐｍの濃度でも、一緒に運ばれているレタスすべてを一日で堆肥の山送りにしてしまうことがある。

最近までエチレン濃度の抑制策として、低温室には空気清浄機用の特殊フィルターを使い、箱や容器の中には薬剤入りの小袋やブランケットを入れ、猫用トイレと同じ仕組みでガスを除去する粘土を原料とした吸着剤を使ったりしていた。しかしこれらの方法はいずれも費用がかさむうえに、輸送効率の面でも問題がある。

エチレンを減らす方法を見つけようと、ネイティック研究所は昔ながらの対決方式を用いた。一対一で対決する競争者を探し、双方に試作品を用意させ、褒美を目指して競わせる。ネイティック研究所は二社と中小企業技術革新研究（SBIR）制度による契約を結んで助成金を提供した。一社はオレゴン州のマイクロエナジー・テクノロジーズ、もう一社はマサチューセッツ州のプリメイラである。最終的に、電極触媒と電気化学センサーを組み合わせたマイクロエナジー社の案は「効果はあるが、輸送効率の観点から投資の回収を考慮すると、最高の結果を出すには野菜や果物を収穫した畑ですぐさま処理する必要があった」とダーシュは言う。一方プリメイラ社は、低温室やコンテナで使う小型の紫外線照射オゾン発生装置（ほかの装置と比べて三〇〇倍のオゾンを発生させる）の作製に力を注いだ。この装置は、接触したエチレンをすべて水と二酸化炭素に分解するというものだった。安価で使い方が簡単で、消費電力はごくわずかで、危険な廃棄物が生じない。まさに投資家が夢見るようなものだった。「さらに紫外線には、細菌や芽胞、真菌を不活性化することでコンテナ内の空気を清浄化する働きもある」と、陸軍はこちらのプロジェクトについて好意的な評価をしている。

ネイティック研究所は最初から、従来の方法と比べて青果の賞味期間を七日間延長するというこのエチレン除去装置が、商業用青果の保管、輸送、小売店での保存の分野で市場を獲得できるはずだと認識していた。「兵士だけでなく、全国に商品を輸送する商業物流システムにとっても大きな価値があるだろうと、われわれは強く確信している。それで、期待を抱いているのだ」とダーシュは言う。長くはかからなかった。二〇一四年の初め、冷蔵コンテナに特化したメーカーのマースク・コンテナ・インダストリー社は、プリメイラ社と提携して、〈ブルーゾーン〉と名づけられたこの装置を自社製品に搭載すると発表した。当初のターゲットの一つは、世界での売り上げが一四〇億ドルに達する切り花産業である。花の大陸間貿易の九割は空輸で行なわれるが、これは生産コストを著しく増大させてしまう。保冷船で輸送できれば、業界に革命を起こせる。「まだ最終的な設計をしているところですが、〈ブルーゾーン〉と冷蔵装置の〈スタークール〉を組み合わせることで、これまでのコンテナ輸送では得られなかったような経済的メリットや環境面でのメリットが得られるのは確実と考えています」と、マースク・コンテナ・インダストリー社の最高商務責任者のソレン・レス・ヨハンセンは「フード・ロジスティクス」誌で語っている。

兵員食堂で出すサラダや生の果物については、病原菌が存在する可能性というのも重大な問題だ。国防総省の指定業者が海外の基地に納入する青果は、近隣の国で調達されることが多い。農場では、家畜と農作物、そしてまともな衛生設備のない場所で働いている労働者とが入り混じっているかもしれない。二〇〇五年までにネイティック研究所は、サルモネラ菌、致死性のある病原性大腸菌O157：H7、赤痢菌といった人間の腸で繁殖して糞便汚染で伝染する中温菌に感染するウイルスを生鮮青果に接種できないか調べる研究を開始した。複数の中小企業技術革新研究（SBIR）と中小企業技術移転（STTR）プログラムによる助成金が、バクテリオファージ（特定の細菌に感染するウイルス）の遺伝子操作を専門とするメリーランド州ボルティモアのバイオ企業、イントラライティクス社に与えられた。同社は細菌の種類ごとに別々の製品を開発した。それらは感染が疑われる生鮮食品に単独で、あるいは複数種類を混合して、噴霧することができる。

二〇〇九年には、イントラライティクス社は陸軍から三期目の助成金を受けていた。最後となる今回の助成金は、大腸菌用製品の商品化を支援することが目的で、事業計画や投資計画から「官民の潜在顧客と引き合わせるための手助け[8]」に至るまで、あらゆる費用をカバーすることになっていた。二〇一一年、同社の大腸菌用スプレーは「挽肉用の部分肉とくず肉に対する[9]」使用をFDAと農務省から承認された。イントラライティクス社の首席研究者、アレクサンダー・スラクヴェリーゼがメールで次のように説明してくれた。「ネイティック研究所から資金提供を受けた研究から特許は生まれませんでしたが、重要な有効性データを集め、大腸菌用スプレーの〈エコシールド〉が認可され、大量生産を援助するという点で、ネイティックの支援は大いに役立ちました。これらはみな、商業化に不可欠な要素だったのです」。認可されてからほんの数カ月後、イントラライティクス社はプロクター&ギャンブル社と複数のプロジェクト契約を結んだ。二〇一三年には同社の抗サルモネラ菌スプレー〈サルモフレッシュ〉がFDAからGRAS認定を受けた。しかし、これは手始めにすぎない。食品媒介性疾患に対する消費者の懸念の増大――「食品安全強化法」の成立を後押しした要因の一つ――から考えると、イントラライティクス社の開発した製品に類するものへの需要は高まる一方に違いない。

パーソナル飲料クーラー

砂漠を歩いているとしよう。重さ六〇キロの荷物を担ぎ、真昼の太陽に照りつけられて汗だくだ。リフレッシュしようと、〈キャメルバック〉ハイドレーションシステムのチューブから水を一口飲む

――が、吐き出す。砂漠の気候の中では一時間に最大二リットルの水分が失われるから、それを補わなくてはいけないのに、消毒薬のにおいのする温まった水しかない、という状況を考えよう。高温による脱水状態は、軍で起きる年間一五〇〇〜二〇〇〇件の熱衰弱、熱中症、死亡の原因となり、さらに数え切れないほどの不調や、兵士の身体能力や認知能力の全般的な低下にもつながる。しかし単純な解決策がある。きりりと冷えた飲み物だ。

軍事行動中の兵士に水分をもっととらせるため、軍は二〇〇四年に個人用の飲料水パックを冷却することにした。そしてニューハンプシャー州ハノーヴァーにあるエンジニアリング会社クリアーリとのSBIR契約二件のうち一件目を締結した（同社は二〇〇〇年度から二〇一二年度末までに、国防総省からの受託契約でなんと一億五九〇〇万ドルも獲得している）。技術者たちは既存の給水装置に取り付け可能な小型のバッテリー駆動式冷却システムを使って、リザーバー（水筒）のうち、チューブに水が流れ込む部分だけを冷却する方式を考えた。同じころ、ネイティック研究所は電源が不要な冷却装置を開発するために、軍への物資供給業者であるBCBインターナショナル社とのあいだに共同研究開発契約（CRADA）を締結した。この装置は、電力の代わりに一二本の蒸発芯を使って水を冷やす。どちらの設計も完全ではなかった。水の温度は二〇度ほどしか下がらず、生ぬるいといった程度にしかならないが、少なくとも飲めないことはない。二〇一〇年、モハーヴェ砂漠で海兵隊員が両モデルの実地試験を行なった。BCB社の発明した〈チリー〉はクリアーリ社の装置を圧倒し、評価にあたった隊員の三分の二以上から支持された。現在では商標登録され、すでにスキーヤー、サイクリスト、ハイカー、長距離ランナーといった次世代のユーザーへの販売を通じて、商業市場に進出している。

ソーラー式冷蔵コンテナ

二一世紀に入り、中東地域でのアメリカ人の長期滞在はコンテナ輸送戦争とでも呼べそうな様相を呈している。波形鋼板でできた箱状のコンテナは、手作業による貨物の積み替えにあまりにも時間がかかることに業を煮やしたノースカロライナのトラック運送業者のアイデアから生まれた。コンテナのおかげで、トラックから列車や船に貨物を移す作業が円滑化された。二〇世紀が終わるころには、この典型的な「破壊的技術」が世界を支配し、コンテナは増え続け、二〇一二年には三二九〇万個に達した。アフガニスタンとイラクでは、アメリカ軍はあらゆる用途でコンテナを使っている。整備工場として使われ、犬小屋にもなり、洗濯室や武器庫、無塵室としても使われ、またあらゆる物資の輸送と保存、そしてもちろん冷蔵にも使われる。冷却装置が必要なため、冷蔵コンテナ（冷蔵庫を意味するrefrigeratorを略して「リーファー」とも呼ばれる）の価格は通常のコンテナの一〇倍もする（高いものは三万ドル）うえに、低温流通を維持するために絶えず電気の供給が必要なので、運用費も高くつく。陸軍は、基地ではＪＰ－８（陸軍のすべての装備で燃料として使われる、引火性の低いジェット燃料）で稼働するポータブル発電機を使うことでこの問題を解決した。それでも、一年間で冷蔵コンテナ一個が二万五〇〇〇～三万五〇〇〇リットルもの燃料を消費することもある。

そのようなわけで、陸軍のエネルギー消費は決して持続可能で環境にやさしいとは言えなかった。石油埋蔵地域が戦場となったイラク戦争とアフガニスタン戦争は、燃料の調達コストが金銭面と人員面の両方でこれまでになく高くついている。護衛付きの輸送車隊の車両の七割が給油車だった。基地へ届ける燃料一ガロンにつき、輸送のために燃料を七ガロン使っていた。輸送の途上で攻撃される危

のおかげでさらに第三の会社、コネティカット州のアドヴァンスト・テクノロジー・マテリアルズ・寄りの上下院議員が国防総省の予算に上乗せする数々の用途指定助成金を表す国防総省の用語だ。こ「議会の上乗せ」と呼ばれてもてはやされている慣例のおかげである。議会の上乗せとは、国防総省初、特許はNASAに与えられた)。二〇〇七～一〇年には契約件数も一時的に急増した。これはに組み込む一台三五〇〇ドルの受動的冷却装置をつくるために、SBIR契約をもう一つ結んだ(当的で二〇〇六年度にSBIR契約を結んで助成金を獲得し、さらに半生鮮食品の保存に使うコンテナの契約業者だった企業が設立し、国防総省がすぐに最大で実質的に唯一の顧客となった)は、同じ目一方、ソーラー式冷蔵を専門とするサンダンザー社というアリゾナ州の小さな会社(かつてNASA却・エネルギー貯蔵システムの実証実験を行ない、ソーラー式冷蔵コンテナの試作品を一つ製作した。からSBIR助成金を与えられ、コンテナの屋根に太陽電池を実用的に設置できるか調べ、新しい冷ング社(長年にわたり国防総省の契約業者となっている冷蔵・エネルギー技術会社)は二〇〇四年度二社がそのための技術と装置の開発を受託していた。フロリダ州のメインストリーム・エンジニアリ

ネイティック研究所のソーラー式冷蔵コンテナは、まさに絶妙なタイミングで最適な場に登場した。

が危険にさらされることも減らせます[10]」きれば、物資輸送車隊を派遣する頻度を抑えることができ、それによって海兵隊や陸軍や海軍の兵士送り、持続可能なエネルギー源を見つけるべきだと訴えた。「僻地の基地で石油燃料の需要が削減でク戦争の司令官で西部方面多国籍軍のトップだったリチャード・ジルマー中将はペンタゴンに覚書をコストがさらにかさんだ。解決策は？　サプライチェーンなどまるで役立たずだ。二〇〇六年、イラ険が常にあるので、上空援護、追跡装置、ビデオモニタリングによる防護が必要となり、そのために

インコーポレーテッドは広範囲提案公募（BAA）で一〇〇万ドル近い助成金を得る契約を結び、陸軍で開発された通常サイズの四分の一のミニコンテナ〈クワドコン〉で使用するソーラー式吸収冷凍機を開発した。まばゆいばかりの九二ページの報告書が出されたが、試作品は性能の最低基準を満たすことができず、プロジェクトは中止された。二〇一〇年、組み込み型ソーラー式コンテナシステムの開発を完成させる企業としてサンダンザー社が選ばれ、完成した設備を二〇一六年度には野戦炊事車に導入する計画となっている（最初に受託したメインストリーム・エンジニアリング社にも、四〇〇〇万ドルの契約が与えられた。同社の新しい高性能・省エネ型の冷蔵装置を搭載した新しいタイプの断熱コンテナ〈トライコン〉の製造を受託したのだ。ただしこちらにはソーラー発電装置が搭載されない）。この技術が商業市場で軌道に乗れば、世界を駆けめぐる二〇〇〇万個以上の冷蔵コンテナが電力網確保の心配から解放されるかもしれない。

ゴミをエネルギーに変えるコンバーター

一般市民と同じく、陸軍にも請求書が送られてくる。そしてやはり一般市民の場合と同じく、陸軍にとって最もいやなのは、燃料とゴミ処理（昔ながらの焼却か埋め立て）に関する巨額の請求書だ。兵士は一日に一人あたり三・六キロほどの固形ゴミを出し、そのうち八割が食品関係だ。このゴミをエネルギー源として、基地のあちこちにある多数の発電機（兵士五五〇人につき発電機二七基）を動かす効率的で経済的な方法はないのだろうか。

もちろん、このような考えは新しいものではない。人類は太古の時代からゴミを燃やしてきたし、一九世紀の終盤からはゴミの焼却を目的としてつくられた装置を使って大規模にゴミを燃やしている。

技術者はまもなく、燃焼で生じる熱エネルギーを蒸気に変換してつかまえ、それでタービンを動かす方法を見つけたが、エネルギーの回収が本格化したのは、オイルショックが起きて「関心をもて、汚染するな」という環境保護運動が始まった一九七〇年代になってからだった。現時点でヨーロッパにはゴミをエネルギーに変える焼却炉がおよそ四五〇基あり、アメリカにはおよそ一〇〇基ある。しかしゴミを燃やせば廃棄物処理にかかわる自治体の負担は減るが、有毒な化合物、二酸化炭素、一酸化炭素、それに大量の灰は依然として発生する。さらに問題なのは、物質の中に閉じ込められているエネルギーを取り出す方法として、燃焼はひどく効率が悪いという点だ。

一九九〇年代までに、期待のもてそうなエネルギー回収技術がいくつか登場した。それらは燃焼と同じく高温と空気が有機物質にもたらす作用を利用していて、いわば火を出さずに副産物（ガス、油、炭）に変換するようなものだった。古くから利用されてきた燃焼は、酸素の豊富な環境において摂氏四三〇〜六五〇度の温度で生じる。すると、燃料に含まれるすべての成分に酸素が降りかかり、さまざまな小さい酸化物（二酸化炭素、二酸化硫黄、酸化窒素）と水が生じるが、これらはいずれも燃焼しないので、エネルギーは水蒸気によって移動するしかなく、燃焼のエネルギー効率は一五〜二五％にすぎない。四三〇〜六五〇度で酸素の少ない環境ではガス化が起き、燃料の成分の多くは合成ガスと呼ばれる可燃性ガスになる。このガスを燃焼させた場合、エネルギー効率は三〇〜四〇％となる。もっと低温の一五〇〜三二〇度で酸素がまったく存在しない環境では熱分解が起き、有機物質は可燃性のバイオオイルとなる。これに火をつけると三五〜四五％の効率で燃焼するが、腐食性が高いのでエンジンには適さない。最後の選択肢は、バイオマスへの加熱に頼らない「超臨界水の解重合」という方法だ。名前はいかめしいが、意味するところは単に水を高温高圧にさらすということである。こうすると水分子が液体状態にあるときのように高密度になるが、大きな熱エネルギーを得て激しく運動しているので、水素結合ははるかに少なくなっている。水素結合をつくらない水分子中の水素が過剰に存在するため、超臨界水は強酸と強塩基の両方の性質を帯び、ほぼあらゆるものを溶かせるようになる。私たちの出すゴミのほとんどを占めるプラスチックやボール紙さえ溶かしてしまうのだ。

ゴミをエネルギーに変える変換の実用的なモデルを見つけることが、陸軍全体としての二一世紀の目標だった。国防高等研究計画局、アメリカ陸軍研究所、ネイティック研究所など、複数の研究機関がこの難題に挑んだ。その結果、八つの試作品が開発された。二〇〇七年には、そのうち野戦炊事車で使うのにとりわけ適した四つについてネイティック研究所が検討した。一つは国防高等研究計画局がカリフォルニアの大手軍需企業で契約業者のゼネラル・アトミクス社（二〇一二年の一年間だけで政府から二四億ドルの契約を受注している）との共同プロジェクトで開発した、超臨界水を使うコンバーターである。残りの三つはネイティック研究所のプロジェクトによるもので、SBIR制度で資金を調達していた。このうち二つはガス化装置で、一つはコロラド州のコミュニティー・パワー・コーポレーション（CPC）、一つはマサチューセッツ州のインフォサイテクス・コーポレーションが開発したものである。もう一つはフロリダ州のグリーン・リキッド&ガス・テクノロジーズ社のつくった熱分解型モデルだった。四社が試作品を発表すると、戦闘食糧配給プログラムはCPC社のガス化装置とゼネラル・アトミクス社の超臨界水解重合によるコンバーターを選び、さらなる改良と実地試験を行なった。二〇一〇年、陸軍はさらに改良を加えたうえで改めて実地試験をするために、CPC社に同社のガス化発電装置〈バイオマックス〉の製造を依頼した。同時に、陸軍はインフォサイテクス・コーポレーションにも独自の試作品の開発を依頼した。こちらもガス化を利用する装置だが、ペレット状ではなく細片状にしたゴミを使うという新たなイノベーションを加えた、よりクリーンでスピーディーで効率のよい装置である。どちらのモデルもまだ実地使用はされていないが、両社ともゴミを焼却したりトラックで埋立地に運んだりするという方法に代わる環境志向型の廃棄物処理方法を提供する企業として、すでに商業市場への参入を果たしている。

★★★

陸軍は本章で紹介したようなやり方を「ハイリスク・ハイリターン」の研究開発と呼ぶ。どのイノベーションも、資源保護、バイオエンジニアリング、ナノテクノロジー、食品保存、人の健康など、もっと広範な領域に副次的な影響をもたらす可能性があり、この先の数年あるいは数十年のあいだに消費者向け食品市場に何らかの影響を与えるかもしれない。とはいえ、保証はない。成功するアプローチや企業がある一方で、失敗に終わるものもあるだろう。それでも、最先端の科学技術に賭けることをいとわないベンチャー投資家には、チャンスが待っている。

戦争とレーションの将来

未来の戦争は孤独な場となるだろう。核戦争であれ、通常戦争であれ、不正規戦争であれ、小規模な特殊作戦部隊向けの戦術を利用することが多くなるに違いない。偵察と監視、パートナー支援と訓練、低強度紛争、テロ活動への潜入、妨害、対応、人間またはそれ以外の高価値標的に対する破壊が行なわれることが多くなるだろう。このように流動的でダイナミックな戦闘環境では、複雑で高コストなインフラを備えた大規模な駐屯地を設営して運営し、物資を供給するのは負担が大きい。そのため、後方支援の対象も、小規模な前進作戦基地に変わるだろう。この種の基地なら世界のどこでもコンテナを利用して二週間程度で設営できる。さらに設備が最小限しかない（軍では「緊縮的」と呼ばれる）前哨地で後方支援を行なうこともあるだろう。

戦略上およびコスト上の理由から、そして個人用の戦闘装備（兵士が自らの生命を維持するのに必要な武器以外のあらゆるもの）がまもなく急激に高性能化していくことが見込まれるという理由から、陸軍の駐屯地は小規模化へ向かっている。この一〇年間、ネイティック研究所はＭＩＴや、昔から協力してきたレイセオン社やデュポン社などをはじめとする民間企業パートナーと提携して、兵士にこれまでにない機能性と自給性を与えるナノ材料でできたボディアーマーの開発に取り組んできた。ネットワーク通信のできるもの、周囲の状況を監視したり地理的な位置を特定したりできるもの、生物・化学的汚染物質を検出して無害化できるもの、体温や体内の水分をコントロールしてくれるもの、そして必要に応じて治療薬や能力向上剤を投与してくれる持続的生体モニタリング機能を備えたものなどの研究をしてきた。その一方で兵士はテクノロジー、電力源（この問題についてはまだ十分に解決されていない）、通信ネットワークにきわめて依存するようになるだろう。超人的な力を与えられて、闇の中を見通したり、外見を変えたり（ひょっとしたら姿が見えなくなったり）、弾丸の降り注ぐ中を歩いたりできるようになるだろうが、その一方で戦場について、さらには自分の体についてさえ、判断する能力が低下してしまうのではないだろうか。

このシナリオには、八人や一〇人、あるいは一二人が食卓で落ち着いて食べる温かい食事の入る余地はあまりない。

しかし、どこにでも保管できてそのまま手づかみで食べられて、丈夫で常温保存できる多様な食品に対するニーズは、今まで以上に高まるだろう。そのような食品は、軍隊にとって都合がいい。なぜなら、加工や包装のコストが高くなっても、レーションは陸軍にとって最も費用対効果の高い食糧配給方式だからだ。エネルギーを大量に消費する機器を備えた野戦炊事車を設営する必要がない。生鮮食品を輸送する必要がなく、怪しげな第三国の食料調達業者を手配する必要もない。食肉検査官の随行も不要だ。冷蔵コンテナもいらない。不愛想な料理人もいらない。厨房のゴミを処理したり、鍋をこすり洗いしたり、器具を磨いたり、兵員食堂を管理したりする手間もいらない。ただ包装を破り、中身を食べて、ゴミを捨てるだけだ。あとはゴミをエネルギーに変えるコンバーターがゴミから生み出してくれるエネルギーを使って、扇風機を回してもいいし、携帯電話に充電したり、Xボックスで遊んだりしてもいい。

実際、陸軍は「食事」の概念を完全に崩そうとしている。「われわれが考えているのは、一日三食というのが兵士に食糧を配給する方法として本当に望ましいのかという点だ」と、戦闘食糧配給局の元局長、ジェリー・ダーシュは言う。「『これが朝食、これが昼食、これが夕食』というふうにはっきり区別するのではなく、もっとゆるやかに、好きなときに少しずつ食べられるようにすべきではないかと。……利便性や移動中の食べやすさを視野に入れながら、兵士に必要な必須栄養素をとらせることを考えている」

そうだとすると、ネイティック研究所はこれまでにやってきたことを今まで以上に追求していくことになるだろう。

加工食品が与えてくれる自由

本書の執筆を通じて、私は変わった。むきになって料理を手づくりするのをやめた。工場で製造された食品——そしてその延長として、そのような食品の設計や製造にかかわる人たち——が本質的に邪悪だと思わなくなった。科学や工学技術について、以前だったらとうてい考えられないくらい気負わずに語れるようにもなった。そしてスーパーマーケットに行くと、あらゆるところで幻影を見るようになった。レーションを薄めたものが、陳列棚や冷蔵ケースや展示容器に詰まっているのだ。

本書の執筆に着手して一年経ったころ、キューバ人の義母が初めてわが家を訪ねてきたときに、私はある悟りを得た。義母は到着するやいなや、キッチンの支配権を握った。ラテンアメリカ式に夜明けとともに起き出し、すべての料理を生の食材から大量につくった。義母がわが家を去る前日、私は夫に訊いてみた。子どものころに食べた料理で、私が懐かしい家庭の味を再現できるように教わっておいてほしいものは何？　意外にも――キューバ人のソウルフード、フリホーレス・ネグロス〔キューバ風の黒豆の煮物〕はいずこへ？――夫の答えは柑橘類とガーリックとオレガノでマリネした鶏肉だった。母親に材料のリストを書き出してもらうと、彼はホールフーズへ買い出しに行った。そしてスパイス、オリーブオイル、粗塩、真ん丸なタマネギ、ガーリック、何袋ものレモンとライム、二羽分の丸鶏（有機栽培の穀類だけを食べて放し飼いで育てられたもの）を買ってきた。

約束した時間に私はキッチンに入り、エプロンを着け、メモ用ノートを取り出し、背筋を伸ばして立った。義母のメルバは丸鶏を包みから出してまな板に置いた。背側を上にした丸鶏は、二人のいたずらっ子のようにも見える。メルバが包丁を動かしていく。「まず脚を切り落とすのよ、こんなふうに」と言いながら、骨のまわりで刃をそっと動かす。二〇分かけてていねいに解体すると、ガラス製の耐熱皿に一切れずつ並べていく。私はすごい勢いでメモをとる。メルバが臓物、背骨、手羽肉をビニール袋に入れた。「これはどうするんですか？」という私の問いに、メルバは袋を冷凍庫にしまいながら「ああ、今日は使わないから、そのうち使ったら？」と答える。私は手書きのレシピのページに大きな「×」を書いて、「鶏のすね肉と胸肉二パック」と書き直す。一、二年前の私なら、自分でやると何かいいことがあると信じて、指示にきっちりと従っただろう。この瞬間、自分が以前とは反対の立場に転じたことを悟ったのだ。

もちろん、一、二年前の私には、巨大なプロジェクトも恐ろしい締め切りもなかった。本書の執筆に着手して以来ほぼ四六時中、それに関する作業にかかりきりだ。パソコンに向かっていないときも、頭の中で考えている。以前はキッチンで一時間ほどかけて六人分のきちんとした食事をつくると心が安らいだ。ところが今ではそれが腹立たしく感じられる。公衆衛生について情報発信する会社のオーナーとして、私はいつもワーク・ライフ・バランスをかなりうまく保ってきた（遊ぶ暇はないにしても）。自宅のオフィスで仕事をして、子どもと一緒に過ごし、食事をつくった。ところが今、私の生活はバランスを失っている。リサーチと執筆をしているか、そうでないときはリサーチと執筆の心配をしている。こんな精神状態は、のんびりと食材を切って炒めて食卓に出すという儀式に向いていない。

「いかに手早く大量の箱と袋を開けて、テーブルに食べ物を出せるか」を常に考えるようになった。子羊肉の蒸し煮、サンコーチョ〔中南米式の肉入りスープ〕、ガーリックの効いた小ぶりの肉団子を入れたかぼちゃのスープなどはつくらなくなった。スパゲッティには瓶詰のソースとあらかじめすりおろしてあるチーズをかける。ベジタリアンブリトーには、缶詰のフリホーレス・レフリートス〔煮込んだ豆をつぶしてペースト状にしたメキシコ料理〕と千切りのキャベツとニンジンをはさむ。そして冷凍ピザ（これには世話になりっぱなしだ）。私はにわかに典型的なワーキングマザーの抱えるジレンマに以前よりも共感するようになり、テイクアウトやインスタント食品に対して寛容になった。私たちは疲れ切り、無理をしているのだから、どこかで手を抜く必要がある。その「どこか」が夕食だったのだ。それでどうなったか？　大いにせいせいした。

料理というのは、先に音楽がたどったのと同じ道を歩んでいて、いわば死にかけのアートだ。内輪の個人的なもの——曽祖父母の世代は自分たちで歌を歌ったり楽器を演奏したりしていた——から、大勢で共有する商業的なものへと移り変わってきている。今、私が家族のために〝料理する〟場合、おそらくテーブルに並ぶものとその材料の全部ではないにしても少なくとも半分は、何らかのかたちで加工済みである。私が買ってきたテイクアウト料理の背後には、料理の達人の集団や、フードサービス業界で働く人たち、そして調理済み食品をめぐる問題を克服してきた少数の巨大企業が存在する。インスタント食品の向こうには、小さな都市一つの人口に相当するくらいの食品科学者と食品技術者がいて、アメリカの農業関連企業、食品加工業者、包装業者、輸送業者、小売業者からなる巨大で超効率的な機構が存在する。さらにその向こうには、安価で持ち運びしやすく、長期の常温保存が可能で、調理済みか簡単に調理できる食品を確保することがきわめて重要で生死にかかわることさえある組織が、陰で人形を操る人形師のようにほの見える。アメリカ陸軍だ。

軍の影響が大きな要因となって、食品科学は二〇世紀から二一世紀にかけて息をのむような進歩を遂げてきた。食品をおいしくする要素の解明（および、食品を安全なものにする方法や変質せずに保存できる方法の解明）はもはや、入念な観察を通じて蓄積されてたゆみなく次の世代へと受け継がれるノウハウのような技ではなく、科学となっている。つまり、観察可能な事実、明確な原理、再現可能な実験にもとづく知識体系なのだ。そのおかげで、調理の質が飛躍的に向上した。太古の昔から人類は、パン、チーズ、ハム、ジャムをつくってきたかもしれないが、そこで作用している仕組みを知り、その作用を予測してコントロールできるようになったおかげで、食品の工業生産が可能となり、無数の新たな食品の発明が促されるのだ。一九五六年に新しい食品加工技術の監督機関であるＦＤＡ

の長官だったジョージ・ラリックの示した展望は現実となった。「未来の主婦は料理を趣味としてときどきするだけになると予想できる[1]」

この言葉はまさに私そのものだ。そしてすべての関係者に私が（条件つきで）感謝の念を抱く理由でもある。私は加工食品のおかげでかつてない自由を与えられている。単調な骨折り仕事からの自由、好きなことややりたいことをもっとたくさんする自由――それが何時間もテレビでリアリティー番組を見ることであれ、あるいは貧困国に経口補水液を届けて子どもたちの命を救うことであれ。*かつて私は昔ながらのやり方で料理することを自ら選んでいた。しかし創造性という点では、私がどれほど見事な食事――目を楽しませ、味覚をくすぐり、つかのまであっても心に安らぎを与える食材のアサンブラージュ――をつくっても、本の執筆のほうがはるかにやりがいがあった。そこで私は別の選択をするようになった。大事なのは、どのような食事のあり方を選んだかをめぐって互いを批判することではなく、二一世紀の女性――そう、あえて「女性」と言わせてもらう――には選択肢があるという点でいかにすばらしく幸運で恵まれているかに気づくことなのだ。

その一方で、工業生産される食品のほとんどは、糖分や塩分や脂肪分が多くて繊維やビタミンやミネラルが少ないという不健康なものである。同様に（あるいはもっと）問題なのは、安定性と長期保

＊毎年一〇〇万人近い子どもが下痢で死亡しているが、これは安価な経口補水塩で容易に防ぐことができる。以下を参照してほしい。*Ending Preventable Child Deaths from Pneumonia and Diarrhoea by 2025: The Integrated Global Action Plan for the Prevention and Control of Pneumonia and Diarrhoea (GAPPD)* (United Nations Children Fund, World Health Organization, 2013).

存性を実現するために、化学保存料や抗菌剤から増粘剤や増量剤まで、さまざまな添加物が入っていることだ。これらの成分の多くは、以前は摂取されていなかったか、あるいはこれほど大量には摂取されないものだったので、長期的な影響についてはまったくわかっていない。あるいは、わかっているとしても高が知れている。それでも私は今、おそらく読者の期待に反して、便利でなおかつ健康によい食べ物が食べられるという可能性──そしてその可能性がゆっくりと現実化しつつあるということ──について、慎重ながら楽観している。政府や学界や産業界の食品研究の最前線で、軍事的な必要性以外の価値が追求されているのなら、私たちはさらにまた新たな選択肢をメニューに加えることができるかもしれない。その選択肢というのは、おいしくて健康的な食事をさほどお金をかけずに手早く食卓に出したいと望む女性──同じことを望む男性も増えているので、そのような男性も含めて──の思いに応えるものである（感心なことに、陸軍もこれを望んでいる。そればかりか、次世代の食品加工技術を開発するために陣頭指揮を執っている。この技術が安全性の面で未加工の生鮮食品に匹敵することが証明されれば、私たちが願いをかなえるのを助けてくれるかもしれない）。

軍の食品研究の問題点

第二次世界大戦時のKレーションから「テロとの戦い」の際のファーストストライク・レーションまで、大量のサンドウィッチ、ラップサンド、ピザ、エナジーバー、甘くないスナック、キャンディーなどの加工食品を開発してきた軍の歩みにぴったりと歩調を合わせて、食料品の工業生産供給システムは、そのままか温めるだけで食べられる食品を私たちにも供給するようになってきた。国防総省の目標は「兵士に可能な限り最高にすぐれたレーションを提供すること」で、同省ではこの目標を達成するには「重量と体積と装置のエネルギー消費量のさらなる削減、植物栄養素の妥当性証明と送達方法の改善、品質保持期間の最適化、そして戦争形態の変化に軍のミッションが適応し続けるなかで変化する軍のニーズを満たすという絶えざる必要性の充足[2]」が欠かせないと見込んでいる。それはまさにそのとおりだ。しかし私たち一般消費者は、軍の食糧配給と結びついた食料供給システムを受け入れる必要はない。

アメリカ陸軍は、食品科学の重大な問題の解決や画期的な技術の開発に出資するほぼ唯一の投資家となって、目的をもってその成果を産業界に導入することにより――その目的とは、平時に産業基盤を維持すること、またコストを削減して関連製品を改良することだ――アメリカの食生活の全体的な方向性の大部分を定めている。まずはこのことを理解すべきだ。本書はその助けとなるはずである。しかし二年半におよんだリサーチを経てもなお、上っ面に触れることしかできていない。このテーマを詳細に扱った本を書こうとしたら、全部で何十巻にもなるだろうし、自らのキャリアを捧げたいという熱意のある学者が何人も必要だ。

次にすべきことは、戦闘食糧配給プログラムを動かす意思決定プロセスを、軍の独占状態から解放して、軍が投資している食品科学技術が私たちにどのようなインパクトを与えるか検討することのできる関係者に参加してもらうことだ。長年にわたり、ネイティック研究所の科学プログラムは、全米科学アカデミーと米国学術研究会議の主催する委員会の監督下にあり、ネイティック研究所のスタッフだけでなく外部の科学者や業界関係者もプログラムの策定に関与していた。一九八〇年代、ネイティック研究所はその方針を変更し、軍の〝顧客〟だけがその任務に就けるようにした。今こそこの意思決定プロセスを再びオープンにして、学界や食品業界だけでなく二次的な影響を受ける人、たとえば農業生産者、栄養士、公衆衛生専門家、消費者なども参加させるべきではないだろうか。

三つ目として、これらの新しい技術や製品が人の健康に与えうる長期的な影響についての研究ももっと行なわなくてはいけない。高圧加工で細菌が死滅するのはすばらしいが、強烈な圧力を加えたときに食物分子に生じるほかの物理化学的変化についてはどうだろう。人の健康に関係した研究は、まだ始まったばかりだ。ビタミンの保持率が上がるとしても、脂質酸化が増強して、フリーラジカルという悪名の高いトラブルメーカーが形成された場合の有害な影響についてはどうなのだろう。ついでに言えば、栄養成分表示に記載されている「一般に安全と認められている」成分や、子どもが一日中かじっているクラッカーに含まれるアクリルアミドなどの反応生成物を、ごく微量だが頻繁に摂取した場合の二年後、一〇年後、二〇年後の影響はどうなるのか。さらに、がんは確かに恐ろしい病気だが、加工技術と加工食品がもっと全身性の病気や不調にどう影響するのかを明らかにすることについてはどうだろう。検査室で検出するのががんよりも難しいという理由から、あまり注意を向けられていない病気もあるかもしれない。

ここで、とっくにオーバーホールしているべき、古びた規制機関を思い出そう。FDAのことである。* 一九〇六年にFDAの前身にあたる農務省の部局が消費者保護の権限を与えられたときから、その権限が大幅に拡張された一九三八年までのあいだ、食品をめぐる重大問題といえば不正表示と不純物混入（中国のメラミン混入粉ミルク事件のように、製品中に存在しないはずの不適切な成分が混入すること）だった。一九五〇年代の終わりごろ、その権限は食品添加物と着色剤にまで拡大され、その後、連邦議会は「一般に安全と認められている」（GRAS）と判断した数百種の物質を食品添加物の指定から除外すると発表した。二〇一〇年までに、除外リストは九〇〇〇品目以上に拡大した

（さらに一〇〇〇品目がＦＤＡの審査を受けずに食品業界によってＧＲＡＳと認定されている）[3]。二〇一一年には、細菌感染の集団発生がときおり起きた一〇年間を経て、バラク・オバマ大統領が「食品安全強化法」に署名した。この法律により、食品媒介性疾患の監視と検出に対する政府の権限が強化されることとなった。

しかしＦＤＡの科学的枠組、規制へのアプローチ、規制施行方針の多くは依然として、国民を食品中の潜在的な危険から保護するのに十分ではない。「害」の基準を明確に定めるべきであり、そこには長期にわたる低レベルの曝露や、あらゆる病気に対する影響も盛り込む必要がある。がんだけでなく、アレルギーや自己免疫疾患、生殖や内分泌の問題、そしてもちろん国民にとって最大の敵である肥満とそれにつきものの高血圧、心臓病、糖尿病も扱わなくてはいけないのだ。商品を購入する際に正しい情報にもとづいた選択ができるように、私たちには（不完全な）栄養成分表示よりもはるかにたくさんの情報が必要だ。ＦＤＡは工業生産される食品の製造工程の透明性を高めるよう促進すべきだし、また企業に対して自社製品の加工技術、一時的な添加物（最終的に消失するか、ごく微量しか残留しない添加物）、製造過程で生じる新たな物質、加工工程や包装材から生じる物質の食品中への移行、そしてそれが健康に与えうる影響について、情報の公表（製品のラベルか、あるいは企業やＦＤＡのウェブサイトで）を要求すべきである。また、規制プロセスに関する公式記録（非公式なやりとりについても）を作成することでＦＤＡ自体についても同様の透明性を求める必要がある。そしてＦＤＡが自局で審査される製品の共同開発に参加することについては、それを厳しくチェックする外

＊ＦＤＡは本書のための取材を断固として拒否した。

部監視機関を設けるか、あるいはそのような提携を完全に避けなくてはいけない。

ネイティック研究所が存在しなかったら、私たちの食べ物はどんなものになっていただろう。軍が理想とするような安価で腐敗せず保管と輸送の簡単なものへと、消費者向けの製品を容赦なく変えていく見えない力――少なくとも消費者と大半の業界関係者には見えない力――が存在しなかったらどうなるのか。この問いに答えることはできない。多くの点で、ネイティック研究所のしてきた仕事は工業生産される食品の骨格をなしているからだ。「われわれが現在手にしている加工技術はすべて、ネイティック研究所がかつて強い関心を寄せて資金を投入したもののはずだ」と食品科学者で編集者のダリル・ランドが総括する。巨大企業がすがる科学技術的な基盤が失われたら、目をごまかして食欲を刺激する派手な見せかけなどすべてが跡形もなく崩れ去ってしまう。

私たちが購入する袋、箱、缶、ボトル、ジャー、カートンのほとんどに、レーションを薄めたものがひそんでいる。本来、レーションは兵士のために設計されたものであり、兵士でない私たちや子どもの健康にはよくない。少なくとも兵士やたいていの一般人のように、何年間も毎日欠かさず食べ続けたら体に悪いのだ。私たちは巨大な公衆衛生実験に参加しているようなものだ。その実験では、科学と技術が軍の意のままに私たちのキッチンを乗っ取ってきた。そんな食生活からは長期的にどんな影響が生じるのか。私たちにはまったくわからない。私たちはこの実験のモルモットなのだ。

★★★

結局、缶、パウチ、トレイ、箱に入っていた食品をそのまま食べることに完璧に満足できるのは、わが家で私だけだった。私は生野菜のディップ添えや大量のギリシャ風サラダやツナサンドを死ぬまで食べ続けることになってもまったくかまわない。夫と私が出会ったころ、私はニュース雑誌の発行者で、夫は編集者だった。私たちは食事のほとんどをキト界隈にたくさんある手ごろなレストランでとった。屋外の魚料理店《セビチェリア》から家庭的な食堂《コメドール》など、いろいろな店に足を運んだものだ。二年後に結婚してアメリカに戻ったときに初めて、夫は私の料理の腕前を知った。結婚によって手に入れた思いがけない幸運を、彼は大喜びで享受した。一方、子どもたちはキッチンに私がいるのが当たり前という環境で育った——比喩ではなく文字どおりに。キッチンカウンターの向こうで、子どもたちはスツールに座っていた。はっきりと言い表すことはできないにしても、完璧な料理人の居場所に欠かせない四つのもの、すなわちガスコンロ、シンク、カウンター、冷蔵庫に私が向き合うときの光景と音とにおいは、家庭や安全や母の愛情を強く感じさせたに違いない。

料理にやたらと時間をかけるのをやめて、家族の夕食という神聖な儀式から手を引いてみると、家族はみな料理をつくるように私をうまく誘導する方法をそれぞれ見つけた。夫は請求書を作成するというような、私にほめてもらえる仕事をするのと引き換えに、私にサンドウィッチをつくるように頼んだ。私のつくるハムとチーズのサンドウィッチのほうが、夫が自分でつくるのよりおいしいらしい。夜になると、何もない食卓から高齢の母が哀れっぽい声で「何を食べればいいの？」と言ってきた。この言葉には、スープを温めてほしいとか、チーズとクラッカーを皿に並べてほしいという意味が込められている。子どもたちには幼いころからよく切れるナイフや燃え盛る炎に慣れさせていたのに、下の子たちは自分で簡単につくれるはずのパスタやケサディーヤを私にねだった。家族が求めているのは私の料理そのものではなく、私に何かをしてもらっているという感覚なのだ、と気づいた。母親、妻、娘としての私の存在を実感したいのだ。この思いを満たす方法はたくさんあるが、私の場合はいつも料理がその一つだった。だから、この原稿を出版社に送ったらすぐに、私はキッチンに戻り、一九二〇年につくられた鋳鉄製のダッチオーブンとフライパンで、持続可能な方法で生産された肉と有機栽培された野菜を煮込むつもりだ――少なくともこの本が刊行されるまでは。その先のことは知る由もないが。

一九八七年、われわれはホンジュラスのジャングルの真ん中にある仮設の滑走路に配置された。われわれのミッションについてはよくわからなかった。近くに都市も町もない辺鄙な場所だった。当時、私はE3、つまり上等兵だった。海兵隊では、E1からE3の隊員は必ず歩哨勤務に就かされる。私は滑走路沿いに土嚢を積んで急造された掩蔽壕に配置された。

最初の勤務のとき、ジャングルから四、五人の幼い子どもが出てきた。三歳から八歳くらいだろうか。やせこけてみすぼらしい身なりだったことを覚えている。靴を履いている子どもはおらず、みな汚れまみれだった。警戒心を見せながら近づいてくると、こちらを見た。われわれも子どもたちを見た。話をしたかったが、向こうは英語がわからず、こちらは現地の言葉がわからない。実弾があるし銃には弾丸が装填されているので、子どもを近づけるわけにはいかない。やがて子どもたちはジャングルに戻っていったが、少し経つとまた戻ってきた。今度は二〇人ほどに増えていた。一緒に勤務していたもう一人の兵士と子どもたちを写した写真がまだ私の手元にある。

昼食用に支給されていたＭＲＥがあった。現地の子どもに食べ物を与えてはいけないと言われていた。「そんなことをしても真の助けにはならない」と指揮官は言った。しかし、子どもたちの窮乏を知りながらただその姿を見ているというのは耐えられなかった。そこで私は自分のＭＲＥを開封し、四角いクラッカーが四枚入った真空パックを取り出すと、投げるよというジェスチャーをしてみせた。しかし子どもたちがちょっと騒ぎだしたので、投げるのをやめて幼い子どもを一人招き寄せて、クラッカーを手渡した。すると、その子はグループに戻らずジャングルの中へ走っていった。それから次々にほかの子たちも同じことをした。私のＭＲＥがすっかりなくなり、同僚のもなくなった。ＭＲＥがなくなると、子どもたちはジャングルへ戻っていった。そこにいたおよそ一カ月のあいだに、私は何度もこれをやった。ほかの兵士たちも同じことをしていたに違いない。しかし指揮官に禁じられていたので、そのことをはっきりと口にする者はいなかった。

帰国してキャンプ・ペンドルトンに戻ると、あの地で見たものが心にしみるようになった。娘が生まれたばかりで、幸運にも自分に与えられた命、そして幸運にも娘に与えられた命のことを思っていた。あの場所で出会った子どもたちは明らかに飢えていた。それ以前、私は食事に文句をつけることがあった。おいしくないとか、こんなものを食べたら便秘になるとか。しかし任地での経験によって、自分がいかに傲慢だったか思い知らされ、暮らしの中で与えられるものに感謝することを学んだ。この国ではふつうに手に入るような食べ物でも、それがもらえるなら何でもするという人が世界にはいるのだ。あれ以来、ＭＲＥに対する気持ちはすっかり変わった。

――アメリカ海兵隊三等軍曹　マイケル・ユージーン・ケント・ジュニア
一九八五〜九三年、アメリカ本土およびホンジュラスにて勤務

謝辞

私を非公式な伝記作家として迎えるのは、ネイティック研究所にとって容易ではなかったはずだ。私が初めて研究所を訪問したとき、先方はどんなひどいことが起きるのかと身構えていた。私があるときふとしたはずみで自分のことを「アメリカのフードライター界の悪女」と呼んでいたのを、あちらは徹底的なネット検索で見つけていたのだ。そんなものを見てしまったら、私の意図や手法について安心できるはずがない。それでも研究所の皆さんは真摯に対峙してくれた。優秀な広報担当官のデイヴィッド・アクセッタに代表されるように、戦闘食糧配給プログラムは常に最高の丁重さと手際のよさをもって、私の訪問を受け入れ、取材や資料の求めに応じ、さらにはほかの人を紹介し、アドバイスをくれた。私はこの過程で、プログラム全体を順調に機能させる誠意に満ちたスタッフに深い敬意を覚えるようになった。彼らは文民と軍人、科学者や技術者や行政官からなり、その一人が歴史に詳しいスティーヴン・ムーディー局長だった。根気強い元局長のジェリー・ダーシュにインタビューし、アドバイスをもらい、最近のプロジェクトを扱った章をチェックしていただく幸運にも恵まれた。ネイティック研究所に敬礼！

食品科学者――および数少ない「ふつう」の科学者――の助けがなければ、本書は実現しなかった。彼らの博識、勤勉さ、度量には心から感嘆した。科学に関する部分の草稿を数人に読んでもらった。完璧な表現にたどり着くまで、彼らはすばやく注意深く徹底的に、私とともに何度も検討を重ねてくれた。オーストラリア連邦科学産業研究機構（CSIRO）の動物・食品・健康科学局局長のマーティン・コールは、世界屈指の多忙を抱えているにもかかわらず、数回の取材に快く応じ、メールでの質問に答え、食品微生物学を扱った最も長いセクションのチェックを申し出てくれた。光と熱とこれらが食品の変質に与える影響を扱った部分については、ニューヨーク大学の物理学者、アンドリュー・マクファディエンの鋭い目に助けてもらった。オランダのプロセス工学教授のソルケ・ブロインと、ドイツの食品技術者であちこちへ飛び回る教授でもあり、さらに国際食品科学技術連盟の会長も務めたヴァルター・シュパイスは、フリーズドライ、水分活性、中間水分食品を扱った部分に貴重なコメントをくれた。ニュージーランドの食肉科学者のムスタファ・ファルークは、成型肉をめぐる時間的経緯をチェックし、食肉科学に関する部分を読んでくれた。オランダの微生物学教授ナンネ・ナンニンハは、酵母に関する該博な見識とレーウェンフックの生涯に関する情報を提供してくれた。食品化学者でCSIRO食品科学研究プログラムを統括するメアリー・アン・オーガスティンはゼネラリストとして、またパデュー大学の炭水化物を専門とする化学者のジェイムズ・ベミラーはエキスパートとして、パンの老化とそれに対する高分子理論の応用を扱った部分に目を通してくれた。アイルランドの著名な酪農化学者でチーズ専門家のパトリック・フォックスは、プロセスチーズとチーズパウダーを取り上げた章の問題点を指摘してくれた。オーストラリアの大学教授でコンサルタントのゴードン・ロバートソンは世界有数の食品包装専門家として、基本となる概念や用語の正確さを損ねることなく、平易な言葉で高分子科学について説明するのを助けてくれた。天然資源防衛協議会（NRDC）の上席科学者マリセル・マフィーニとウェストヴァージニア大学の薬学教授ヴィンス・カストラノヴァは、フタル酸エステルとナノ粒子について書かれたページに目を通し、最近の研究と健康に関する論点が反映できるようにコメントをくれた。食品科学を専門とするジャーナリストでコンサルタントのキャスリン・コトゥラは、ロータル・ライストナーが彼独特の精力的なやり方で擁護し、またオレゴン州立大学の食品技術者ダン・ファーカスも支持したハードルテクノロジーに関する説を、本書で正確に伝えられるようにするとともに、高圧加工に関する記述を練り上げるのを助けてくれた。NRDCの化学技術者で弁護士でもあるトム・ネルトナーは、せっかくの休暇を邪魔されても文句を言わず、食品添加物と食品接触材料の規制に関するFDAの責任と活動の範囲について私の理解を深め、これらに関する私の提言を批評してくれた。最後になったが、食品科学者で食品技術者、「食品科学ジャーナル」元編集長のダリル・ランドは、私が本書の執筆に着手する前にロードマップとして作成した二〇世紀と二一世紀の食品科学と食品技術における重要な展開をまとめた表をチェックし、補足し、お墨つきを与えてくれた。私はここに挙げた皆さんの専門分野の内情を垣間見せていただけたことを光栄に思い、とても親身な対応に力づけられた。

司書の皆さんにも心からの感謝を！　端切れ布を寄せ集めたキルトのようなオンラインの情報源を使いこなすために、司書はこれまでになく重要な存在となっている。情報源のなかには、一般公開されているが見つけにくいものや、特定の機関に所属していないとほとんどアクセスできないものもある。頼りになる司書の何人かは、本来の仕事の範疇を越えて私のリサーチを助けてくれた。全米科学アカデミーの学芸員、ジャニス・ゴールドブラムは、掘り起こした資料を高々と積み上げて、閲覧させてくれた。また、彼女のオフィスの入口スペースに付箋だらけのファイルの山がいくつもそびえ立っても我慢してくれた。ＭＩＴの大学文書館特別コレクションのレファレンス担当員、マイルズ・クローリーとその他のスタッフは、ＭＩＴと陸軍需品科の共同プロジェクトのことがよくわかる見事な資料を集め、私が頼めば即座にいくつもの箱に入った資料を出してくれた。カリフォルニア大学デイヴィス校のたぐいまれな食品科学担当司書のアクセル・ボーグは、この分野の主要な刊行物やデータベースについて案内してくれた。国立農業図書館のレファレンス担当司書、ウェイン・オルソンと直接話す機会はなかったが、彼は農務省と陸軍の共同プロジェクトに関する膨大な報告書や参考文献を集めてくれた。最後になったが、私は「いつもとっかかりとして使うだけで、最終判断には使わない」というルールに従ってウィキペディアを利用しているが、世界のもつ知識への自由な入口を与えるという使命を果たしているウィキペディアに感謝する。

今回の旅にはいつも二人の道連れがいたが、二人のしてくれたことを一つひとつ挙げるには紙幅が足りない。すばらしいエージェントのステファニー・エヴァンズに感謝。彼女は擁護者（あるいは母親）に最も求められる資質、すなわち聡明さ、思いやり、信頼できる良識をすべて備えている。私自身と私の考えをいつも信頼してくれてありがとう。編集者のエミリー・エンジェルは、リサーチや構成や執筆を進めるのに必要な著者としての裁量を私に与えつつ、ときに怪しくなる私の分別に疑義をはさみ、本の内容に深みを与える無数のディテールの追加を求めるという作業を奇跡的にも完璧なバランスでこなした。また、深夜に原稿のコメント欄に書き込まれた大量の皮肉を著者から送りつけられても、彼女はやはり奇跡的なほど気持ちのいい人でいてくれた。その完璧なプロ意識に賛辞を！ それからもう一言、大きな声で言わせてほしい。モーリーン・クラークとの関係は短く濃密だったが、彼女の緻密な校閲のおかげで本書の正確さと文体が計り知れないほど改善された。彼女と、そしてシニアプロダクションエディターのブルース・ギフォーズ、アートディレクターのクリストファー・セルジオ、ジャケットデザイナーのゾー・ノーヴェル、ページデザイナーのダニエル・ラジン、編集アシスタントのケアリー・ペレスをはじめとするカレント社の皆さんにも敬意を表する。

訳者あとがき

食べること。生命を維持するのに欠かせないだけでなく、日々の楽しみでもある。そんな「食」の背後にどんな歴史があり、どんな技術が注ぎ込まれているのか、私は格別に考えることもなくこの楽しみをただ味わってきた。本書『戦争がつくった現代の食卓』の翻訳に携わってはじめて、自分が日ごろ慣れ親しんでいるさまざまな食品を生み出した研究や開発の試みの数々を知り、その恩恵に感謝するとともに、食卓を彩るアイテムにひそむ問題にも気づかされた。

著者のアナスタシア・マークス・デ・サルセドは、自称「アメリカのフードライター界の悪女」。食品業界の欺瞞を暴く記事でネットを炎上させたこともある。幼いころから料理が好きで、結婚してからは家族のために腕を振るい、子どもが学校に通うようになればカフェテリアの昼食を嫌って弁当づくりに力を注いだ。しかしフードライターの仕事を始めて食品科学の知識が増えたサルセドは、自分が自信たっぷりにつくっていた弁当がじつは栄養や品質の面でカフェテリアの昼食よりも劣っていたことを知って愕然とする。

家庭でつくる弁当の多くには、市販の加工食品が詰め込まれる。サルセドも、主婦として罪悪感を覚えながらも子どもに弁当を持たせるための妥協策として加工食品をいろいろと使っていた。これらの加工食品について不信感や疑問を抱いたサルセドは、加工食品をめぐる謎を解き明かす鍵がアメリカ陸軍のネイティック研究所にあることを知る。

ネイティック研究所は兵士の装備品や食糧の研究開発を行なう施設である。戦時には極限状態に置かれる兵士にとって、体力を維持して士気を高めるために食事がもつ意味はとても大きい。栄養と味だけでなく、戦場という特殊な環境では輸送や保存にも特別な条件が求められる。そのため軍にとって食品の加工技術の研究が必須となり、その成果は兵士の食べ物にとどまらず、やがて市販用食品にも転用されるようになる。こうしてネイティック研究所は「アメリカ人の食生活の基盤をなす加工食品の聖地」として食品業界をひそかに牛耳っている。

ネイティック研究所の技術をはじめとして、戦争から生まれた食品加工技術は日本で暮らす私たちの食生活にも広く入り込んでいる。たとえば缶詰の根幹である食品の密封加熱技術は、ナポレオンが遠征中の食糧配給を支援する策を公募したことから広まった。当初はガラス瓶が使われたがやがて金属製の缶が使われるようになり、それがさらに進歩して、現代の食生活に欠かせないレトルト食品が生まれた。レトルト技術の開発の中心となったのはネイティック研究所である。

戦地で兵士に配給される糧食を「レーション」という。主菜やパンから調味料、飲み物、デザートまでそろった一食分がセットになっているものが多い。輸送しやすく、常温で長期保存しても品質が保たれるように、食品の加工・保存技術の粋がふんだんに投入されている。栄養密度が高く保存性にすぐれたエナジーバー、つくりたての食感が長続きするパン、フリーズドライの飲料、高圧加工で殺菌されたパッケージ入り食品などがレーションのために開発され、今では市販製品としてスーパーマーケットの棚に並んでいる。サルセドの見積もりでは、陸軍に起源をもつか陸軍の影響を受けている商品を撤去したら、棚の半分以上が空になるほどだ。

サルセドはこれらの「レーションを薄めたもの」に対してはいささか複雑な思いを抱く。本書のためのリサーチを通じて、工場で製造される加工食品が必ずしも邪悪な存在ではないことを知り、それらを利用することへの罪悪感はやわらいだ。一方で、もともと兵士のためにつくられた添加物たっぷりで盛大に加工された食品から派生したものを子どもに食べさせて大丈夫なのかと、母親として不安も抱かずにはいられない。それでもサルセドはおおむね楽観的に現状を受け入れ、将来にはさらに期待を抱いている。忙しい現代人に自由を与える選択肢として加工食品をポジティブにとらえ、加工食品の品質が今後さらに改善されていくと予想している。このような姿勢に至ったのは、ネイティック研究所に足しげく通い、膨大な文献調査やインタビューも敢行して、加工食品とそれを取り巻く技術や人々への信頼が培われたおかげではないだろうか。

＊　＊　＊

私もかつてのサルセドと同様、料理は素材から手づくりするほうがよいと信じ、加工食品を多用することにはうしろめたさを覚える傾向があるが、本書の翻訳を通じて加工食品に対する見方がいくらか変わった。翻訳の機会を与えてくださり、粘り強く編集にあたってくださった白揚社の阿部明子氏に感謝する。また、生物学や化学にかかわる点についてコメントをくださった白揚社の筧貴行氏にも感謝する。

二〇一七年六月

田沢恭子

5. Dietary Supplement Health and Education Act of 1994, 108 Stat. 4325–4335, 103rd Cong. (Oct. 25, 1994).
6. Ann H. Barrett and Armand Vincent Cardello, *Military Food Engineering and Ration Technology* (Lancaster, PA: DEStech Publications, 2012), 278.
7. 同上、276.
8. "Development of a Phage-Based Technology for Eliminating or Significantly Reducing Contamination of Fruits and Vegetables with *E. coli* O157:H7," Intralytix, press release, November 26, 2008.
9. "Intralytix Receives FDA Regulatory Clearance for Phage-Based *E. coli* Technology," Intralytix, press release, February 8, 2011.
10. Army Environmental Policy Institute, *Use of Renewable Energy in Contingency Operations* (Arlington, VA: Army Environmental Policy Institute, March 2007), 8–9.

第14章　子どもに特殊部隊と同じものを食べさせる？

1. "Housewife of Future May Cook Only as Hobby," *Palm Beach Daily News*, January 13, 1956, 6.
2. Ann H. Barrett and Armand Vincent Cardello, *Military Food Engineering and Ration Technology* (Lancaster, PA: DEStech Publications, 2012), xiii.
3. Tom Neltner and Maricel Maffini, "Generally Recognized as Secret: Chemicals Added to Food in the United States," report by the Natural Resources Defense Council, April 2014. www.nrdc.org/food/files/safety-loophole-for-chemicals-in-food-report.pdf, accessed December 31, 2014.

第12章　スーパーマーケットのツアー

1. "Fliers May Prepare Meal in One Minute," *Washington Post*, June 23, 1947, 2.
2. *Radiation Sterilization of Food: Hearing Before the Subcommittee on Research and Development of the Joint Committee on Atomic Energy,* 84th Cong. 37 (May 9, 1955).
3. Nicholas Buchanan, "The Atomic Meal: The Cold War and Irradiated Foods, 1945–1963," *History and Technology: An International Journal* 21, no. 2 (2005): 221–49.
4. "The Road to Irradiation Breakthroughs," *Executive Intelligence Review* 12, no. 48 (1985): 22–27.
5. Advisory Board on Military Personnel Supplies, Division of Engineering—National Research Council, minutes of meeting, July 28– 29, 1968, Division of Engineering (ENG) Records Group, National Academy of Sciences Archives, Washington, DC.
6. National Academy of Sciences–National Research Council, Advisory Board on Quartermaster Research and Development, Committee on Foods, Subcommittee on Fruits and Vegetables, minutes of meeting, June 21, 1951, Division of Engineering (ENG) Records Group, National Academy of Sciences Archives, Washington, DC.
7. George Kent, "Two Practical Men Revolutionize the Processing of Rice," *Washington Post*, January 16, 1944, B6.
8. Aaron Karp, "FAA: US Commercial Aircraft Fleet Shrank in 2011," *Air Transport World*, March 12, 2012, accessed October 26, 2014. http://atwonline.com/ aircraft-amp-engines/faa-us-commercial-aircraft-fleet-shrank-2011.
9. Paul A. Lachance, interview by Jennifer Ross-Nazzal, Houston, Texas, and New Brunswick, New Jersey, May 4, 2006, NASA Johnson Space Center Oral History Project, accessed October 25, 2014. http://www.jsc.nasa.gov/history/oral_histories/LachancePA/LachancePA_5-4-06.htm.
10. Margaret Mead, "The Factor of Food Habits," in "Nutrition and Food Supply: The War and After," *Annals of the American Academy of Political and Social Science* 225 (1943): 136–41.

第13章　アメリカ軍から生まれる次の注目株

1. Spencer Ante, *Creative Capital: Georges Doriot and the Birth of Venture Capital* (Boston: Harvard Business Press, 2008), 80.
2. David H. Hsa and Martin Kenney, "Organizing Venture Capital: The Rise and Demise of American Research & Development Corporation, 1946–1973," working paper of the Wharton School, University of Pennsylvania, and the University of California at Davis, 2004, 37.
3. Massachusetts Institute of Technology, Proctor Papers, MC 0268, Institute Archives and Special Collections, MIT Libraries, Cambridge, MA.
4. Emil M. Mrak, *Emil M. Mrak—A Journey through Three Epochs: Food Prophet, Creative Chancellor, Senior Statesman of Science*, interviewed by A. I. Dickman (Davis: Oral History Program, University Library, University of California, 1974), 115–16.

17. Zimm, interview by Bohning, oral history transcript #0055, 24.
18. Advisory Board on Quartermaster Research and Development, minutes of meeting no. 3.
19. Marcus Karel and Gerald Wogan, "Migration of Substances from Flexible Containers for Heat-Processed Foods." Cambridge, MA: Division of Sponsored Research, Massachusetts Institute of Technology, 1962, 16.
20. Rebecca Osvath, "Package Adhesives Must Be Sufficient Barrier, FDA Says," *Food Chemical News* 44, no. 12 (2002): 28.
21. Code of Federal Regulations, Title 21, Food and Drugs, Part 170, Food Additives, as revised April 1, 2013.
22. R. Hauser, J. D. Meeker, N. P. Singh, M. J. Silva, L. Ryan, S. Duty, and A. M. Calafat, "DNA Damage in Human Sperm Is Related to Urinary Levels of Phthalate Monoester and Oxidative Metabolites," *Human Reproduction* 22, no. 3 (2006): 688–95.
23. P. Factor-Litvak, B. Insel, A. M. Calafat, X. Liu, F. Perera, V. A. Rauh, and R. M. Whyatt, "Persistent Associations between Maternal Prenatal Exposure to Phthalates on Child IQ at Age 7 Years," *PLoS One*, December 10, 2014.
24. M. Aznar, M. Canellas, and E. Gaspar, "Migration from Food Packaging Laminates Based on Polyurethane," *Italian Journal of Food Science* 23, SI (2011): 95–98.
25. Du Yeon Bang, Hyung Sik Kim, Bu Young Jung, Min Ji Kim, Minji Kyung, Byung Mu Lee, Youngkwan Lee, et al. "Human Risk Assessment of Endocrine-Disrupting Chemicals Derived from Plastic Food Containers." *Comprehensive Reviews in Food Science and Food Safety* 11, no. 5 (2012): 453–70.
26. Timothy V. Duncan, "Applications of Nanotechnology in Food Packaging and Food Safety: Barrier Materials, Antimicrobials and Sensors," *Journal of Colloid and Interface Science* 363, no. 1 (2011): 1–24.
27. U.S. Food and Drug Administration, "Considering Whether an FDA-Regulated Product Involves the Application of Nanotechnology: Guidance for Industry," June 2014.

第11章　夜食には、三年前のピザをどうぞ

1. Marcus Cato, *De agricultura*, Loeb Classical Library. Translated by W. D. Hooper and H. B. Ash. (Cambridge, MA: Harvard University Press, 1934), 162.
2. Lothar Leistner and Grahame W. Gould, *Hurdle Technologies: Combination Treatments for Food Stability, Safety and Quality* (Medford, MA: Springer Science & Business Media, 2002), 44.
3. H. Roger, "Action des hautes pressions sur quelques bacteries," *Comptes rendus hebdomadaires des séances de l'Académie des Sciences*, 1895, 963–65.
4. http://www.marlerblog.com/files/2013/01/Odwalla2.png, accessed October 1, 2014.
5. Science Board to the U.S. Food and Drug Administration, Advisory Committee meeting transcript, October 21, 1998, 41–42.

4, 1946. チーズの乾燥は、パルメザンのような脱脂乳でつくるチーズでは成功していた。また、最初に水と乳化剤をチーズと混ぜ合わせるという方法もあった。
10. "Surplus Sale Rise Put at $23,831,000," *New York Times*, November 19, 1945, 27.
11. Kaleta Doolin, *Fritos® Pie: Stories, Recipes, and More* (College Station: Texas A&M University Press, 2011), 52.

第10章　プラスチック包装が世界を変える

1. U.S. Energy Information Administration, *Annual Energy Review*, 2009. eia.gov/totalenergy/data/annual/, accessed June 2, 2014.
2. 以下に引用されている。Graeme K. Hunter in *Vital Forces: The Discovery of the Molecular Basis of Life*, vol. 945 (San Diego: Academic Press, 2000), 180.
3. Hugh W. Field, "New Products of the Petroleum Industry," *Journal of the Franklin Institute* 243, no. 2 (1947): 95–116.
4. Herman Mark, interview by James J. Bohning and Jeffrey L. Sturchio at Polytechnic University, Brooklyn, New York, February 3, March 17, and June 20, 1986, oral history transcript #0030, Chemical Heritage Foundation, Philadelphia, 54–55.
5. 同上、58.
6. "Status of Subcontracts under Prime Contract OEMsr-1055," U.S. Army Quartermaster Corps, April 12, 1944.
7. Bruno H. Zimm, interview by James J. Bohning at Anaheim, California, September 9, 1986, oral history transcript #0055, Chemical Heritage Foundation, Philadelphia, 24.
8. "Saran Wrap, Marking 40 Years in Use, Began as Lab Byproduct," *Toledo Blade*, January 25, 1994, 19.
9. Louis C. Rubens, interview by James J. Bohning at Midland, Michigan, August 19, 1986, oral history transcript #0048, Chemical Heritage Foundation, Philadelphia, 8.
10. Raymond F. Boyer, "Herman Mark and the Plastics Industry," *Journal of Polymer Science Part C: Polymer Symposia* 12, no. 1 (1966): 111–18.
11. National Research Council, Advisory Board on Quartermaster Research and Development, minutes of meeting no. 3, June 3, 1949, Division of Engineering (ENG) Records Group, National Academy of Sciences Archives, Washington, DC.
12. E. F. Izard, "Introduction to Symposium on Plasticizers," *Journal of Polymer Science* 2, no. 2 (1947): 11314.
13. Advisory Board on Quartermaster Research and Development, minutes of meeting no. 3.
14. Raymond F. Boyer, Vinylidene chloride compositions stable to light, U.S. Patent 2,429,155A, filed May 4, 1945, and issued October 14, 1947.
15. Saran-Wrap print ad, Dow Chemical Company, 1953.
16. Raymond F. Boyer, interview by James J. Bohning at Michigan Molecular Institute, Midland, Michigan, January 14 and August 19, 1986, oral history transcript #0015, Chemical Heritage Foundation, Philadelphia, 24.

第8章　成型肉ステーキの焼き加減は？

1. American Cancer Society, *Cancer Facts & Figures 2013*. http://www.cancer.org/research/cancerfactsfigures/cancerfactsfigures/cancer-facts-figures-2013, accessed August 14, 2014.
2. James Plumptre, *The experienced butcher: shewing the respectability and usefulness of his calling, the religious considerations arising from it, the laws relating to it, and various profitable suggestions for the rightly carrying it on: designed not only for the use of butchers, but also for families and readers in general* (London: Printed for Darton, Harvey, and Darton, 1816), 163.
3. Andrew McNamara, "Beef—without Bones," *Army Information Digest* 1-2 (1946): 38.

第9章　長もちするパンとプロセスチーズ

1. John Croese, Soraya T. Gaze, and Alex Loukas, "Changed Gluten Immunity in Celiac Disease by *Necator americanus* Provides New Insights into Autoimmunity," *International Journal for Parasitology* 43, no. 3–4 (2013): 275–82.
2. William F. Ross and Charles F. Romanus, *The Quartermaster Corps: Operations in the War against Germany*, U.S. Army in World War II (1965; repr., Washington, DC: United States Army, 1991), 145.
3. Advisory Board on Quartermaster Research and Development, Committee on Foods, Quartermaster Food and Container Institute for the Armed Forces, *Yeast: Its Characteristics, Growth, and Function in Baked Products: A Symposium* (Chicago: Department of the Army, 1957), 22.
4. Jack H. Mitchell Jr. and Norbert J. Leinen, eds. *Chemistry of Natural Food Flavors: A Symposium Sponsored by the National Academy of Sciences, National Research Council for the Quartermaster Food and Container Institute for the Armed Forces and Pioneering Research Division*. Natick, MA: Quartermaster Research & Engineering Center, 1957.
5. Irwin Stone, Retarding the staling of bakery products, U.S. Patent 2,615,810A, filed March 4, 1948, and issued October 28, 1952.
6. "Major Research Contributions from the Department of Grain Science and Industry to the Field of Grain Science and Grain Processing," Final Report, Kansas State University, June 30, 2010. www.grains.k-state.edu/doc/centennial-documents/major-research-contributions.pdf, accessed April 17, 2014.
7. J. Y. Kang, A. H. Y. Kang, A. Green, K. A. Gwee, and K. Y. Ho, "Systematic Review: Worldwide Variation in the Frequency of Coeliac Disease and Changes over Time," *Alimentary Pharmacology & Therapeutics* 38, no. 3 (2013): 226–45.
8. 以下に引用されている。John H. Perkins, "Reshaping Technology in Wartime: The Effect of Military Goals on Entomological Research and Insect-Control Practices," *Technology and Culture* 19, no. 2 (1978): 169–86.
9. George P. Sanders, "Method of treating cheese," U.S. Patent 2,401,320A, issued June

Assets," April 30, 1946, Division of Engineering and Industrial Research (EIR) Records Group and Division of Engineering (ENG) Records Group (in microfiche collection), National Academy of Sciences Archives, Washington, DC.
16. "Army Now Acting on GI 'Grub Gripes,'" *New York Times*, October 13, 1946, 48.
17. Samuel A. Goldblith, "50 Years of Progress in Food Science and Technology: From Art Based on Experience to Technology Based on Science," *Food Technology* 43, no. 9 (1989): 90.
18. "New Unit Formed for Food Studies," *New York Times*, June 4, 1948, 34.
19. 同上。
20. Ante, *Creative Capital*, 80.
21. Mrak, *Emil M. Mrak*, 120.

第7章　アメリカの活力の素、エナジーバー

1. "Army Emergency Rations; Official Report of Tests Made with Soldiers in the Field," *New York Times*, November 2, 1902, 8.
2. Franz A. Koehler, *Special Rations for the Armed Forces, 1946–53*, QMC Historical Studies, series 2, no. 6 (Washington, DC: Historical Branch, Office of the Quartermaster General, 1958).
3. Tim Haslam, *Stars and Stripes and Shadows: How I Remember Vietnam* (Google e-Book, 2007), 196.
4. ハーシーのプレスリリースは以下に引用されている。Joël Glenn Brenner, *The Emperors of Chocolate: Inside the Secret World of Hershey and Mars* (New York: Random House, 1999), 13.
5. "World Population Data Sheet 2013," Population Reference Bureau, accessed August 4, 2014. http://www.prb.org/Publications/Datasheets/2013/2013-world-population-data-sheet/world-map.aspx#map/world/population/2013.
6. Stephen M. Moody, "Chow Time: Military Feeding from Bunker Hill to Bosnia: The History of the Development and Utilization of Military Rations in the United States Armed Forces" (master's thesis, Kansas State University, 2000), 46–47.
7. 同上。
8. 当時、ネイティック研究所には基礎研究の予算がなかったので、国立衛生研究所から支援を取りつけていた。1963年にMITが発表した報告書『将来の食品加工技術の探索』では、カレルの研究の資金源は国立衛生研究所だとされている。
9. T. P. Labuza, S. R. Tannenbaum, and M. Karel, "Water Content and Stability of Low-Moisture and Intermediate Moisture Foods," *Food Technology* 24 (1970): 543.
10. "Astronauts, Homemakers to Benefit from UM Food Research," press release, University of Minnesota, July 23, 1971.
11. Eric M. Jones, "Drilling Troubles," Corrected Transcript and Commentary, Apollo 15 Lunar Surface Journal, 1996.

the War Department in the War with Spain, 52.
6. 同上、156.
7. 同上、50.
8. 同上、62.

第6章　第二次世界大戦とレーション開発の立役者たち

1. George Baker, Frederick A. Brooks, Harold Goss, et al., "Emil Mrak: Faculty Research Lecturer at Davis," *University Bulletin*, vol. 6, no. 15, November 11, 1957.
2. Barbara Moran, "Dinner Goes to War: The Long Battle for Edible Combat Rations Is Finally Being Won," *American Heritage's Invention & Technology* 14, no. 1 (Summer 1998): 10–19.
3. George Bartlett, "Army's Famous 'C' Ration Developer Now Permanent Resident of Snell Isle," *St. Petersburg Times*, December 17, 1951, 17.
4. バッカーによると、「国立公文書館には仕様書を収めた標準保管箱が300個から600個くらいあり、おそらく箱1個につき1000点から5000点くらいの文書が入っています。これは需品科のプロジェクト全部の仕様書なので、そのうち食品に関するものがどのくらいの割合かはわかりませんが、とにかくものすごい量です」（著者によるインタビュー、2014年10月14日）。
5. Emil M. Mrak, *Emil M. Mrak—A Journey through Three Epochs: Food Prophet, Creative Chancellor, Senior Statesman of Science*, interviewed by A. I. Dickman (Davis: Oral History Program, University Library, University of California, 1974), 108.
6. W. Franklin Dove, "Developing Food Acceptance Research," *Science* 103, no. 2668 (1946): 187–90.
7. Spencer Ante, *Creative Capital: Georges Doriot and the Birth of Venture Capital* (Boston: Harvard Business Press, 2008), 93–94.
8. 同上、94.
9. Erna Rich, "The Development of Subsistence," *The Quartermaster Corps: Organization, Supply, and Services,* vol I. United States Army, Washington, DC: 1995. この言葉は、需品総監局糧食部長B・E・プロクターから糧食研究所の所長代行J・H・ホワイトに宛てた1944年4月14日付の手紙を引用した脚注に記されている。
10. John Burchard, *Q.E.D: M.I.T. in World War II.* (New York: John Wiley & Sons, 1948), 75.
11. Kellen Backer, "World War II and the Triumph of Industrialized Food" (Ph.D. diss., University of Wisconsin-Madison, 2012), 60.
12. Mrak, *Emil M. Mrak*, 119.
13. 同上、110.
14. 同上、111–12.
15. Dwight D. Eisenhower, "Memorandum for Directors and Chiefs of War Department General and Special Staff Divisions and Bureaus and the Commanding Generals of the Major Commands: Subject, Scientific and Technological Resources as Military

註

第2章　ネイティック研究所――アメリカ食料供給システムの中枢 I

1. Valerie Bailey Grasso, *Department of Defense Food Procurement: Background and Status*, CRS Report No. RS22190 (Washington, DC: Congressional Research Service, Library of Congress, January 24, 2013).

第3章　軍が出資する食品研究――アメリカ食料供給システムの中枢 II

1. House Committee on Armed Services, *Challenges to Doing Business with the Department of Defense: Findings of the Panel on Business Challenges in the Defense Industry* (Washington, DC, March 19, 2012), 48.
2. 国土安全保障省によると、防衛産業基盤とは「国防総省、政府、民間企業からなる世界的な産業複合体であり、軍の要求を満たすために軍の兵器システム、サブシステム、コンポーネント、パーツに関する研究開発、設計、製造、流通、保守を行なう能力を保有する」ものである。*Principles of Emergency Management and Emergency Operations Centers (EOC)* edited by Michael J. Fagel (Boca Raton, FL: CRC Press, 2011). 兵士用の食品の開発および改良に携わる研究者やメーカーは、すべての収入を軍に頼っているわけではないかもしれないが、彼らも防衛産業基盤の一員と見なされる。
3. House Committee on Armed Services, *Challenges to Doing Business with the Department of Defense: Findings of the Panel on Business Challenges in the Defense Industry*, 48.

第4章　レーションの黎明期を駆け足で

1. R. W. Davies, "The Roman Military Diet," *Britannia* 2 (1971): 135.

第5章　破壊的なイノベーション、缶詰

1. Harper Leech and John Charles Carroll, *Armour and His Times* (New York: D. Appleton-Century, 1938), 52.
2. *Report of the Commission Appointed by the President to Investigate the Conduct of the War Department in the War with Spain*, 56th Cong., 1st sess., Sen. Doc. No. 221 (Washington, DC: Government Printing Office, 1899).
3. 同上、417.
4. "Eagan Denounces Miles as a Liar: Sensational Attack upon the Army's Commander," *New York Times*, January 13, 1899, 1.
5. *Report of the Commission Appointed by the President to Investigate the Conduct of*

Eisenbrand, Gerhard. "Safety Assessment of High Pressure Treated Foods." Presentation at German Research Foundation, Senate Commission for Food Safety, November 21, 2005. Downloaded April 5, 2014. http://www.dfg.de/download/pdf/dfg_im_profil/reden_stellungnahmen/2005/sklm_high_pressure_2005_en.pdf.

Elder, G. H., E. C. Clipp, J. S. Brown, L. R. Martin, and H. S. Friedman. "The Lifelong Mortality Risks of World War II Experiences." *Research on Aging* 31, no. 4 (2009): 391–412.

Freeman, Marilyn M. "Providing Technology Enabled Capabilities." Paper presented at the 12th Annual Science & Engineering Technology Conference/DOD Tech Exposition, Department of Defense, Washington, DC, June 22, 2011.

Hahn, Martin J. "FDA Has the Legal Authority to Adopt a Threshold of Toxicological Concern (TTC) for Substances in Food at Trace Levels." *Food and Drug Law Journal* 65, no. 2 (2010): 217–30.

Kokini, Jozef. 著者によるインタビュー、2011年2月26日。

Lykken, Sara. "We Really Need to Talk: Adapting FDA Processes to Rapid Change." *Food and Drug Law Journal* 68, no. 4 (2013): 357–400.

McNally, David. "Future Soldiers Will Have Flexible Electronics Everywhere." States News Service, February 19, 2013.

Maxwell, David S. "Thoughts on the Future of Special Operations." *Small Wars Journal* 9, no. 10, October 31, 2013.

Rodricks, Joseph V. "Assessing and Managing Health Risks from Chemical Constituents and Contaminants of Food." Paper presented at the Workshop on a Framework for Assessing the Health, Environmental and Social Effects of the Food System, the Institute of Medicine, Washington, DC, September 16, 2013.

Soldier 2025: New Technologies Anticipated for the Future Warfighter. Natick, MA: U.S. Army Natick Soldier Research, Development and Engineering Center, 2000.

Sustainable Forward Operating Bases. Falls Church, VA: Strategic Environmental Research and Development Program, 2010.

Vine, David. "The Pentagon's New Generation of Secret Military Bases." *Mother Jones*, July 16, 2012.

"Maersk Container Industry Is Partnering with Primaira LLC to Develop an Air Cleaning System in Star Cool Integrated Refrigerated Containers." *Food Logistics*, January 31, 2014. Accessed June 26, 2014. http://www.foodlogistics.com/news/11302738/maersk-container-industry-is-partnering-with-primaira-llc-to-develop-an-air-cleaning-system-in-star-cool-integrated-refrigerated -containers.

Massachusetts Institute of Technology. Proctor Papers, MC 0268. Institute Archives and Special Collections, MIT Libraries, Cambridge, MA.

Moody, Stephen. 著者によるインタビュー、2014年7月9日。

Operational Rations of the Department of Defense. 9th ed. Natick, MA: U.S. Army Natick Soldier Research, Development and Engineering Center, 2012.

Peake, Libby. "Puzzling Over Incineration." *Resource Magazine*, December 16, 2013. Accessed February 2014. http://www.resource.uk.com/article/Techniques_Innovation/Puzzling_over_incineration.

Petrovick, Martha S., James D. Harper, Frances E. Nargi, Eric D. Schwoebel, Mark C. Hennessy, Todd H. Rider, and Mark A. Hollis. "Rapid Sensors for Biological-Agent Identification." *Lincoln Laboratory Journal* 17, no. 1 (2007): 63–84.

PWTB 200-1-83: Feasibility of JP-8 Recycling at Fort Bragg, NC. Washington, DC: U.S. Army Corps of Engineers, 2010.

Ruppert, W. H. *Force Provider Solid Waste Characterization Study*. Fort Belvoir, VA: Defense Technical Information Center, 2004.

Sudarsky, Jerry. "Jerry Sudarsky: Wasco Scientist and International Humanitarian." Interview by Gilbert Gia, Bakersfield, CA, 2008. Accessed December 11, 2014. http://www.gilbertgia.com/hist_articles/people/Sudarsky_invent_peo2.pdf.

Valdes, James J., Darrel E. Menking, and Mia Paterno, eds. *Third Annual Conference on Receptor-Based Biosensors*. Aberdeen Proving Ground, MD: U.S. Army Armaments Munitions Chemical Command, 1988.

Wiesner, Jerome B. *Vannevar Bush, 1890–1974: A Biographical Memoir*. Washington, DC: National Academy of Sciences, 1979.

Wilson, Charles L. *Intelligent and Active Packaging for Fruits and Vegetables*. Boca Raton, FL: CRC Press, 2007.

第14章　子どもに特殊部隊と同じものを食べさせる？

"Administrative Law—Regulatory Design—Food Safety Modernization Act Implements Private Regulatory Scheme—FDA Food Safety Modernization Act." *Harvard Law Review* 125, no. 3 (2012): 859–66.

Bedard, Kelly. "The Long-Term Impact of Military Service on Health: Evidence from World War II and Korean War Veterans." *American Economic Review* 96, no. 1 (2006): 176–94.

Degnan, Frederick H. "Emerging Technologies and Their Implications: Where Policy, Science, and Law Intersect." *Food and Drug Law Journal* 53, no. 4 (1998): 593–96.

Spiller, James. "Radiant Cuisine: The Commercial Fate of Food Irradiation in the United States." *Technology and Culture* 45, no. 4 (2004): 740–63.

Wansink, Brian. "Changing Eating Habits on the Home Front: Lost Lessons from World War II Research." *Journal of Public Policy & Marketing* 21, no. 1 (2002): 90–99.

第13章　アメリカ軍から生まれる次の注目株

Armstrong, Robert E. *Bio-Inspired Innovation and National Security*. Washington, DC: Center for Technology and National Security Policy, National Defense University Press, 2010.

Carrier Corporation, Carrier Transicold Container. "Turn to the Experts Refrigeration Boot Camp." Accessed November 21, 2013. files.carrier.com/container-refrigeration/en/worldwide/contentimages/CL_10_12.pdf.

Farrell, Stephen, and Elisabeth Bumiller. "No Shortcuts When Military Moves a War." *New York Times*, March 31, 2010.

Fitzgerald, Warren B., Oliver J. A. Howitt, Inga J. Smith, and Anthony Hume. "Energy Use of Integral Refrigerated Containers in Maritime Transportation." *Energy Policy* 39, no. 4 (2011): 1885–96.

Given, Zack, and Chad Haering. *Performance Evaluation of Two Prototype Beverage Chillers in a Field Environment*. Natick, MA: U.S. Army Natick Soldier Research, Development and Engineering Center, 2012.

Gourley, Scott R. "Shipping Out ISO- Based Deployment Systems." Defense Media Network, June 18, 2010. Accessed November 22, 2013. http://www.defensemedianetwork.com/stories/shipping-out-ISO-based-deployment-systems/.

Intralytix. Press releases, 2008–13.

Izenson, M., W. Chen, C. W. Haering, J. Sung, and D. Pickard. *Convective Evaporation through Water-Permeable Membranes for Rapid Beverage Chilling*. Natick, MA: U.S. Army Natick Soldier Research, Development and Engineering Center, 2008.

Kalinichev, A. G., and J. D. Bass. "Hydrogen Bonding in Supercritical Water. 2. Computer Simulations." *Journal of Physical Chemistry* 101, no. 50 (1997): 9720–27.

Kaushik, Diksha, Kevin O'Fallon, Priscilla M. Clarkson, C. Patrick Dunne, Karen R. Conca, and Bozena Michniak-Kohn. "Comparison of Quercetin Pharmacokinetics Following Oral Supplementation in Humans." *Journal of Food Science* 77, no. 11 (2012): H231–38.

Kodack, Marc. *Fully Burdened Cost of Managing Waste in Contingency Operations*. Arlington, VA: Army Environmental Policy Institute, 2011.

Lavigne, Peter, Zach Patterson, Shubman Chandra, Derek Affonce, Karen Benedek, and Phil Carbone. *Controlling Ethylene for Extended Preservation of Fresh Fruit and Vegetables*. Fort Belvoir, VA: Defense Technical Information Center, 2009.

Lee, Thomas Ming-Hung. "Over-the-Counter Biosensors: Past, Present, and Future." *Sensors* 8, no. 9 (2008): 5535–59.

Accessed March 14, 2014. http://www.fda.gov/food/foodscienceresearch/safepracticesforfoodprocesses/ucm101456.htm.

第12章　スーパーマーケットのツアー

Bauman, Howard E., and Robert P. Wooden. "Food Safety Management Systems." *Proceedings of the 43rd Reciprocal Meat Conference, American Meat Science Association, June 1990, Mississippi State University.*

Brody, Aaron. 著者によるインタビュー、2014年6月11日。

Buchanan, Nicholas. "The Atomic Meal: The Cold War and Irradiated Foods, 1945–1963." *History and Technology: An International Journal* 21, no. 2 (2005): 221–49.

"Chiquita Brands International to Acquire Fresh Express," financial release, Chiquita Brands International, Inc., February 23, 2005.

"Florida Foods, Inc., Plans 5,500-lb. Powdered Orange Juice Production Per Day." *Billboard*, January 12, 1946, 84.

Holsten, D., M. Sugii, and F. Steward. "Direct and Indirect Effects of Radiation on Plant Cells: Their Relation to Growth and Growth Induction." *Nature* 208 (1965): 850.

Karp, Aaron. "FAA: US Commercial Aircraft Fleet Shrank in 2011." *Air Transport World*, March 12, 2012. Accessed October 26, 2014. http://atwonline.com/ aircraft-amp-engines/faa-us-commercial-aircraft-fleet-shrank-2011.

Kent, George. "Two Practical Men Revolutionize the Processing of Rice." *Washington Post*, January 16, 1944, B6.

Lyons, Richard. "Drug Agency Officials Caution on Safety of Irradiated Meats." *New York Times*, July 31, 1968, 52.

Mead, Margaret. "The Factor of Food Habits." In "Nutrition and Food Supply: The War and After," *Annals of the American Academy of Political and Social Science* 225 (1943): 136–41.

Meiselman, Herbert L., and Howard G. Schutz. *History of Food Acceptance Research in the US Army*. Lincoln, NE: U.S. Army Research, U.S. Department of Defense, 2003.

Morris, Charles E. "75 Years of Food Frontiers." *Food Engineering* 75, no. 9 (2003): 54–63.

"National Nutrition Conference for Defense." *Journal of the American Medical Association* 116, no. 23 (1941): 2598.

Radiation Sterilization of Food: Hearing Before the Subcommittee on Research and Development of the Joint Committee on Atomic Energy. 84th Cong., May 9, 1955.

Ross-Nazzal, Jennifer. "From Farm to Fork: How Space Food Standards Impacted the Food Industry and Changed Food Safety Standards." In *Societal Impact of Spaceflight*, edited by Steven J. Dick and Roger D. Launius, 219–36. Washington, DC: NASA, Office of External Relations, History Division, 2007.

"Scientific Proceedings, Forty-Seventh General Meeting of the Society of American Bacteriologists." *Journal of Bacteriology* 54, no. 1 (1947): 30.

Hoboken, NJ: John Wiley & Sons, 2007.

Dunne, C. Patrick. 著者によるインタビュー、2014年3月24日および7月15日。

Ennen, Steve. "High-Pressure Pioneers Ignite Fresh Approach. (Avomex Foods Use High Pressure Food Processing.)" *Food Processing*, January 1, 2001, 16.

Farkas, Daniel. 著者によるインタビュー、2014年3月17日および3月28日。

Farkas, Daniel F., and Dallas G. Hoover. "High Pressure Processing." *Journal of Food* Science 65 (2000): 47–64.

Hemley, Russell J. "Effects of High Pressure on Molecules." *Annual Review of Physical Chemistry* 51 (2000): 763–800.

Hesseltine, C. W. "Dorothy I. Fennell." *Mycologia* 71, no. 5 (1979): 889–91.

Hite, Bert Holmes. *The Effect of Pressure in the Preservation of Milk*. West Virginia Agricultural Experiment Station Bulletin 58. Morgantown: West Virginia Agricultural Experiment Station, 1899.

Holley, Richard A., and Dhaval Patel. "Improvement in Shelf-Life and Safety of Perishable Foods by Plant Essential Oils and Smoke Antimicrobials." *Food Microbiology* 22, no. 4 (2005): 273–92.

Kotula, Kathryn. 著者とのEメールによるやりとり、2014年8月。

Kurlansky, Mark. *Salt: A World History*. New York: Walker & Company, 2002.（『塩の世界史』マーク・カーランスキー著、山本光伸訳、中公文庫、2014年）

Leistner, Lothar. "Basic Aspects of Food Preservation by Hurdle Technology." *Interational Journal of Food Microbiology* 55, no. 1–3 (2000): 181–86.

——. 著者とのEメールによるやりとり、2011年9月。

——. "Further Developments in the Utilization of Hurdle Technology for Food Preservation." *Journal of Food Engineering* 22, no. 1–4 (1994): 421–32.

Leistner, Lothar, and Leon G. M. Gorris. "Food Preservation by Hurdle Technology." *Trends in Food Science & Technology* 6, no. 2 (1995): 41–46.

Marler, Bill. "Another Lesson Learned the Hard Way: Odwalla *E. coli* Outbreak 1996." Marler Blog, January 23, 2013. Accessed March 23, 2014. http://www.marlerblog.com/legal-cases/another-lesson-learned-the-hard-way-odwalla-e-coli-outbreak-1996/.

Oleksyk, Lauren. 著者によるインタビュー、2014年4月17日。

"Pressure-Assisted Sterilization Accepted by FDA." *Food Processing*, March 6, 2009. Accessed March 24, 2014. http://www.foodprocessing.com/articles/2009/032/.

Richardson, Michelle. 著者によるインタビュー、2014年7月10日。

Roos, Yrjö H. *Phase Transitions in Foods*. San Diego, CA: Academic Press, 1995.

Sizer, Charles. 著者によるインタビュー、2014年3月28日。

Ting, Edmund. 著者によるインタビュー、2014年3月26日。

U.S. Food and Drug Administration. "Final Rule: Hazard Analysis and Critical Control Point (HACCP); Procedures for the Safe and Sanitary Processing and Importing of Juice." 66 Fed. Reg. (Jan. 19, 2001): 6138202.

——. "Kinetics of Microbial Inactivation for Alternative Food Processing Technologies."

VA: Defense Technical Information Center, 2004.
Treuel, Lennart, Xiue Jiang, and Gerd Ulrich Nienhaus. "New Views on Cellular Uptake and Trafficking of Manufactured Nanoparticles." *Journal of the Royal Society Interface* 10, no. 82 (2013): 20120939.
Uddin, Faheem. "Clays, Nanoclays, and Montmorillonite Minerals." *Metallurgical and Materials Transactions* 39, no. 12 (2008): 2804–14.
U.S. Army. *Restricted Research and Development Program*. Philadelphia: Office of the Quartermaster General, Military Planning Division, Research and Development Branch, 1947.
Vandenberg, L. N., T. Colborn, T. B. Hayes, J. J. Heindel, D. R. Jacobs, D. H. Lee, J. P. Myers, et al. "Regulatory Decisions on Endocrine Disrupting Chemicals Should Be Based on the Principles of Endocrinology." *Reproductive Toxicology* 38C (2013): 1–15.
Venable, Charles S., Henry B. McClure, and Jeremy C. Jenks. "Chemical Forum." *Analysts Journal* 7, no. 2 (1951): 117–29.
"War Weapons Canned: Cosmoline Replaced by Plastic Coating, Steel Containers." *New York Times*, November 4, 1945, E9.
Wessling, Richard. 著者とのEメールによるやりとり、2014年6月。
Yam, Kit L., ed. *The Wiley Encyclopedia of Packaging Technology*. Malden, MA: Wiley, 2010.
Zimm, Bruno H. Interview by James J. Bohning at Anaheim, California, September 9, 1986. Oral history transcript #0055, Chemical Heritage Foundation, Philadelphia.

第11章　夜食には、三年前のピザをどうぞ

Balasubramanian, V. M., Daniel Farkas, and Evan J. Turek. "Preserving Foods through High-Pressure Processing." *Food Technology* 62, no. 11 (2008): 32–38.
Barba, Francisco J., María J. Esteve, and Ana Frígola. "High Pressure Treatment Effect on Physicochemical and Nutritional Properties of Fluid Foods during Storage: A Review." *Comprehensive Reviews in Food Science and Food Safety* 11, no. 3 (2012): 307–22.
Barbosa-Cánovas, Gustavo V., Anthony J. Fontana, Jr.; Shelly J. Schmidt, and Theodore P. Labuza, eds. *Water Activity in Foods: Fundamentals and Applications*. Ames, IA: IFT Press/Blackwell Publishing, 2007.
Barbosa-Cánovas, Gustavo V., Maria S. Tapia, and M. Pilar Cano. *Novel Food Processing Technologies*. Boca Raton, FL: CRC Press, 2004.
Bidlas, Eva, and Ronald J. W. Lambert. "Quantification of Hurdles: Predicting the Combination of Effects—Interaction vs. Non-Interaction." *International Journal of Food Microbiology* 128 (2008): 78–88.
Brown, K. L. "Control of Bacterial Spores." *British Medical Bulletin* 56, no. 1 (2000): 158–71.
Cole, Martin. 著者によるインタビュー、2014年4月2日および5月12日。
Doona, Christopher J., and Florence E. Feeherry. *High Pressure Processing of Foods*.

John Wiley & Sons, 2003.

Ratto, Jo Ann. 著者によるインタビュー、2014年7月10日。

Ratto, Jo Ann, Jeanne Lucciarini, Christopher Thellen, Danielle Froio, and Nandika A. Souza. *The Reduction of Solid Waste Associated with Military Ration Packaging*. Fort Belvoir, VA: Defense Technical Information Center, 2006.

"Raymond F. Boyer." In *Memorial Tributes: National Academy of Engineering*, 25–27. Washington, DC: National Academies Press, 1994.

Robertson, Gordon L. 著者とのEメールによるやりとり、2014年6月。

——. *Food Packaging: Principles and Practice*. 3rd ed. Boca Raton, FL: Taylor & Francis/CRC Press, 2013.

Rubens, Louis C. Interview by James J. Bohning at Midland, Michigan, August 19, 1986. Oral history transcript #0048, Chemical Heritage Foundation, Philadelphia.

Rubinate, Frank J. "Flexible Containers for Heat-Processed Foods." Proceedings of the Conference on Flexible Packaging of Military Items. Chicago: National Academy of Sciences/Quartermaster Food and Container Institute for the Armed Forces, 1960.

Rudel, Ruthann A., Janet M. Gray, Connie L. Engel, Teresa W. Rawsthorne, Robin E. Dodson, Janet M. Ackerman, Jeanne Rizzo, Janet L. Nudelman, and Julia Green Brody. "Food Packaging and Bisphenol A and Bis(2-Ethyhexyl) Phthalate Exposure: Findings from a Dietary Intervention." *Environmental Health Perspectives* 119, no. 7 (2011): 914–20.

"Saran Wrap, Marking 40 Years in Use, Began as Lab Byproduct." *Toledo Blade*, January 25, 1994, 19.

Schirmer, Sarah. "Nanocomposites for Military Food Packaging Applications." Presentation at the 2009 Symposium on Nanomaterials for Flexible Packaging, Technical Association of the Pulp and Paper Industry, Columbus, OH, April 28, 2009.

Smith, Andrew F., ed. "Plastic Covering." In *The Oxford Companion to American Food and Drink*, 465. New York: Oxford University Press, 2007.

Smith, John Kenley. 著者によるインタビュー、2014年6月13日。

——. "World War II and the Transformation of the American Chemical Industry." In *Science, Technology and the Military*, edited by E. Mendelsohn, M. R. Smith, and P. Weingart, 307–22. Dordrecht, Neth.: Kluwer Academic Publishers, 1988.

Sorrentino, A., G. Gorrasi, and V. Vittoria. "Potential Perspectives of Bio-Nanocomposites for Food Packaging Applications." *Trends in Food Science & Technology* 18, no. 2 (2007): 84–95.

Stark, Anne M. "Hydrocarbons in the Deep Earth." April 14, 2011. Accessed May 18, 2014. https://www.llnl.gov/news/newsreleases/2011/Apr/NR-11-04-04.html.

Szczeblowski, J. W., and F. J. Rubinate, "Integrity of Food Packages," *Modern Packaging*, June 1965.

Thellen, Christopher, Caitlin Orroth, and JoAnn Ratto. *Thermal Analysis of Nanocomposites: An Overview of Polymer/Montmorillonite Layered Silicate Systems*. Fort Belvoir,

Lucciarini, Jeanne M., Jo Ann Ratto, Byron E. Koene, and Bert Powell. "Nanocomposites Study of Ethylene Co-Vinyl Alcohol and Montmorillonite Clay." *Antec* 2 (2002): 1514–18.

Maffini, Maricel V., Heather M. Alger, Erik D. Olson, and Thomas G. Neltner. "Looking Back to Look Forward: A Review of FDA's Food Additives Safety Assessment and Recommendations for Modernizing Its Program." *Comprehensive Reviews in Food Science and Food Safety* 12, no. 4 (2013): 439–53.

Mark, Herman. Interview by James J. Bohning and Jeffrey L. Sturchio at Polytechnic University, Brooklyn, New York, February 3, March 17, and June 20, 1986. Oral history transcript #0030, Chemical Heritage Foundation, Philadelphia.

Mayerson, Philip. "Pitch (πίσσα) for Egyptian Winejars an Imported Commodity." *Zeitschrift für Papyrologie und Epigraphik* 147(2004):201–4.

Miller, Margaret A., Weida Tong, Xiaohui Fan, and William Slikker Jr. "2012 Global Summit on Regulatory Science (GSRS-2012)—Modernizing Toxicology." *Toxicological Sciences* 13, no. 1 (2013): 9–12.

Morawetz, Herbert. *Herman Francis Mark* 1895–1992. Washington, DC: National Academies Press, 1995.

Nagarajan, Ramaswamy. 著者によるインタビュー、2014年５月27日。

Nowak, Peter. *Sex, Bombs, and Burgers: How War, Pornography, and Fast Food Have Shaped Modern Technology*. Guilford, CT: Lyons Press, 2011.

O'Conner, John J. *Polytechnic Institute of Brooklyn: An Account of the Educational Purposes and Development of the Institute during Its First Century*. Brooklyn, NY: Polytechnic Institute of Brooklyn, 1955.

Ostkr, Gerald. "Research on the Photochemistry of High Polymers at the Polytechnic Institute of Brooklyn." *Journal of Polymer Science Part C: Polymer Symposia* 12, no. 1 (1966): 63–69.

Ozaki, Asako, Yukihiko Yamaguchi, Akiyoshi Okamoto, and Nobuko Kawai. "Determination of Alkylphenols, Bisphenol A, Benzophenone and Phthalates in Containers of Baby Food, and Migration into Food Simulants." *Journal of the Food Hygienic Society of Japan* (Shokuhin Eiseigaku Zasshi) 43, no. 4 (2002): 260–66.（尾崎麻子、山口之彦、岡本章良、川井信子「ベビーフード容器中のアルキルフェノール、ビスフェノールA、ベンゾフェノン及びフタル酸エステルの含有量とその溶出実態」『食品衛生学雑誌』43, no. 4 (2002) 260–66.）

Panessa-Warren, Barbara J., John B. Warren, Mathew M. Maye, and Wynne Schiffer. "Nanoparticle Interactions with Living Systems: In Vivo and In Vitro Biocompatibility." In *Nanoparticles and Nanodevices in Biological Applications: The INFN Lectures*, edited by Stefano Bellucci, 1: 1–46. Berlin: Springer Science & Business Media, 2009.

Parkinson, Caroline. "Packaging for Protection." *Science News-Letter*, October 21, 1944, 266–67.

Poole, Charles P., Jr., and Frank J. Owens. *Introduction to Nanotechnology*. Hoboken, NJ:

Feilchenfeld, Hans. "Bond Length and Bond Energy in Hydrocarbons." *Journal of Physical Chemistry* 61, no. 9 (1957): 1133–35.

Field, Hugh W. "New Products of the Petroleum Industry." *Journal of The Franklin Institute* 243, no. 2 (1947): 95–116.

Forbes, R. J. "Petroleum and Bitumen in Antiquity." *Ambix* 2, no. 2 (1938): 68–92.

Freemantle, Michael. "What's That Stuff? Asphalt." *Chemical & Engineering News* 77, no. 44 (1999): 81.

Froio, Danielle, Jeanne Lucciarini, Christopher Thellen, and Jo Ann Ratto. *Nanocomposites Research for Combat Ration Packaging*. Fort Belvoir, VA: Defense Technical Information Center, 2004.

Froio, Danielle, Jeanne Lucciarini, Christopher Thellen, Jo Ann Ratto, and Elizabeth Culhane. *Developments in High Barrier Non- Foil Packaging Structures for Military Rations*. Fort Belvoir, VA: Defense Technical Information Center, 2005.

Han, Jung H. *Innovations in Food Packaging*. San Diego, CA: Elsevier Academic, 2005.

Hanson, Luther. 著者によるインタビュー、2014年５月23日。

Hartung, Thomas. "A Toxicology for the 21st Century—Mapping the Road Ahead." *Toxicological Sciences* 109, no. 1 (2009): 18–23.

Hauser, R., J. D. Meeker, N. P. Singh, M. J. Silva, L. Ryan, S. Duty, and A. M. Calafat. "DNA Damage in Human Sperm Is Related to Urinary Levels of Phthalate Monoester and Oxidative Metabolites." *Human Reproduction* 22, no. 3 (2006): 688–95.

Hounshell, David A., and John K. Smith. *Science and Corporate Strategy: Du Pont R& D, 1902–1980*. Cambridge: Cambridge University Press, 1988.

Hunt, Morton. "Polymers Everywhere, Parts I and II." *New Yorker*, September 13 and 20, 1958.

Karel, Marcus, and Gerald Wogan. "Migration of Substances from Flexible Containers for Heat-Processed Foods." Cambridge, MA: Division of Sponsored Research, Massachusetts Institute of Technology, 1962.

King, Gilbert. "Fritz Haber's Experiments in Life and Death." *Smithsonian Magazine*, June 6, 2012. Accessed November 15, 2014. http://www.smithsonianmag.com/history/fritz-habers-experiments-in-life-and-death-114161301/?no-ist.

Kirwan, Mark J. *Food and Beverage Packaging Technology*. 2nd ed. Ames, IA: Wiley, 2011.

Kunzmann, Andrea, Britta Andersson, Tina Thurnherr, Harald Krug, Annika Scheynius, and Bengt Fadeel. "Toxicology of Engineered Nanomaterials: Focus on Biocompatibility, Biodistribution and Biodegradation." *Biochimica et Biophysica Acta* 1810 (2011): 361–73.

Lampi, Rauno A. "Flexible Packaging for Thermoprocessed Foods." In *Advances in Food Research*, edited by E. M. Mrak, C. O. Chichester, and G. F. Stewart, 305–428. New York: Academic Press, 1977.

——. 著者によるインタビュー、2014年６月３日。

4, 1945, and issued October 14, 1947.

Brody, Aaron. 著者によるインタビュー、2014年6月11日。

Brody, Aaron L., and Eugene R. Strupinsky. *Active Packaging for Food Applications*. Lancaster, PA: Technomic Publishing, 2001.

Cao, Xu-Liang. "Phthalate Esters in Foods: Sources, Occurrence, and Analytical Methods." *Comprehensive Reviews in Food Science and Food Safety* 9, no. 1 (2010): 21–43.

Carnegie Institution. "Hydrocarbons in the Deep Earth?" *ScienceDaily*, July 27, 2009. Accessed May 16, 2014. http://www.sciencedaily.com/releases/2009/07/090726150843.htm.

Clark, J. Peter. "Retort Pouch Foods." In *Case Studies in Food Engineering: Learning from Experience*, 91–101. New York: Springer, 2009.

Cochrane, Rexmond C. "World War II Research (1941–1945)." In *Measures for Progress: A History of the National Bureau of Standards*, 365–426. Washington, DC: National Institute of Standards and Technology, 1966.

Connan, J. "Use and Trade of Bitumen in Antiquity and Prehistory: Molecular Archaeology Reveals Secrets of Past Civilizations." *Philosophical Transactions of the Royal Society B: Biological Sciences* 354, no. 1379 (1999): 33–50.

Craven, W. F., and J. L. Cate. "Allocation and Distribution of Aircraft." In *The Army Air Forces in World War II, Part VI: Men and Planes*, edited by Wesley Frank Craven and James Lea Gate. Washington, DC: Government Printing Office, 1983.

Darsch, Gerald, and Stephen Moody. "The Packaged Military Meal." In *Meals in Science and Practice: Interdisciplinary Research and Business*, edited by H. L. Meiselman, 297–342. Cambridge, UK: Woodhead Publishing, 2009.

Duncan, Timothy V. "Applications of Nanotechnology in Food Packaging and Food Safety: Barrier Materials, Antimicrobials and Sensors." *Journal of Colloid and Interface Science* 363, no. 1 (2011): 1–24.

Dunn, Thomas J., and Amy W. Sherrill. *Light Barrier for Non-Foil Packaging*. Natick, MA: Defense Technical Information Center, 2010.

Dunn, Thomas. 著者によるインタビュー、2014年6月9日。

"DuPont: Powder, Paint and Perambulators." *New York Times*, April 6, 1919.

Egloff, Gustav. "Peacetime Values from a War Technology." *Science*, January 29, 1943, 2509.

Elliott, Kevin C., and David C. Volz. "Addressing Conflicts of Interest in Nanotechnology Oversight: Lessons Learned from Drug and Pesticide Safety Testing." *Journal of Nanoparticle Research* 14, no. 1 (2012): 1–5.

Factor-Litvak P., B. Insel, A. M. Calafat, X. Liu, F. Perera, V. A. Rauh, and R. M. Whyatt. "Persistent Associations between Maternal Prenatal Exposure to Phthalates on Child IQ at Age 7 Years." *PLoS One*, December 10, 2014.

Fasano, Evelina, Francisco Bono- Blay, Teresa Cirillo, Paolo Montuori, and Silvia Lacorte. "Migration of Phthalates, Alkylphenols, Bisphenol A and Di(2-ethylhexyl) adipate from Food Packaging." *Food Control* 27, no. 1 (2012): 132–38.

Wiemken, Andres. "Trehalose in Yeast, Stress Protectant Rather Than Reserve Carbohydrate." *Antonie van Leeuwenhoek* 58, no. 3 (1990): 209–17.

Wieser, Herbert. "Chemistry of Gluten Proteins." *Food Microbiology* 24, no. 2 (2007): 115–19.

Wieser, Herbert, and Peter Koehler. "The Biochemical Basis of Celiac Disease." *Cereal Chemistry* 85, no. 1 (2008): 1–13.

Wilford, John Noble. "In Ancient Egypt, the Beer of Kings Was a Sophisticated Brew." *New York Times*, July 26, 1996.

Zheng, H., M. P. Morgenstern, O. H. Campanella, and N. G. Larsen. "Rheological Properties of Dough during Mechanical Dough Development." *Journal of Cereal Science* 32, no. 3 (2000): 293–306.

第10章　プラスチック包装が世界を変える

American Chemical Society National Historic Chemical Landmarks. "Foundations of Polymer Science: Herman Mark and the Polymer Research Institute." Accessed November 15, 2014. http://www.acs.org/content/acs/en/education/whatischemistry/landmarks/polymerresearchinstitute.html.

Azeredo, Henriette. "Nanocomposites for Food Packaging Applications." *Food Research International* 42, no. 9 (2009): 1240–53.

Aznar, M., M. Canellas, and E. Gaspar. "Migration from Food Packaging Laminates Based on Polyurethane." *Italian Journal of Food Science* 23, SI (2011): 95–98.

Bang, Du Yeon, Hyung Sik Kim, Bu Young Jung, Min Ji Kim, Minji Kyung, Byung Mu Lee, Youngkwan Lee, et al. "Human Risk Assessment of Endocrine-Disrupting Chemicals Derived from Plastic Food Containers." *Comprehensive Reviews in Food Science and Food Safety* 11, no. 5 (2012): 453–70.

Bhunia, Kanishka, Shyam S. Sablani, Juming Tang, and Barbara Rasco. "Migration of Chemical Compounds from Packaging Polymers during Microwave, Conventional Heat Treatment, and Storage." *Comprehensive Reviews in Food Science and Food Safety* 12, no. 5 (2013): 523–45.

Blair, Etcyl. "History of Chemistry in the Dow Chemical Company." Speech given at the Central Regional Meeting, American Chemical Society, Midland, Michigan, May 18, 2006.

Blewett, J. P., and J. H. Rubel. "Video Delay Lines." *Proceedings of the IRE* 35, no. 12 (1947): 1580–84.

Boyer, Raymond F. "Herman Mark and the Plastics Industry." *Journal of Polymer Science Part C: Polymer Symposia* 12, no. 1 (1966): 111–18.

——. Interview by James J. Bohning at Michigan Molecular Institute, Midland, Michigan, January 14 and August 19, 1986. Oral history transcript #0015, Chem-ical Heritage Foundation, Philadelphia.

——. Vinylidene chloride compositions stable to light. U.S. Patent 2,429,155A, filed May

vilised—Until You Needed a Dentist. Stephanie Pain Gets to the Root of the Matter." *New Scientist*, July 2, 2005, 36–40.

Porta, Raffaele, Ashok Pandey, and Cristina M. Rosell. "Enzymes as Additives or Processing Aids in Food Biotechnology." *Enzyme Research* 2010 (2010): 1–2.

Radovich, John M. "Mass Transfer Effects in Fermentations Using Immobilized Whole Cells." *Enzyme and Microbial Technology* 7, no. 1 (1985): 2–10.

Red Star Yeast & Products Co. v. Commissioner of Internal Revenue, Docket No. 48691, 25 T.C. 321 (1955).

Reed, Gerald. "Milling and Baking." In *Enzymes in Food Processing*, 221–55. New York: Academic Press, 1966.

Rinaldi, Maurizio, Roberto Perricone, Miri Blank, Carlo Perricone, and Yehuda Shoenfeld. "Anti-Saccharomyces cerevisiae Autoantibodies in Autoimmune Diseases: From Bread Baking to Autoimmunity." *Clinical Reviews in Allergy & Immunology* 45, no. 2 (2013): 152–61.

Ross, William F., and Charles F. Romanus. *The Quartermaster Corps: Operations in the War against Germany*. U.S. Army in World War II. 1965. Reprint, Washington, DC: United States Army, 1991.

Samuel, D. "Investigation of Ancient Egyptian Baking and Brewing Methods by Correlative Microscopy." *Science* 273, no. 5274 (1996): 488–90.

Shadbolt, Peter. "Tomb of Ancient Egypt's Beer Maker to Gods of the Dead Discovered." CNN, January 20, 2014. Accessed April 10, 2014. http://www.cnn.com/2014/01/20/world/meast/egypt-ancient-beer-brewer-tomb/.

Shellenberger, J. A. "The History of the Department of Milling Industry, 1910–1966." Manhattan: Kansas State University, 1970.

Slade, Louise. 著者とのＥメールによるやりとり、2014年５月。

Stone, Irwin. Retarding the staling of bakery products. U.S. Patent 2615810A, filed March 4, 1948, and issued October 28, 1952.

Sutton, K. H., N. G. Larsen, M. P. Morgenstern, M. Ross, L. D. Simmons, and A. J. Wilson. "Differing Effects of Mechanical Dough Development and Sheeting Development Methods on Aggregated Glutenin Proteins." *Cereal Chemistry* 80, no. 6 (2003): 707–11.

Tamime, A. Y. *Processed Cheese and Analogues*. Oxford: Wiley-Blackwell, 2011.

Teal, A. R., and P. E. O. Wymer. *Enzymes and Their Role in Biotechnology*. London: Biochemical Society, 1991.

Uthayakumaran, S., M. Newberry, M. Keentok, F. L. Stoddard, and F. Bekes. "Basic Rheology of Bread Dough with Modified Protein Content and Glutenin-to-Gliadin Ratios." *Cereal Chemistry* 77, no. 6 (2000): 744–49.

Wade, Marcia A. "Cheese Powder—the Ingredient Chameleon." *Prepared Foods*, January 1, 2004.

Welch, R. W., and P. C. Mitchell. "Food Processing: A Century of Change." *British Medical Bulletin* 56, no. 1 (2000): 1–17.

ter, 1990.

Hillson, S. W. "Diet and Dental Disease." *World Archaeology* 11, no. 2 (1979): 147–62.

Ingraham, John L. *March of the Microbes: Sighting the Unseen*. Cambridge, MA: Belknap Press Imprint, 2012.

Jackel, S. S., A. S. Schultz, and W. E. Schaeder. "Susceptibility of the Starch in Fresh and Stale Bread to Enzymatic Digestion." *Science* 118 (1953): 18–19.

Kang, J. Y., A. H. Y. Kang, A. Green, K. A. Gwee, and K. Y. Ho. "Systematic Review: Worldwide Variation in the Frequency of Coeliac Disease and Changes over Time." *Alimentary Pharmacology & Therapeutics* 38, no. 3 (2013): 226–45.

Kasapis, Stefan. "Recent Advances and Future Challenges in the Explanation and Exploitation of the Network Glass Transition of High Sugar/Biopolymer Mixtures." *Critical Reviews in Food Science and Nutrition* 48, no. 2 (2008): 185–203.

Kohajdová, Zlatica, Jolana Karovičová, and Štefan Schmidt. "Significance of Emulsifiers and Hydrocolloids in Bakery Industry." *Acta Chimica Slovaca* 2, no. 1 (2009): 46–61.

Labuza, T. P., and C. R. Hyman. "Moisture Migration and Control in Multi-Domain Foods." *Trends in Food Science & Technology* 9, no. 2 (1998): 47–55.

Lester, Diane R. "Gluten Measurement and Its Relationship to Food Toxicity for Celiac Disease Patients." *Plant Methods* 4 (2008): 4–26.

Levine, Harry, and Louise Slade. "Glass Transitions in Food." In *Physical Chemistry of Foods*, edited by Henry G. Schwartzberg and Richard W. Hartel, 83–221. New York: Marcel Dekker, Inc., 1992.

Megahed, Mohamed G. "Preparation of Sucrose Fatty Acid Esters as Food Emulsifiers and Evaluation of Their Surface Active and Emulsification Properties." *Grasas y Aceites* 50, no. 4 (1999): 280–82.

McHarry, Samuel. *The practical distiller, or, An introduction to making whiskey, gin, brandy, spirits, & c. & c. of better quality and in larger quantities than produced by the present mode of distilling, from the produce of the United States* ... Harrisburgh, PA: John Wyeth, 1809.

Nanninga, Nanne. "Did van Leeuwenhoek Observe Yeast Cells in 1680?" Small Things Considered, April 8, 2010. http://schaechter.asmblog.org/schaechter/2010/04/did-van-leeuwenhoek-observe-yeast-cells-in-1680.html.

Oleksyk, Lauren. 著者によるインタビュー、2014年4月17日。

Orthoefer, Frank. "Applications of Emulsifiers in Baked Foods." In *Food Emulsifiers and Their Applications*, 2nd ed., edited by Gerard L. Hasenhuettl, 267–84. New York: Springer, 2008.

Otterstedt, Karin, Christer Larsson, Roslyn M. Bill, Anders Ståhlberg, Eckhard Boles, Stefan Hohmann, and Lena Gustafsson. "Switching the Mode of Metabolism in the Yeast Saccharomyces cerevisiae." *EMBO Reports* 5, no. 5 (2004): 532–37.

"Our Bread-Eating Army in France." *Army and Navy Register*, January 4, 1919, 44–45.

Pain, Stephanie. "Why the Pharaohs Never Smiled: Life in Ancient Egypt Was Very Ci-

Chinachoti, Pavinee. *Bread Staling*. Boca Raton, FL: CRC Press, 2001.

——. 著者とのEメールによるやりとり、2014年5月。

Cole, Martin. 著者によるインタビュー、2014年4月2日および5月12日。

Conn, James Fred. "Fungal Enzyme Preparations as Alpha-Amylase Supplements in Baking." Master's thesis, Department of Milling Industry, Kansas State College, 1949.

Cowgill, George R. "Some Food Problems in War Time." *American Scientist* 31, no. 2 (1943): 142–50.

Cunha, Clarissa R., and Walkiria H. Viotto. "Casein Peptization, Functional Properties, and Sensory Acceptance of Processed Cheese Spreads Made with Different Emulsifying Salts." *Journal of Food Science* 75, no. 1 (2010): C113–20.

Day, L., M. A. Augustin, I. L. Batey, and C. W. Wrigley. "Wheat- Gluten Uses and Industry Needs." *Trends in Food Science & Technology* 17 (2006): 82–90.

Economou, Michael, and Georgios Pappas. "New Global Map of Crohn's Disease: Genetic, Environmental, and Socioeconomic Correlations." *Inflammatory Bowel Diseases* 14, no. 5 (2008): 709–20.

Eliasson, Ann-Charlotte, and Kare Larsson. *Cereals in Breadmaking: A Molecular Colloidal Approach*. New York: Marcel Dekker, 1993.

Erba, Eric M., and Andrew M. Novakovic. *The Evolution of Milk Pricing and Government Intervention in Dairy Markets*. Ithaca, NY: Cornell Program on Dairy Markets and Policy, 1995.

Fernandes, Pedro. "Enzymes in Food Processing: A Condensed Overview on Strategies for Better Biocatalysts." *Enzyme Research* 2010 (2010): 1–19.

Fox, Patrick. 著者とのEメールによるやりとり、2014年4月。

——. *Fundamentals of Cheese Science*. Gaithersburg, MD: Aspen Publishers, 2000.

Gates, Robert Leroy. "Preparation of Amylase Active Concentrates from Mold Bran." Master's thesis, Department of Milling Industry, Kansas State College, 1947.

Gilpin, Kenneth N. "Nabisco in Accord to Be Purchased by Philip Morris." *New York Times*, June 26, 2000.

Goesaert, Hans, Louise Slade, Harry Levine, and Jan A. Delcour. "Amylases and Bread Firming—an Integrated View." *Journal of Cereal Science* 50 (2009): 345–52.

Gray, J. A., and J. N. Bemiller. "Bread Staling: Molecular Basis and Control." *Comprehensive Reviews in Food Science and Food Safety* 2, no. 1 (2003): 1–21.

Gupta, Rani, Paresh Gigras, Harapriya Mohapatra, Vineet Kumar Goswami, and Bhavna Chauhan. "Microbial α-Amylases: A Biotechnological Perspective." *Process Biochemistry* 38, no. 11 (2003): 1599–616.

Hallberg, Linnea M., and Pavinee Chinachota. "A Fresh Perspective on Staling: The Significance of Starch Crystallization on the Firming of Bread." *Journal of Food Science* 67, no. 3 (2002): 1092–96.

Herz, Matthew L. *Proceedings of the Natick Science Symposium (3rd) Held in Natick, Massachusetts on 5–6 June 1990*. Fort Belvoir, VA: Defense Technical Information Cen-

Meats: A Symposium. National Academy of Sciences–National Research Council, March 31–April 1, 1953.

Toldrá, Fidel, ed. *Handbook of Meat Processing*. Ames, IA: Wiley- Blackwell, 2010.

——. *Meat Biotechnology*. New York: Springer, 2008.

Tyson Foods, Inc. *Fiscal 2012 Fact Book*. Springdale, AK: Tyson Foods, Inc., 2013.

Walford, Cornelius. *Gilds: Their Origin, Constitution, Objects, and Later History*. New and enl. ed. London: George Redway, 1888.

Walsh, John P. "The Social Context of Technological Change: The Case of the Retail Food Industry." *Sociological Quarterly* 32, no. 3 (1991): 44768.

——. *Supermarkets Transformed: Understanding Organizational and Technological Innovations*. New Brunswick, NJ: Rutgers University Press, 1993.

Wansink, Brian. "Changing Eating Habits on the Home Front: Lost Lessons from World War II Research." *Journal of Public Policy & Marketing* 21, no. 1 (2002): 90–99.

Weightman, Gavin. The Frozen-Water Trade: A True Story. New York: Hyperion, 2003.

Wittenberg, J. B., and B. A. Wittenberg. "Myoglobin-Enhanced Oxygen Delivery to Isolated Cardiac Mitochondria." *Journal of Experimental Biology* 210, no. 12 (2007): 2082–90.

第9章　長もちするパンとプロセスチーズ

Agricultural Research Administration, U.S. Department of Agriculture. *Experimental Compression of Dehydrated Foods*. Washington, DC: Agricultural Research Administration, U.S. Department of Agriculture, 1948.

Araujo, Pedro Soares de, and Anita D. Panek. "The Interaction of Saccharomyces cerevisiae Trehalase with Membranes." *Biochimica et Biophysica Acta (BBA)—Biomembranes* 1148, no. 2 (1993): 303–7.

Belderok, B. *Bread-Making Quality of Wheat: A Century of Breeding in Europe*. Dordrecht, Neth.: Kluwer Academic Publishers, 2000.

Bobrow-Strain, Aaron. "Making White Bread by the Bomb's Early Light: Anxiety, Abundance, and Industrial Food Power in the Early Cold War." *Food and Foodways* 19 (2011): 74–97.

Bolat, Irina. "The Importance of Trehalose in Brewing Yeast Survival." *Innovative Romanian Food Biotechnology* 2 (2008): 1–10.

Burrington, Kimberlee J. "Understanding Process Cheeses." *Food Product Design*, February 1, 2000.

Caputo, Ivana, Marilena Lepretti, Stefania Martucciello, and Carla Esposito. "Enzymatic Strategies to Detoxify Gluten: Implications for Celiac Disease." *Enzyme Research*, 2010 (2010): 1–9.

Cauvain, Stanley P., and Linda S. Young. *Baked Products: Science, Technology and Practice*. Oxford: Blackwell, 2006.

——. *Technology of Breadmaking*. 2nd ed. New York: Springer, 2007.

Pieces." *Nebraska Swine Report*, January 1, 1980, 3–4.

Mandigo, R. W., K. L. Neer, M. S. Chesney, and G. R. Popenhagen. "Restructured Pork: Dollars and Sense." *Nebraska Swine Report*, January 1, 1974, 11–12.

"Military Meat and Dairy Hygiene." *Office of Medical History*. Accessed June 13, 2013. http://history.amedd.army.mil/booksdocs/wwii/vetservicewwii/chapter20.htm.

Moser, Whet. "The Invention of the McRib and Why It Disappears from McDonald's." *Chicago Magazine*, October 25, 2011. Accessed June 13, 2013. http://www.chicagomag.com/Chicago-Magazine/The-312/October-2011/The-Invention-of-the-McRib-and-Why-It-Disappears-from-McDonalds/.

National Academy of Sciences–National Research Council. *Beef for Tomorrow: Proceedings of a Conference*. Washington, DC: National Academy of Sciences–National Research Council, 1960.

Nowak, Dariusz. "Enzymes in Tenderization of Meat—the System of Calpains and Other Systems—a Review." *Polish Journal of Food and Nutrition Sciences* 61, no. 4 (2011): 231–37.

Ofori, Jack Appiah, and Yun- Hwa Peggy Hsieh. "The Use of Blood and Derived Products as Food Additives." In *Food Additives*, edited by Yehia El-Samragy, 229–56. New York: InTech, 2012.

Plumptre, James. *The experienced butcher: shewing the respectability and usefulness of his calling, the religious considerations arising from it, the laws relating to it, and various profitable suggestions for the rightly carrying it on: designed not only for the use of butchers, but also for families and readers in general*. London: Printed for Darton, Harvey, and Darton, 1816.

Sabine, Ernest. "Butchering in Medieval London." *Speculum* (July 1933): 3.

Salant, Abner. 著者によるインタビュー、2013年４月25日。

Samat, Maguelonne. *A History of Food*. Oxford: Blackwell Reference, 1993.（『世界食物百科』マグロンヌ・トゥーサン＝サマ著、玉村豊男監訳、原書房、1998年）

Scalzo, Julia. "All a Matter of Taste: The Problem of Victorian and Edwardian Shop Fronts." *Journal of the Society of Architectural Historians* 68, no. 1 (2009): 52–73.

Secrist, John. 著者によるインタビュー、2013年３月26日および４月９日。

Smil, Vaclav. "Eating Meat: Evolution, Patterns, and Consequences." *Population and Development Review* 28, no. 4 (2002): 599–639.

Sobel, Dava. "Making Steak out of Meat Scraps." *Sarasota Herald-Tribune*, January 6, 1980, 60.

Stout, Thomas T., and Murray H. Hawkins. "Implications of Changes in the Methods of Wholesaling Meat Products." *American Journal of Agricultural Economics* 50, no. 3 (1968): 660.

Tinstman, Dale. *Iowa Beef Processors, Inc.: An Entire Industry Revolutionized!* Exton, PA: Newcomen, 1981.

Tischer, Robert, James M. Blair, and Martin Peterson. *Quality and Stability of Canned*

Gwilliam, Glenn B. Process for manufacturing steak product. U.S. Patent 2,823,127, filed February 24, 1956, and issued February 11, 1958.

Haber, Fritz. "The Synthesis of Ammonia from Its Elements, Nobel Lecture, June 2, 1920." *Resonance* 7, no. 9 (2002): 86–94.

Halper, Emanuel B. *Shopping Center and Store Leases*. Rev. ed. New York: Law Journal Seminars-Press, 1991.

Hawkins, Arthur E., and Jeremy R. Evans. Process for preparing a restructured meat product. U.S. Patent 3,793,466, filed June 11, 1971, and issued February 19, 1974.

Hinnergardt, L. C., R. W. Mandigo, and J. M. Tuomy. "Accelerated Pork Processing: Freeze-Dried Pork Chops." *Journal of Food Science* 38, no. 5 (1973): 831–33.

Huffman, Dale. 著者によるインタビュー、2013年4月2日および11日。

——. Process for production of a restructured fresh meat product. U.S. Patent 4,210,677, filed January 24, 1978, and issued July 1, 1980.

Hui, Y. H. *Handbook of Meat and Meat Processing*. 2nd ed. Boca Raton, FL: CRC Press, 2012.

——. *Meat Science and Applications*. New York: Marcel Dekker, 2001.

"Iowa Beef Processors, Boxed Beef and a New 'Big Four.' " Wessels Living History Farm. Accessed June 13, 2013. http://www.livinghistoryfarm.org/farminginthe50s/money_17.html.

Jay, James M. *Modern Food Microbiology*. New York: Van Nostrand Reinhold, 1970.

Kerry, J. P., and J. F. Kerry. *Processed Meats: Improving Safety, Nutrition and Quality*. Cambridge, UK: Woodhead Publishing, 2011.

Klont, R. E., L. Brocks, and G. Eikelenboom. "Muscle Fiber Type and Meat Quality." *Meat Science* 49, supplement 1 (1998): S219–29.

Lhuissier, Anne. "Cuts and Classification: The Use of Nomenclatures as a Tool for the Reform of the Meat Trade in France, 1850–1880." *Food and Foodways* 10, no. 4 (2002): 183–208.

Maas, Russell H. Processing meat. U.S. Patent 3,076,713, filed July 3, 1961, and issued February 5, 1963.

MacDonald, James M. "Structural Changes: Location and Plant Operation." In *Consolidation in U.S. Meatpacking*, 12–16. Washington, DC: Economic Research Service, U.S. Department of Agriculture, 2000.

MacDonald, James M., and Michael E. Ollinger. "Technology, Labor Wars, and Producer Dynamics: Explaining Consolidating in Beef-Packing." *American Journal of Agricultural Economics* 87, no. 4 (2005): 1020–33.

Mandigo, Roger. "Fabricated Pork." *Nebraska Swine Report*, January 1, 1972, 6–7.

——. 著者によるインタビュー、2013年4月15日。

Mandigo, R. W., and J. F. Campbell. "Cooking, Reheating Restructured Pork Products." *Nebraska Swine Report*, January 1, 1977, 19–20.

Mandigo, Roger W., Louise W. Dalton, and Dennis G. Olson. "Big Chops from Little ological-reaction-essential-to-life-takes-2-3-billion-years-unc-study.

Worthy, Ward. “Battelle Process Raises Chocolate Melting Point.” *Chemical & Engineering News* 66, no. 19 (1988): 6.

Wrolstad, Ronald E. “Functional Properties of Sugars.” In *Food Carbohydrate Chemistry*, 77. Hoboken, NJ: Wiley-Blackwell, 2012.

第8章　成型肉ステーキの焼き加減は？

American Meat Institute Foundation. *The Science of Meat and Meat Products*. San Francisco: Freeman, 1960.

Armentano, D. T. “The Failure of Antitrust Policy.” *The Freeman: Ideas on Liberty*, June 1994: 7.

Armour and Company. *Food for Freedom: Armour and Company's Part in America's All-Out War Effort*. Chicago: Armour and Company, 1942.

Arnould, Richard J. “Changing Patterns of Concentration in American Meat Packing, 1880–1963.” *Business History Review* 45, no. 1 (1971): 18–34.

Bettcher, Louis A. Trimming and slicing device. U.S. Patent 25,947, filed for reissue March 2, 1964, and reissued December 14, 1965.

Brand, Charles J. “Some Fertilizer History Connected with World War I.” *Agricultural History* 19, no. 2 (1945): 104–13.

Carnes, Richard B. “Meatpacking and Prepared Meats Industry: Above- Average Productivity Gains.” *Monthly Labor Review* (April 1984): 37–42.

Cassidy, Elliott. *The Development of Meat, Dairy, Poultry, and Fish Products for the Army*. Washington, DC: Government Printing Office, 1944.

Condon, Howard M. Meat product and method of treating meat. U.S. Patent 2,527,493, filed March 27, 1947, and issued October 24, 1950.

Davies, A. R., and R. J. Board. *The Microbiology of Meat and Poultry*. London: Blackie Academic & Professional, 1998.

Daw, Joseph. *A Sketch of the Early History of the Worshipful Company of Butchers of London*. London: Worshipful Company of Butchers, 1869.

Ercolini, D., F. Russo, E. Torrieri, P. Masi, and F. Villani. “Changes in the Spoilage-Related Microbiota of Beef during Refrigerated Storage under Different Packaging Conditions.” *Applied and Environmental Microbiology* 72, no. 7 (2006): 4663–71.

Erisman, Jan Willem, Mark A. Sutton, James Galloway, Zbigniew Klimont, and Wilfried Winiwarter. “How a Century of Ammonia Synthesis Changed the World.” *Nature Geoscience* 1 (2008): 636–39.

Farouk, Mustafa. 著者とのＥメールによるやりとり、2013年４月。

Freidberg, Susanne. *Fresh: A Perishable History*. Cambridge, MA: Belknap Press of Harvard University Press, 2009.

Friedmann, Karen. “Victualling Colonial Boston.” *Agricultural History* 47, no. 3 (1973): 189–205.

——. *Storage Stability and Improvement of Intermediate Moisture Foods: Phase 2*. Houston, TX: Food and Nutrition Office, National Aeronautics and Space Administration, 1974.

Milham, Frederick Heaton. "A Brief History of Shock." *Surgery* 148, no. 5 (2010): 1026–37.

Moss, Michael. "The Hard Sell on Salt." *New York Times*, May 30, 2010, A1.

——. *Salt, Sugar, Fat: How the Food Giants Hooked Us*. New York: Random House, 2013.（『フードトラップ』マイケル・モス著、本間徳子訳、日経BP社、2014年）

Murphy, William P., and William G. Workman. "Serum Hepatitis from Pooled Irradiated Dried Plasma." *Journal of American Medicine* 152, no. 15 (1953): 1421–23.

Murray, Donald M., and Warren D. Siemens. "Applications of Aerospace Technology in Industry. A Technology Transfer Profile: Food Technology." Report prepared for the Technology Utilization Office, National Aeronautics and Space Administration. Cambridge, MA: Abt Associates, Inc., 1971.

National Aeronautics and Space Administration. "The Deterioration of Intermediate Moisture Foods." NASA Tech Brief 71-10332. Manned Spacecraft Center, August 1971.

Paddleford, Clementine. "Made in Natick, Served in Space." *Boston Globe*, August 29, 1965, 25.

Pavey, Robert Louis. *Fabrication of Food Bars Based on Compression and Molding Matrices*. Natick, MA: Food Laboratory, U.S. Army Natick Laboratories 1969.

"Ration D Bars." Hershey Community Archives. Accessed November 28, 2014. http://www.hersheyarchives.org/essay/details.aspx?EssayId=26.

Salwin, Harold. "The Role of Moisture in Deteriorative Reactions of Dehydrated Foods." In *Freeze-Drying of Foods: Proceedings of a Conference*, 58–74. Washington, DC: National Academy of Sciences–National Research Council, 1962.

Smith, Malcolm C., Jr., Rita M. Rapp, Clayton S. Huber, Paul C. Rambaut, and Norman D. Heidelbaugh. *Apollo Experience Report: Food Systems*. Washington, DC: National Aeronautics and Space Administration, 1974.

Smith, Woodruff D. "Complications of the Commonplace: Tea, Sugar, and Imperialism." *Journal of Interdisciplinary History* 23, no. 2 (1992): 259–78.

Strumia, Max M., and John J. McGraw. "Frozen and Dried Plasma for Civil and Military Use." *Journal of American Medicine* 116, no. 21 (1941): 2378–82.

"The Sugar Act of 1937." *Yale Law Journal* 47, no. 6 (1938): 980–93.

Toops, Diane. "Hitting All the Bars." *Food Processing* 66, no. 3 (2005): 37.

Vaughan, William. 著者によるインタビュー、2013年5月15日。

Winpenny, Thomas R. "Milton S. Hershey Ventures into Cuban Sugar." *Pennsylvania History* 62, no. 4 (1995): 491–502.

"Without Enzymes, Biological Reaction Essential to Life Takes 2.3 Billion Years: UNC Study." Biochemistry and Biophysics—UNC School of Medicine, November 11, 2008. Accessed September 2, 2013. http://www.med.unc.edu/biochem/news/without-enzyme-bi

Durst, Jack Rowland. *All Purpose Matrices for Compressed Food Bars*. Natick, MA: Food Division, U.S. Army Natick Laboratories, 1966.

Dusselier, Jane. "Bonbons, Lemon Drops, and Oh Henry! Bars: Candy, Consumer Culture, and the Construction of Gender, 1895–1920." In *Kitchen Culture in America: Popular Representations of Food, Gender and Race*, edited by Sherrie A. Inness, 13–49. Philadelphia: University of Pennsylvania Press, 2001.

Frear, William. "The Dairy Industry in Pennsylvania." In *Fourteenth Annual Report of the Pennsylvania Department of Agriculture*, 92–101. Harrisburg: Harrisburg Publishing Company, State Printer, 1908.

Gallant, Nanette. "Subsistence in Space." *Quartermaster Professional Bulletin* (Summer 1992). Accessed July 6, 2013. www.qmfound.com/subsistence_in_space.htm.

Goldblith, Samuel A. *Of Microbes and Molecules: Food Technology, Nutrition, and Applied Biology at M.I.T., 1873–1988*. Trumbull, CT: Food and Nutrition Press, 1995.

Gordon, Robert V. "New Food for Third Skylab Mission." Release No. 73-143. Houston, TX: National Aeronautics and Space Administration, 1973.

Gould, Stephen Jay. "Phyletic Size Decrease in Hershey Bars." In *Hen's Teeth and Horse's Toes: Further Reflections in Natural History*, 313–19. New York: W. W. Norton, 1984.（『ニワトリの歯』スティーヴン・ジェイ・グールド著、渡辺政隆・三中信宏訳、ハヤカワ文庫、1997年）

Hewitt, Eric John. *All-Purpose Matrix for Molded Food Bars*. Natick, MA: U.S. Army Material Command, U.S. Army Natick Laboratories, 1965.

Hostetter, Christina J. "Sugar Allies: How Hershey and Coca-Cola Used Government Contracts and Sugar Exemptions to Elude Sugar Rationing Regulations." College Park: University of Maryland, 2004.

Hui, Y. H. *Handbook of Food Science, Technology, and Engineering*. Boca Raton, FL: Taylor & Francis, 2006.

Hundert, Gershon David. *The Yivo Encyclopedia of Jews in Eastern Europe*. New Haven, CT: Yale University Press, 2008.

Karel, Marcus. "Chemical Effects in Food Stored at Room Temperature." *Journal of Chemical Education* 61, no. 4 (1984): 335.

——. 著者とのＥメールによるやりとり、2012〜14年。

——. "Physical and Chemical Considerations in Freeze-Dehydrated Foods." In *Exploration in Future Food-Processing Techniques*, edited by S. A. Goldblith, 54–69. Cambridge, MA: Massachusetts Institute of Technology, 1963.

Kendrick, Douglas B., Leonard D. Heaton, John Boyd Coates, and Elizabeth M. McFetridge. *Blood Program in World War II*. Washington, DC: Office of the Surgeon General, Department of the Army, 1964.

Kurlansky, Mark. *Salt: A World History*. New York: Penguin Books, 2003.（『塩の世界史』マーク・カーランスキー著、山本光伸訳、中公文庫、2014年）

Labuza, Theodore. 著者によるインタビュー、2013年５月28日。

rity." *International Security* 29, no. 1 (2004): 122–51.

Proctor, Bernard. *Development of the Department of Food Technology at the Massachusetts Institute of Technology and Proposed Program for Future Activities*. Cambridge, MA: Massachusetts Institute of Technology, 1951.

Risch, Erna, and Chester Kieffer. "The Development of Subsistence." In *The Quartermaster Corps: Organization, Supply, and Services*, 2:174–207. Reprint, Washing-ton, DC: U.S. Army Center of Military History, 1988.

Schubert, Frank N. *Mobilization*. Washington, DC: U.S. Army Center of Military History, 1995.

第7章　アメリカの活力の素、エナジーバー

Barbosa-Cánovas, Gustavo V., Anthony J. Fontana Jr., Shelly J. Schmidt, and Theodore P. Labuza, eds. *Water Activity in Foods: Fundamentals and Applications*. Ames, IA: IFT Press/Blackwell Publishing, 2007.

Bernhardt, Joshua. "Government Control of Sugar during the War." *Quarterly Journal of Economics* 33, no. 4 (1919): 672–713.

Borg, Axel. 著者によるインタビュー、2014年6月3日。

Brenner, Joël Glenn. *The Emperors of Chocolate: Inside the Secret World of Hershey and Mars*. New York: Random House, 1999.（『チョコレートの帝国』ジョエル・G・ブレナー著、笙玲子訳、みすず書房、2012年）

Brockmann, Maxwell C. "Development of Intermediate Moisture Foods for Military Use." *Food Technology* 24, no. 8 (1970): 60–64.

Brown, W. C. "The U.S. Army Emergency Ration." *Infantry Journal* 16, no. 2 (1920): 656–60.

Buchanan, Ben F. "General Foods Product Development as Related to Aerospace Food Problems." Speech given at the Space Food Technology Conference, University of South Florida, Tampa, April 15, 1969.

Burgess, Hovey M. Animal food and method of making same. U.S. Patent 3,202,514, filed July 15, 1963, and issued August 24, 1965.

Bustead, R. L., and J. M. Tuomy. "Food Quality Design for Gemini and Apollo Space Programs: Technical Conference Transactions." Natick, MA: U.S. Army Natick Laboratories, 1966.

"Candy Important Element in Army Diet." *Boston Globe*, May 26, 1941, 10.

Committee on Military Nutrition Research, Food and Nutrition Board, Institute of Medicine. "The New Generation Survival Ration." Washington, DC: Committee on Military Nutrition Research, Food and Nutrition Board, Institute of Medicine, 1991.

Connell, Sanjida. *Sugar: The Grass That Changed the World*. London: Virgin, 2004.

Downey, Morgan, and Christopher Still. "Survey of Anti-Obesity Legislation: Are These Laws Working?" *Current Opinion in Endocrinology, Diabetes and Obesity* 19, no. 5 (2012): 375–80.

M.I.T., 1873–1988. Trumbull, CT: Food and Nutrition Press, 1995.

Gupta, Udayan, ed. *The First Venture Capitalist: Georges Doriot on Leadership, Capital, & Business Organization*. Calgary, Canada: Gondolier, 2004.

Hanson, Luther. 著者によるインタビュー、2014年5月23日。

Hewlett, Frank. "Troops on Bataan Routed by Malaria. Poor Diet Also a Factor." *New York Times*, April 18, 1942, 5.

"Larger Capital Fund Has Been Formed to Aid New Enterprises." *Boston Globe*, August 9, 1946, 12.

Lightbody, Marcia. "Building a Future: World War II Quartermaster Corps." *Military Review* (January–February 2001): 1.

Massachusetts Institute of Technology, Office of the President, 1944–51. Department of Food Technology, Food Sterilization Building, Quartermaster's Laboratory and Space: Post–World War II Readjustment of Department of Food Technology. AC 0004, boxes 88, 176, and 205. Institute Archives and Special Collections, MIT Libraries, Cambridge, MA.

Miller, Lillian, Frederick Voss, and Jeannette M. Hussey. *The Lazzaroni: Science and Scientists in Mid-Nineteenth-Century America*. Published for the National Portrait Gallery, Smithsonian Institution. Washington, DC: Smithsonian Institution Press, 1972.

Moody, Stephen. 著者によるインタビュー、2014年7月9日。

Moran, Barbara. "Dinner Goes to War: The Long Battle for Edible Combat Rations Is Finally Being Won." *American Heritage's Invention & Technology* 14, no. 1 (1998): 10–19.

Mrak, Emil M. *Emil M. Mrak—A Journey through Three Epochs: Food Prophet, Creative Chancellor, Senior Statesman of Science*. Interviewed by A. I. Dickman. Davis: Oral History Program, University Library, University of California, 1974.

——. "A Microbiologist Turned Administrator—How It Happened." *Annual Review of Microbiology* 28, no. 1 (1974): 1–24.

——. "The Role of Chemistry and Technology in the Development of Modern Food." Dedication at Cornell University, Food Research Building, Ithaca, NY, 1960.

——. "75th Anniversary of Opening of Davis Campus." Speech at the University of California, Davis, CA, 1984.

"New Unit Formed for Food Studies: Wartime Container Problems Will Be Objective of Group." *New York Times*, June 4, 1948.

Ohly, John H. *Industrialists in Olive Drab: The Emergency Operation of Private Industries during World War II*. Edited by Clayton D. Laurie. Washington, DC: U.S. Army Center of Military History, 2000.

Oyos, Matthew M. "Theodore Roosevelt, Congress, and the Military: U.S. Civil-Military Relations in the Early Twentieth Century." *Presidential Studies Quarterly* 30, no. 2 (2000): 312–31.

Paarlberg, Robert L. "Knowledge as Power: Science, Military Dominance, and U.S. Secu-

(2003): 3687–94.

Wright, Brian D. "The Economics of Invention Incentives: Patents, Prizes, and Research Contracts." *American Economic Review* 73, no. 4 (1983): 691–707.

Xayarath, Bobbi, and Nancy E. Freitag. "Optimizing the Balance Between Host and Environmental Survival Skills: Lessons Learned from *Listeria monocytogenes*." *Future Microbiology* 7, no. 7 (2012): 838–52.

第6章　第二次世界大戦とレーション開発の立役者たち

Ante, Spencer. *Creative Capital: Georges Doriot and the Birth of Venture Capital*. Boston: Harvard Business Press, 2008.

Backer, Kellen. 著者によるインタビュー、2014年10月14日。

——. "World War II and the Triumph of Industrialized Food." Ph.D. diss., University of Wisconsin–Madison, 2012.

"Biographical Sketch of Col. Rohland A. Isker." Fort Lee, VA: Army Quartermaster Museum, nd.: 22–25.

Buchanan, Nicholas. "The Atomic Meal: The Cold War and Irradiated Foods, 1945–1963." *History and Technology* 21, no. 2 (2005): 221–49.

Burchard, John. *Q.E.D: M.I.T. in World War II*. Cambridge, MA: Technology Press, 1948.

Bureau of the Census. *Personnel and Pay of the Military Branch of the Federal Government: 1934 to 1945*. Washington, DC, 1946.

"Celebrating the 50th Anniversary of the Institute of Food Technologists." *Food Technology* (September 1989): 1–168.

Doriot, Georges. "Research in the Military Planning Division, Quartermaster Corps." *Journal of Applied Physics* 16, no. 4 (1945): 235.

Eisenhower, Dwight. "Memorandum for Directors and Chiefs of War Department, General and Special Staff Divisions and Bureaus and the Commanding General of the Major Commands." April 30, 1946. Division of Engineering and Industrial Research (EIR) Records Group and Division of Engineering (ENG) Records Group (in microfiche collection). National Academy of Sciences Archives, Washington, DC.

Feeney, Robert, Eldon Askew, and Deborah Jezior. "The Development and Evolution of U.S. Army Field Rations." *Nutrition Reviews* 53, no. 8 (1995): 221–25.

"Food Research Unit Is Organized by Army: Board to Develop New Products and Rations." *New York Times*, December 26, 1942, 16.

"The Food Technology Conference at the Massachusetts Institute of Technology." *Science*, June 2, 1939, 2318.

Gelman, George. "Committee on Food Research." *Oil & Soap* 23, no. 12 (1946): 389–91.

Goldblith, Samuel. "50 Years of Progress in Food Science and Technology: From Art Based on Experience to Technology Based on Science." *Food Technology* (September 1989): 9.

——. *Of Microbes and Molecules: Food Technology, Nutrition, and Applied Biology at*

Ray, Bibek, and Arun K. Bhunia. *Fundamental Food Microbiology*. 3rd ed. Boca Raton, FL: CRC Press, 2004.

Report of the Commission Appointed by the President to Investigate the Conduct of the War Department in the War with Spain. 56th Cong., 1st sess., Sen. Doc. No. 221. Washington, DC: Government Printing Office, 1899.

Rizzi, George P. "Free Radicals in the Maillard Reaction." *Food Reviews International* 19, no. 4 (2003): 375–95.

Ruiz-Capillas, Claudia, and Francisco Jiménez- Colmenero. "Biogenic Amines in Meat and Meat Products." *Critical Reviews in Food Science and Nutrition* 44 (2004): 489–99.

Sawires, Y. S., and J. G. Songer. "*Clostridium perfringens*: Insight into Virulence Evolution and Population Structure." *Anaerobe* 12, no. 1 (2006): 23–43.

Silva, Manuel T. "Classical Labeling of Bacterial Pathogens According to Their Lifestyle in the Host: Inconsistencies and Alternatives." *Frontiers in Microbiology* 3, no. 71 (2012).

Skirbunt, Peter D. *The Illustrated History of American Military Commissaries. Vol. 1, The Defense Commissary Agency and Its Predecessors, 1775–1988*. Fort Lee, VA: Office of Corporate Communications, Defense Commissary Agency, 2008.

Souza dos Reis, Roberta, and Fabiana Horn. "Enteropathogenic *Escherichia coli, Samonella, Shigella* and *Yersinia*: Cellular Aspects of Host-Bacteria Interactions in Enteric Diseases." *Gut Pathogens* 2, no. 1 (2010): 8.

Sperber, William H., and Michael P. Doyle, eds. *Compendium of the Microbiological Spoilage of Food and Beverages*. New York: Springer, 2009.

Staum, Martin S. "The Enlightenment Transformed: The Institute Prize Contests." *Eighteenth-Century Studies* 19, no. 2 (1985–86): 153–79.

Stenfors Arnesen, Lotte P., Annette Fagerlund, and Per Einar Granum. "From Soil to Gut: *Bacillus cereus* and Its Food Poisoning Toxins." *FEMS Microbiology Reviews* 32, no. 4 (2008): 579–606.

Tielens, A. G. G. M. *The Physics and Chemistry of the Interstellar Medium*. Cambridge: Cambridge University Press, 2005.

Tucker, Spencer, ed. *The Encyclopedia of the Spanish-American and Philippine-American Wars: A Political, Social, and Military History*. Vol. 1: A–L. Santa Barbara, CA: ABC-CLIO, 2009.

Weeks, Benjamin S. *Alcamo's Microbes and Society*. Sudbury, MA: Jones & Bartlett, 2011.

Wilson, Bee. *Swindled: The Dark History of Food Fraud, from Poisoned Candy to Counterfeit Coffee*. Princeton, NJ: Princeton University Press, 2008.（『食品偽装の歴史』ビー・ウィルソン著、高儀進訳、白水社、2009年）

Wilson, Mark. 著者とのEメールによるやりとり、2012年1月。

Winfield, M. D., and E. A. Groisman. "Role of Nonhost Environments in the Lifestyles of *Salmonella* and *Escherichia coli*." *Applied and Environmental Microbiology* 69, no. 7

Deák, Tibor. *Handbook of Food Spoilage Yeasts*. 2nd ed. Boca Raton, FL: CRC Press, 2007.

Donnenberg, Michael S., and Thomas S. Whittam. "Pathogenesis and Evolution of Virulence in Enteropathogenic and Enterohemorrhagic *Escherichia coli*." *Journal of Clinical Investigation* 107, no. 5 (2001): 539–48.

Ercolini, D., F. Russo, A. Nasi, P. Ferranti, and F. Villani. "Mesophilic and Psychrotrophic Bacteria from Meat and Their Spoilage Potential In Vitro and in Beef." *Applied and Environmental Microbiology* 75, no. 7 (2009): 1990–2001.

Franzetti, Laura, and Mauro Scarpellini. "Characterisation of *Pseudomonas spp*. Isolated from Foods." *Annals of Microbiology* 57, no. 1 (2007): 39–47.

Fuchs, Thilo M., Wolfgang Eisenreich, Jürgen Heesemann, and Werner Goebel. "Metabolic Adaptation of Human Pathogenic and Related Nonpathogenic Bacteria to Extra- and Intracellular Habitats." *FEMS Microbiology Reviews* 36, no. 2 (2012): 43562.

Garzón, León. "Microbial Life and Temperature: A Semi Empirical Approach." *Origins of Life and Evolution of the Biosphere* 34, no. 4 (2004): 421–38.

German, J. Bruce. "Food Processing and Lipid Oxidation." *Advances in Experimental Medicine and Biology* 459 (1999): 23–50.

Hedayati, M. T., A. C. Pasqualotto, P. A. Warn, P. Bowyer, and D. W. Denning. "*Aspergillus flavus*: Human Pathogen, Allergen and Mycotoxin Producer." *Microbiology* 153, no. 6 (2007): 1677–92.

Kanner, Joseph. "Dietary Advanced Lipid Oxidation Endproducts Are Risk Factors to Human Health." *Molecular Nutrition & Food Research* 51, no. 9 (2007): 1094–101.

Levin, Bruce. "The Evolution and Maintenance of Virulence in Microparasites." *Emerging Infectious Diseases* 2, no. 2 (1996): 93–102.

Martins, Sara, Wim Jongen, and Martinus van Boekel. "A Review of Maillard Reaction in Food and Implications to Kinetic Modelling." *Trends in Food Science & Technology* 11, no. 9–10 (2000): 364–73.

Massiallot, François. *Nouvelle instruction pour les confitures, les liqueurs, et les fruits*. Paris, 1692.

Naila, Aishath, Steve Flint, Graham Fletcher, Phil Bremer, and Gerrit Meerdink. "Control of Biogenic Amines in Food—Existing and Emerging Approaches." *Journal of Food Science* 75, no. 7 (2010): R139–50.

Nataro, James P., and James B. Kaper. "Diarrheagenic *Escherichia coli*." *Clinical Microbiology Reviews* 11, no. 1 (1998): 142–201.

Pitt, John I., and Ailsa D. Hocking. *Fungi and Food Spoilage*. 3rd ed. New York: Springer, 2009.

Popoff, M. R. "Multifaceted Interactions of Bacterial Toxins with the Gastrointestinal Mucosa." *Future Microbiology* 6, no. 7 (2011): 763–97.

Ranson, Edward. "Nelson A. Miles as Commanding General, 1895–1903." *Military Affairs* 39 (1966): 179–200.

213B at Temperatures Below 121.1°C." *Journal of Applied Bacteriology* 80, no. 3 (1996): 283–90.

Appert, Nicolas. *The Book for All Households; or, The Art of Preserving Animal and Vegetable Substances for Many Years*. Translated by K. G. Bitting. Chicago: Glass Container Association of America, 1920.

Aziz, Ramy. "The Case for Biocentric Microbiology." *Gut Pathogens* 1, no. 1 (2009): 16.

Beede, Benjamin R. *The War of 1898 and U.S. Interventions, 1898–1934: An Encyclopedia*. New York: Routledge, 1994.

Bengmark, S. "Advanced Glycation and Lipoxidation End Products—Amplifiers of Inflammation: The Role of Food." *Journal of Parenteral and Enteral Nutrition* 31, no. 5 (2007): 430–40.

Bennett, J. W., and M. Klich. "Mycotoxins." *Clinical Microbiology Reviews* 16, no. 3 (2003): 497–516.

Boeger, Palmer Henry. "Hardtack and Coffee: The Commissary Department, 1861–1865." Ph.D. diss., University of Wisconsin, 1953.

Brown, Sam P., Daniel M. Cornforth, and Nicole Mideo. "Evolution of Virulence in Opportunistic Pathogens: Generalism, Plasticity, and Control." *Trends in Microbiology* 20, no. 7 (2012): 336–42.

Cano, R., and M. Borucki. "Revival and Identification of Bacterial Spores in 25- to 40-Million-Year-Old Dominican Amber." *Science* 268, no. 5213 (1995): 1060–64.

Cénat, Jean-Philippe. "De la guerre de siège à la guerre de mouvement: Une révolution logistique à l'époque de la Révolution et de l'Empire?" *Annales historiques de la Révolution Française* 348 (2007): 101–15.

Center for Food Safety and Applied Nutrition, U.S. Food and Drug Administration. *Bad Bug Book: Foodborne Pathogenic Microorganisms and Natural Toxins Handbook*. 2nd ed. McLean, VA: Center for Food Safety and Applied Nutrition, U.S. Food and Drug Administration, 2012.

Ceuppens, Siele, Mieke Uyttendaele, Katrien Drieskens, Andreja Rajkovic, Nico Boon, and Tom Van de Wiele. "Survival of *Bacillus cereus* Vegetative Cells and Spores during In Vitro Simulation of Gastric Passage." *Journal of Food Protection* 75, no. 4 (2012): 690–94.

Cook, Charles K. "The Glass Beverage Bottles of the HMS St. George: 1785-1811." Master's thesis. University of Southern Denmark, September 2012.

Croddy, Eric A., James J. Wirtz, and Jeffrey A. Larsen, eds. *Weapons of Mass Destruction: An Encyclopedia of Worldwide Policy, Technology, and History*. Santa Barbara, CA: ABC-CLIO, 2005.

Davis, Eugenia A. "Functionality of Sugars: Physicochemical Interactions in Foods." *American Journal of Clinical Nutrition* 62, no. 1 (1995): 170–77S.

Day, Ivan. "The Art of Confectionery." http://www.historicfood.com/The%20Art%20of%20confectionery.pdf.

Green. New York: Macmillan, 1965.

France, John. “Close Order and Close Quarter: The Culture of Combat in the West.” *International History Review* 27, no. 3 (2005): 498–517.

Frost, Frank. “Sausage and Meat Preservation in Antiquity.” *Greek, Roman, and Byzantine Studies* 40 (1999): 241–52.

Gabriel, Richard A. *The Great Armies of Antiquity*. Westport, CT: Praeger, 2002.

Harner, Michael. “The Ecological Basis for Aztec Sacrifice.” *American Ethnologist* 4, no. 1 (1977): 117–35.

Holmes, Bob. “Manna or Millstone: Why Would Anyone Swap a Life of Hunting and Gathering to Start Farming? There Was More to It Than Filling Bellies.” *New Scientist* 183, no. 2465 (2004): 29–31.

Ortiz de Montellano, Bernard R. “Aztec Cannibalism: An Ecological Necessity?” *Science* 200, no. 4342 (1978): 611–17.

Pickstone, Joan E. “Roman Cookery.” *Greece & Rome* 4, no. 12 (1935): 168–74.

Pinker, Steven. *The Blank Slate: The Modern Denial of Human Nature*. New York: Viking, 2003.（『人間の本性を考える』スティーブン・ピンカー著、山下篤子訳、日本放送出版協会、2004年）

Standage, Tom. *An Edible History of Humanity*. New York: Walker & Company, 2009.

Stoneking, Mark. “Widespread Prehistoric Human Cannibalism: Easier to Swallow?” *Trends in Ecology & Evolution* 18, no. 10 (2003): 489–90.

Swatland, H. J. *Meat Cuts and Muscle Foods*. Nottingham, UK: Nottingham University Press, 2004.

Tannahill, Reay. *Food in History*. New York: Three Rivers Press, 1988.（『食物と歴史』レイ・タナヒル著、小野村正敏訳、評論社、1980年）

Thadeusz, Frank. “Alcohol’s Neolithic Origins: Brewing Up a Civilization.” *Spiegel Online*, December 24, 2009.

Walker, Phillip L. “A Bioarchaeological Perspective on the History of Violence.” *Annual Review of Anthropology* 30 (2001): 573–96.

Wilson, Edward O. *The Social Conquest of Earth*. New York: Liveright, 2012.（『人類はどこから来て、どこへ行くのか』エドワード・O・ウィルソン著、斉藤隆央訳、化学同人、2013年）

Wrangham, Richard. *Catching Fire: How Cooking Made Us Human*. New York: Basic Books, 2009.（『火の賜物』リチャード・ランガム著、依田卓巳訳、NTT 出版、2010年）

第5章　破壊的なイノベーション、缶詰

Adiba, Sandrine, Clément Nizak, Minus van Baalen, Erick Denamur, and Frantz Depaulis. “From Grazing Resistance to Pathogenesis: The Coincidental Evolution of Virulence Factors.” *PLoS One*, August 11, 2010.

Anderson, W. A., P. J. McClure, A. C. Baird- Parker, and M. B. Cole. “The Application of a Log-Logistic Model to Describe the Thermal Inactivation of *Clostridium botulinum* nical Information Center, 1999.

National Center for Science and Engineering Statistics, National Science Foundation. *National Patterns of R& D Resources: 2009 Data Update*. Washington, DC: National Center for Science and Engineering Statistics, National Science Foundation, 2012.

Schacht, Wendy H. *Industrial Competitiveness and Technological Advancement Debate Over Government Policy*. CRS Report No. RL33528. Washington, DC: Congressional Research Service, Library of Congress, 2012.

Schaffner, Donald. 著者によるインタビュー、2014年９月４日。

"Solicitation No: SP0300-02-R-4030, Spokane, Washington and Idaho Regions." https://www.troopsupport.dla.mil/subs/pv/regions/west/4030.pdf.

U.S. Army Natick Soldier Research, Development and Engineering Center. *How to Do Business with the NSRDEC Guidebook*. Natick, MA: U.S. Army Natick Soldier Research, Development and Engineering Center, 2011.

Watts, Barry, and Todd Harrison. *Sustaining Critical Sectors of the U.S. Defense Industrial Base*. Washington, DC: Center for Strategic and Budgetary Assessments, 2011.

Wells, Linton, II, and Samuel Bendett. "Public-Private Cooperation in the Department of Defense: A Framework for Analysis and Recommendations for Action." *Defense Horizons* 74 (2012): 1–12.

Wong, Carolyn. *An Analysis of Collaborative Research Opportunities for the Army*. Santa Monica, CA: Rand, 1998.

Yamaner, Michael. 著者とのＥメールによるやりとり、2012年11月。

第４章　レーションの黎明期を駆け足で

Bezeczky, Támas. "Amphora Inscriptions—Legionary Supply." *Britannia* 27 (1996): 329–36.

Carrasco, Davíd. "Give Me Some Skin: The Charisma of the Aztec Warrior." In "Mesoamerican Religions. A Special Issue on the Occasion of the Seventeenth International Congress of the History of Religions, Mexico City, August 5–12, 1995." *History of Religions* 35, no. 1 (1995): 1–26.

Dalby, Andrew. "Greeks Abroad: Social Organisation and Food among the Ten Thousand." *Journal of Hellenic Studies* 112 (1992): 16–30.

Davies, R. W. "The Roman Military Diet." *Britannia* 2 (1971): 122–42.

The Electronic Text Corpus of Sumerian Literature. "Dumuzid and Enkimdu: translation." Accessed June 14, 2012. http://etcsl.orinst.ox.ac.uk/section4/tr40833.htm.

Fernández-Jalvo, Yolanda, J. Carlos Diez, Isabel Cáceres, and Jordi Rosell. "Human Cannibalism in the Early Pleistocene of Europe." *Journal of Human Evolution* 37, no. 3–4 (1999): 591–622.

Figueira, Thomas J. "Mess Contributions and Subsistence at Sparta." *Transactions of the American Philological Association* 114 (1984): 87–109.

Flacelière, Robert. *Daily Life in Greece at the Time of Pericles*. Translated by Peter

第3章　軍が出資する食品研究――アメリカ食料供給システムの中枢 II

Allen, Joe. “A Long, Hard Journey: From Bayh- Dole to the Federal Technology Transfer Act.” *Journal of the Association of University Technology Managers* 1, no. 1 (2009): 21–32.

American Association for the Advancement of Science. *AAAS Report XXXIII: Research and Development FY 2009*. Washington, DC: American Association for the Advancement of Science, 2008.

Berteau, David, Guy Ben-Ari, Jesse Ellman, Reed Livergood, David Morrow, and Gregory Sanders. *Defense Contract Trends. U.S. Department of Defense Contract Spending and the Supporting Industrial Base: An Annotated Brief*. Washington, DC: Center for Strategic and International Studies, 2011.

Boroush, Mark. 著者とのＥメールによるやりとり、2012年11月および12月。

Chang, Ike Yi, Steven Galing, Carolyn Wong, Howell Yee, Elliot I. Axelband, Mark Onesi, and Kenneth P. Horn. *Use of Public-Private Partnerships to Meet Future Army Needs*. Santa Monica, CA: Rand, 1999.

Cohen, Wesley M., and Stephen A. Merrill, eds. *Patents in the Knowledge-Based Economy*. Washington, DC: National Academies Press, 2003.

Division of Science Resources Statistics, National Science Foundation. *Federal Funds for Research and Development: Fiscal Years 2007–09*. Arlington, VA: Division of Science Resources Statistics, National Science Foundation, 2010.

Division of Science Resources Statistics, National Science Foundation. *Federal R&D Funding by Budget Function: Fiscal Years 2007–09*. Arlington, VA: Division of Science Resources Statistics, National Science Foundation, 2008.

Fountain, Augustus Way, III. “Transforming Defense Basic Research Strategy.” The U.S. Army Professional Writing Collection. Accessed November 12, 2013. http:// strategicstudiesinstitute.army.mil/pubs/parameters/Articles/04winter/fountain.pdf.

Gonsalves, Cynthia. 著者によるインタビュー、2012年９月27日。

Halchin, L. Elaine. *Other Transaction (OT) Authority*. CRS Report No. RL34760. Washington, DC: Congressional Research Service, Library of Congress, 2008.

House Committee on Armed Services. *Challenges to Doing Business with the Department of Defense: Findings of the Panel on Business Challenges in the Defense Industry*. Washington, DC, March 19, 2012.

Hughes, Mary Elizabeth, Susannah Vale Howieson, Gina Walejko, Nayanee Gupta, Seth Jonas, Ashley T. Brenner, Dawn Holmes, Edward Shyu, and Stephanie Shipp. *Technology Transfer and Commercialization Landscape of the Federal Laboratories*. Washington, DC: Institute for Defense Analyses, Science and Technology Policy Institute, 2011.

Kennedy, Donald. “Industry and Academia in Transition.” *Science* 302, no. 5649 (2003): 1293.

Moteff, John D. *Defense Research: A Primer on the Department of Defense's Research, Development, Test and Evaluation (RDT& E) Program*. Fort Belvoir, VA: Defense Tech-

参考文献

本書の執筆に利用した情報源の一部を以下に示す。
完全なリストはwww.anastaciamarxdesalcedo.comで閲覧できる。

本書全体で利用

Advisory Board on Military Personnel Supplies. Meeting notes and reports, 1966–1982. Division of Engineering (ENG) Records Group. National Academy of Sciences Archives, Washington, DC.

Advisory Board on Quartermaster Research and Development, National Research Council. Meeting notes and reports, 1949–1965. Division of Engineering (ENG) Records Group. National Academy of Sciences Archives, Washington, DC.

Barrett, Ann H., and Armand Vincent Cardello. *Military Food Engineering and Ration Technology*. Lancaster, PA: DEStech Publications, 2012.

Committee on Quartermaster Problems. Meeting notes and reports, 1942–1948. Division of Engineering and Industrial Research (EIR) Records Group. National Academy of Sciences Archives, Washington, DC.

Darsch, Gerard. 著者によるインタビュー、2014年3月および4月。

Division of Engineering and Industrial Research (EIR) Records Group and Division of Engineering (ENG) Records Group (in microfiche collection). National Academy of Sciences Archives, Washington, DC.

Lund, Daryl. 著者によるインタビュー、2014年7月8日。

McGee, Harold. *On Food and Cooking: The Science and Lore of the Kitchen*. Completely rev. and updated ed. New York: Scribner, 2004.（『キッチンサイエンス』マギー著、香西みどり監訳、北山薫、北山雅彦訳、共立出版、2008年）

Shephard, Sue. *Pickled, Potted, and Canned: The Story of Food Preserving*. London: Headline, 2000.（シェパード『保存食品開発物語』赤根洋子訳、文春文庫、2001年）

U.S. Army Quartermaster Corps. Meeting notes and reports, various committees, 1950s. Division of Engineering and Industrial Research (EIR) Records Group and Division of Engineering (ENG) Records Group. National Academy of Sciences Archives, Washington, DC.

第2章　ネイティック研究所——アメリカ食料供給システムの中枢　I

U.S. Army Natick Soldier Research, Development and Engineering Center. 著者による現地訪問、2011年2月および3月。

アナスタシア・マークス・デ・サルセド
(Anastacia Marx de Salcedo)
フードライター。「サロン」「スレート」「ボストングローブ」「グルメ」などの各種紙誌や、ＰＢＳネットワークやＮＰＲラジオのブログに記事を執筆している。公衆衛生のコンサルタント、ニュース雑誌の発行者、公共政策の研究者でもある。ボストン在住。

田沢恭子（たざわ・きょうこ）
翻訳家。お茶の水女子大学大学院人文科学研究科修士課程英文学専攻修了。訳書に『重力波は歌う』『ダーウィンの覗き穴』『フラクタリスト』『なぜデータ主義は失敗するのか？』（以上、早川書房）、『バッテリーウォーズ』（日経BP社）、『アリス博士の人体メディカルツアー』（フィルムアート社）、『賢く決めるリスク思考』（インターシフト）、『世界の不思議な音』（白揚社）ほか多数。

戦争《せんそう》がつくった現代《げんだい》の食卓《しょくたく》

二〇一七年七月二十日　第一版第一刷発行
二〇一九年五月三十日　第一版第五刷発行

著　者　アナスタシア・マークス・デ・サルセド
訳　者　田沢恭子《たざわきょうこ》
発行者　中村幸慈
発行所　株式会社　白揚社　© 2017 in Japan by Hakuyosha
東京都千代田区神田駿河台一―七　郵便番号一〇一―〇〇六二
電話＝(03)五二八一―九七七二　振替〇〇一三〇―一―二五四〇〇
装　幀　椿屋事務所
印刷所　株式会社　工友会印刷所
製本所　牧製本印刷株式会社

ISBN978-4-8269-0195-6